普通高等院校船舶与海洋工程"十三五"规划教材
黑龙江省精品工程专项资金资助出版



# 海底管道工程设计与分析

艾尚茂　王　玮　编著

哈尔滨工程大学出版社
Harbin Engineering University Press

## 内容简介

本书是在作者多年教学和科研基础上编著而成,全书主要阐述海底管道工程中海底管道和立管的设计分析方法与基础理论。全书分为9章,第1~7章阐述海底管道,第8~9章介绍海洋立管。海底管道部分主要内容包括海底管道工艺设计基础、设计载荷及设计方法、悬跨管道涡激振动疲劳评估、在位稳定性设计与防护等;立管部分主要介绍了钻井立管、生产立管、柔性立管及其设计概述。

本书主要任务是使海洋工程专业的学生初步了解与掌握海底管道工程中的基本概念、设计方法、设计流程和设计规范等,其目标是使学生具有从事海底管道工程设计、施工和管理等工作的专业知识,为今后更深入地学习和工作打下坚实的基础。

**图书在版编目(CIP)数据**

海底管道工程设计与分析/艾尚茂,王玮编著.—哈尔滨:哈尔滨工程大学出版社,2018.10
ISBN 978-7-5661-2000-7

Ⅰ.①海… Ⅱ.①艾… ②王… Ⅲ.①水下管道-海底铺管-管道工程-工程设计 Ⅳ.①P756.2

中国版本图书馆CIP数据核字(2018)第214825号

**策划编辑** 张玮琪 张淑娜
**责任编辑** 雷 霞 王洪菲
**封面设计** 刘长友

**出版发行** 哈尔滨工程大学出版社
**社　　址** 哈尔滨市南岗区南通大街145号
**邮政编码** 150001
**发行电话** 0451-82519328
**传　　真** 0451-82519699
**经　　销** 新华书店
**印　　刷** 哈尔滨市石桥印务有限公司
**开　　本** 787mm×1 092mm 1/16
**印　　张** 15.25
**字　　数** 380千字
**版　　次** 2018年10月第1版
**印　　次** 2018年10月第1次印刷
**定　　价** 48.00元

http://press.hrbeu.edu.cn
E-mail:heupress@hrbeu.edu.cn

# 前　言

海底管道是海洋工程中必不可少的组成部分，也是海洋石油的生命线。加快推进海底管道工程技术的发展，对我国海洋工程建设具有非常重要的意义。船级社规范中“海底管道系统”通常指海底管道、管道立管、支撑构件、组装的管路附件、防腐设施、配重层、稳定系统、泄漏监测系统、报警系统、应急关闭系统等相互连接的系统。本书主要侧重海底管道结构设计与分析，仅第 8 章和第 9 章部分内容对管道系统中的立管进行阐述。

本书以海底管道系统为主要对象，阐述各种海洋环境作用下海底管道系统设计及安装分析方法，介绍其最新的研究成果。全书共分为 9 章：第 1 章主要介绍海底管道的功能，以及海底管道结构设计选材原则和一般设计流程；第 2 章介绍等温输油管道、热油管道的工艺设计基础，认识热力、水力计算的基本知识和一般流程；第 3 章阐述海底管道设计载荷；第 4 章叙述海底管道运行期间在位强度设计，包括许用应力设计方法和载荷抗力系数设计；第 5 章介绍海底悬跨管道的涡激振动及其疲劳预报方法等；第 6 章阐述海底管道在位稳定性设计与保护，包括在位稳定性与高温埋设管道隆起屈曲分析等；第 7 章阐述海底管道铺设分析中的力学问题；第 8 章介绍海底管道系统中的平台立管；第 9 章阐述柔性管应用与分类、设计规范、设计分析方法等相关内容。

本书由艾尚茂统稿，其中第 1 章至第 3 章及第 9 章由王玮编著，第 4 章至第 8 章由艾尚茂编著。

编著者积累多年科研成果及教学经验写成此书，以满足海洋工程专业结构方向的本科生或者研究生教学的需要。本书在详细阐述基本原理的同时，及时吸收最新研究成果，方便学生深入理解海底管道系统结构设计流程与方法。在内容处理上，力图做到“入口浅，寓意深”，注重整体贯通、互相联系。由于编著者水平所限，书中不当及错误之处在所难免，诚恳希望读者指正。在付梓之时，衷心地感谢导师孙丽萍教授在本书编撰过程中给予的无私支持与帮助，还要感谢工信部高技术船舶科研项目“水下混输增压泵研制”的资助。

**编著者**

2018 年 5 月

# 目　　录

# 第1章　绪　　论

随着陆地资源的逐渐枯竭，越来越多的目光转向了蕴含大量石油、天然气等能源的海洋世界。除了目前国外开发比较活跃的墨西哥湾、西非、巴西和北海等深海区域，蕴含我国70%海洋油气储量的南海亟待开发。海上油气资源的开发离不开海底管道，作为海上油气集输的主要手段的海底油气管道是海上油气田开发生产系统的主要组成部分，也是海洋石油的生命线。

在各国船级社规范中，“海底管道系统”通常指海底管道、管道立管、支撑构件、组装的管路附件、防腐设施、配重层、稳定系统、泄漏监测系统、报警系统、应急关闭系统等相互连接的系统。而“海底管道”的概念是指最大潮汐期间位于水面以下的那部分管道（立管除外），直径一般为20～100 mm。立管（riser）指的是连接海洋管道与平台生产设备之间的管段（包括底部的膨胀弯管）。

本书主要侧重海底管道结构设计与分析，仅第8，9章对管道系统中的立管部分内容进行概述。

本章主要阐述海底管道以下4部分内容：

- 海底管道发展及应用；
- 海底管道结构形式；
- 海底管道施工方法；
- 海底管道设计与选材。

## 1.1　海底管道发展及应用

海底管道可能全部或部分放置于海底或埋设在海底以下，输送介质一般为油、气、水，或者三者的混合物。如图1.1所示，海底管道通常平铺在海床上，根据水深及海域不同采用挖沟不埋或者挖沟浅埋等多种形式铺设，在运行期间还可能因地形或波浪、海流的掏蚀和冲刷作用而处于悬空状态（即悬跨管道）。

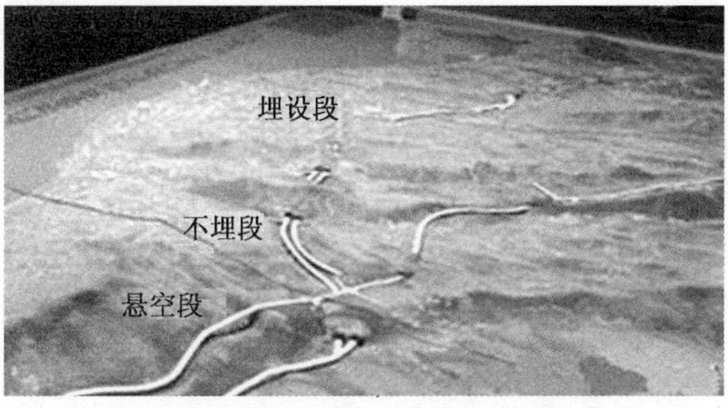


图1.1　海底管道铺设状态

随着管道输送油气方法表现出的高效率和经济性优势，世界管网得到了迅速的发展。除了大量应用于海上油气田开发领域，采用管道输运已成为油气进出口的重要方式。此外，岛屿开发和干旱区域的供水，大城市深海排污都离不开海底管道工程的发展。

### 1.1.1 海上油气田开发中的海底管道

1887 年在墨西哥湾架起了第一个木质采油井架，揭开了人类开发海洋石油的序幕。世界上第一条油气田海底管道出现在 1954 年，由 Brown&Root 公司在美国墨西哥湾铺设。此后的半个世纪里，在全球各个区域，包括北海、墨西哥湾、地中海、澳大利亚、东南亚和拉丁美洲，世界各国铺设的海底管道总长度已达十几万千米。世界上的海上大型油气田，如伊朗的沙山油田、挪威海域的埃菲斯克油田和英国海域的福蒂斯油田等均采用海底管道进行原油集输。海底管道已成为海上油气田开发中油气传输的主要方式，是海上油气田开发的重要组成部分。

我国是最早使用管子输送流体的国家。公元前的秦汉时代，已经用打通了竹节的竹子连接起来输送卤水，随后又用于输送天然气。但是直到 1949 年，全国都没有建设一条长距离输油管道。我国的海底油气管道是近 30 年发展起来的，无论从规模、施工难度还是从铺设方法上与世界先进国家相比都有较大的差距。我国海洋海底管道主要分布在渤海湾、辽东湾、黄海、东海北部、南海的珠江口和莺歌海等地。据统计，从 1985 年我国第一条海底输油管道建成至 2005 年，在我国海域已累计铺设海底管道 60 多条，总长度超过 3 000 km。其中渤海 11 个油气田建成的海底管道累计超过 200 km；南海油气田铺设的海底管道累计超过 1 000 km，其中从海南岛近海某气田至香港的一条直径 711 mm(28 in)的海底输气管道长达 778 km，是我国目前最长的一条海底管道。随着海洋经济的迅速发展，海域使用开发活动日益频繁，海底输油(气)管道的数量还将以惊人的速度不断增加。

海上油气田开发输送管道按其功能，一般分为四类：转运管道、集输管道、外输管道和装(卸)油管道。海上油气田开发输送管道内输送的流体也是多种多样，可以是油、气、水或者其混合物，甚至化学药剂等，输送流体表现的特征是其流速、流量、压力等变化范围大。

(1)油气转运管道

油气转运管道是在平台、海底管汇和卫星井之间转运产品的管道。当油层压力足以使流体通过管道流动而无须增压(泵或压缩机)时采用出流管道，出流管道将油井连接到一个平台或海底总管。出流管道依靠地下油气层压力输送介质，管内流体可能处于高压，且不稳定。一般采用小口径管(通常在 100 ~ 254 mm)或管束。

(2)集输管道

集输管道将产品由平台转运到外输管道。可以是从一个(多口油井的)平台连接到另一个平台，也可以将产品从一个钻井平台输送到一个独立的产油平台。管道内的流体用增压泵或压缩机(常安装在平台上)来驱动，工作压力一般在 1 000 ~ 1 400 psi(磅/平方英寸)①。一般是小口径到中等口径的管线(直径为 203 ~ 406 mm)，但有时也可以是大口径管道，或者是一束油、气、凝析油或两相流管道。

---

① 1 psi = 6 894.757 Pa

(3)外输管道

外输管道(通常也是干线)将来自一个或多个平台的混合流输往岸上终端(陆地处理厂、炼厂和储油装置)。通常是大口径的(直径为406 ~1 016 mm)油管或气管。对很长的干线,在中间平台处必须具有增压泵或压缩机。一条干线经常是一条公共输送管道运送许多采油者的产品。

(4)装(卸)油管道

这类管道通常连接一个产油平台和一个装油设备或水下总管和一个装油设备。管道口径可大可小,但是只输送液体。也可能是从一陆上设施连接到一个近海装油或卸油的终端转运站,像路易斯安娜近海油港(LOOP)那样。装油管道一般是短管,长1 ~3 mi①,不过LOOP的卸油管道约有21 mi长。装油设施可能是临时的,类似一个早期生产系统,在集油管道或干线完工之前装运有限的产品。对于储量小的油层或在遥远区域中,装油管道可以和一个永久性装油设施一起使用。

油气田海底管道使海上生产设施的各个环节通过管道形成一个相互关联、相互协调作业的生产操作系统。图1.2所示的海上油气管道系统中,出流管道用于输送海上油气田卫星井的产出(包括油、气、水等混合物)至海底管汇,集输管道连接于平台(或者水下管汇),将流体汇集至固定式处理平台,处理平台通过外输管道输送经平台处理后的原油或天然气,连接于海上油气田的处理平台至陆上石油终端之间。

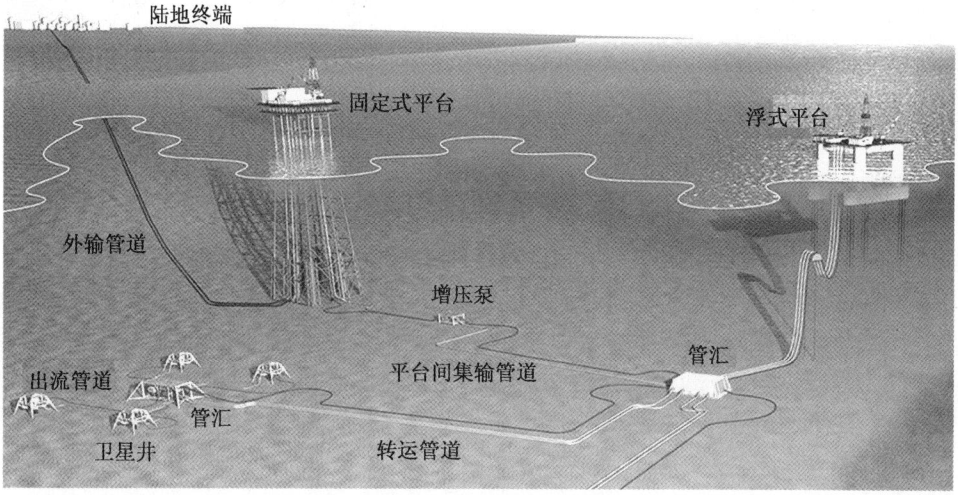


**图1.2 海上油气管道**

### 1.1.2 进出口油气输送管道

石油进出口主要依靠两种运输方式:大型运输油轮通过单点系泊系统外输方式和输油管道将原油运输的方式。近年来,世界管网得到了迅速的发展,采用管道输运成了油气进出口重要的方式。在油气进出口管道工程中,管线路又不可避免地需要穿越海域,将商业

① 1 mi =1 609.344 m

油气通过海底油气管道输送到预定位置。海底外输管道的优点是可以连续输送，几乎不受环境条件的影响。相比油轮外输，其输油效率更高、运油能力更大，海底管道外输不会因海上储油设施容量限制或者穿梭油轮的接运不及时而迫使油田减产或者停产，表现出高效率优势。另外，海底管道铺设工期短、投产快、管理方便和操作费用低，管道输送油、气更具经济性优势。

进出口油气输送管道的特点是：管道内输送的流体，其流速、流量、压力等变化范围小，但流量大。从世界范围看，长距离输油管道的发展趋势有以下特点：

(1)建设大口径、高压力的大型输油管道。当其他条件基本相同时，随管径增大，输油成本降低。在油气资源丰富、油源有保证的前提下，建设大口径管道的效益更好。

(2)采用强度高、韧性及可焊性良好的管材。随着输油管道向大口径、高压力方向发展，对管材的要求也日益提高。为了减少钢材耗量，要求提高管材的强度，为了防止断裂事故发生，保证管道的焊接质量，要求管材有良好的韧性及可焊性。

(3)高度自动化。采用计算及监控与数据采集系统对全线进行管理。

(4)重视管道建设的前期工作。输油管道随管径不同，有其经济输运量范围，过高或过低的输运量均使输油成本上升。大型输油管道要在较长时期内保持在其经济输运量范围内才有显著的经济效益。这将由油源情况、市场需求决定。

下面代表性选择列举三条世界著名商业油气管道工程：阿意输气管道(Trans-Mediterranean)、Medgaz 管道和 Blue Stream 管道。其详细管道工程参数参见表 1.1。

阿意输气管道(Trans-Mediterranean)。Trans－Mediterranean 管道始于阿尔及利亚途经突尼斯到西西里岛，最终到意大利，总长 2 506 km，年输气量 $1.25\times10^{11}$ $m^3$，建设投资为 35 亿美元。管道最初一段建造于 1978—1983 年；第二阶段建造于 1991—1994 年，该管道是第一条连接非洲与欧洲的洲际输气管道，穿越了地中海，首创了水深 600 m 的海底管道。此外，在此区域近些年又相继建成 Greenstream、Trans-Sharan、Maghreb-Europe、Galsi 和 Medgaz 管道，其中从阿尔及利亚到西班牙的一段 Medgaz 海底管道最深管道铺设水深达到了 2 160 m。Blue Stream 管道是从俄罗斯到土耳其的横跨黑海的主要天然气管道。该管道工程的准备工作始于 1997 年，俄罗斯陆上管道及海上部分的建造于 2001—2002 年。Blue Stream 管道是当时最深的海底管道，水深达到了 2 150 m。

**表 1.1　跨越海洋段一些施工细节参数**

| 管道工程名称 | Trans-Mediterranean | Blue Stream | Medgaz |
|---|---|---|---|
| 类型 | 陆/海 | 陆/海 | 陆/海 |
| 输送产品 | 天然气 | 天然气 | 天然气 |
| 起始点 | Cap Bon, Algeria – Mazarra del vallo, Sicily (160 km)<br>Mortelle, Sicily – Favazzina, Italy (44 km) | Dzhubga, Russia – Samsun, Turkey(774 km) | Beni Saf, Algeria – Almeria, Spain (200 km) |

表 1.1(续)

| 管道工程名称 | Trans-Mediterranean | Blue Stream | Medgaz |
| --- | --- | --- | --- |
| 运输能力 | $3\times10^{10}$ $Nm^3/a$ | $1.6\times10^{10}$ $Nm^3/a$ | $1.6\times10^{10}$ $Nm^3/a$ |
| 内压 | | 250 bar(25 MPa) | |
| 运行日期 | 1983 年 | 2003 年 | 2008 年 |
| 管径 | 20 in①(0.75 in 厚)<br>10 in,20 in(0.82 in 厚) | 24 in(1.254 in 厚) | 24 in(1.170 in 厚) |
| 钢材等级 | X65 | X65 | X70 |
| 最大水深 | 1 970 ft(600 m)<br>1 181 ft(360 m) | 7 054 ft(2 150 m) | 7 087 ft(2 160 m) |
| 特性 | 1. 1982 年最深的海洋管线;<br>2. 穿过不平坦的海床和地震带 | 2003 年最深的海洋管线 | |

注:①1 in = 2.54 cm。

## 1.2 海底管道结构形式

海底管道按输送流体不同分为输油管道、输气管道、输水管道、油水混输管道、油气水混输管道、油气混输管道,以及其他注水、化学药剂注入、气举管道等。输送不同类型流体的管道,其结构形式不尽相同。当前海底管道结构形式主要有三种:钢制单管、复合钢制管和柔性管(软管)。

### 1.2.1 钢制管

典型钢制海底管道截面结构形式主要由配重层、保温层、绝缘层及钢管组合而成。

与陆地管道相似,海底管道除了需要抵抗环境载荷等(如压力和热力)的钢管外,还需要附加涂层来保护和保障管道输运。海底管道配重层(一般涂敷混凝土层)要求管道重力能克服水对管道的浮力,同时也起到对钢管及防腐涂层的保护和抗机械损伤作用。含硫的油水混输、油水交替输送管道容易发生管内腐蚀,一般采用建造时设计增加腐蚀壁厚和生产操作时流体介质脱水、脱盐及添加防腐蚀化学药剂的控制措施;而海水和海底土壤引起管外腐蚀则必须增设外防腐涂层。

另外,对于输油或油气混输管线需要根据油品凝固点、流动性等物性参数进行保温输送,保温层一般采用硬质聚氨酯保温材料来实现油气产品沿管道冷却时与蜡状物和水合物隔离。海底输油保温管道主要采用两种结构形式:管中管的双层钢管结构和单层钢管结构。

最普通的海底单管保温管道系统一般用于 100 m 以内水深的海底石油天然气输送,输送介质温度小于 150 ℃,采用带有高密度聚乙烯作为外保护层,聚氨酯泡沫作为保温层,可以根据需要在钢管表面涂敷 FBE、3PE 或者 3PP 防腐层,水深较深时,可以在高密度聚乙烯外表面加装混凝土配重层。单层保温加配重层管结构不存在外套管的腐蚀和防腐问题，从而提高铺管效率，降低管道造价。图 1.3 列出了三种典型截面结构具体形式。

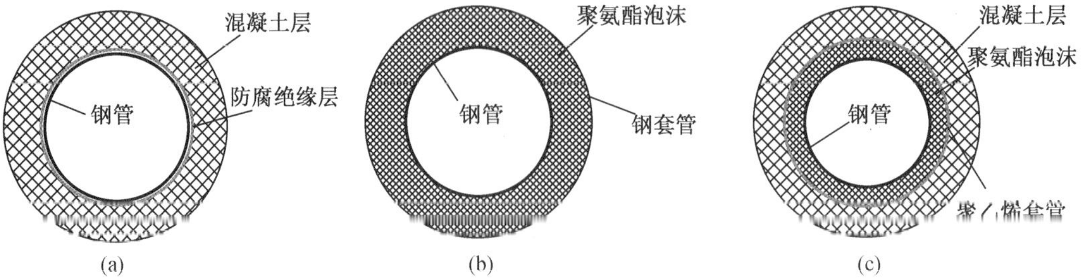


**图 1.3　典型海底管道截面结构**

(a)单层加配重层管结构；(b)双层保温管结构；(c)单层保温加配重层管结构

在有很高的绝热要求时(例如北海和墨西哥湾发现的高温高压的油藏)，通常选择使用双层钢管结构(管中管)作为现有平台海底回接管道的一部分。管中管具有同心的内管和外管，钢质内管用于输送油、气等介质，钢质外管对保温层提供可靠的保护和加重作用，钢质内外管之间有防腐层和聚氨酯泡沫保温材料层，其管段结构如图 1.4(a)所示。这种类型的生产管道也广泛用于中国渤海湾海域。管中管相比传统单壁管道增加了一些附加设计特性：隔层的结构设计、内部防水壁和绝热设计等。此外，越来越多与管中管类似的复合管道根据不同工程需要生产设计出来，例如子母管(图 1.4(b))和集束管(图 1.4(c))等。随着系统中组件的数目增加，此类复合管道带来的工程挑战要求在可变的海洋环境载荷下对结构特性和水动力特性进行全面的了解，设计过程必须更加复杂和客观，因为组件的相互作用可能导致设计的改变。

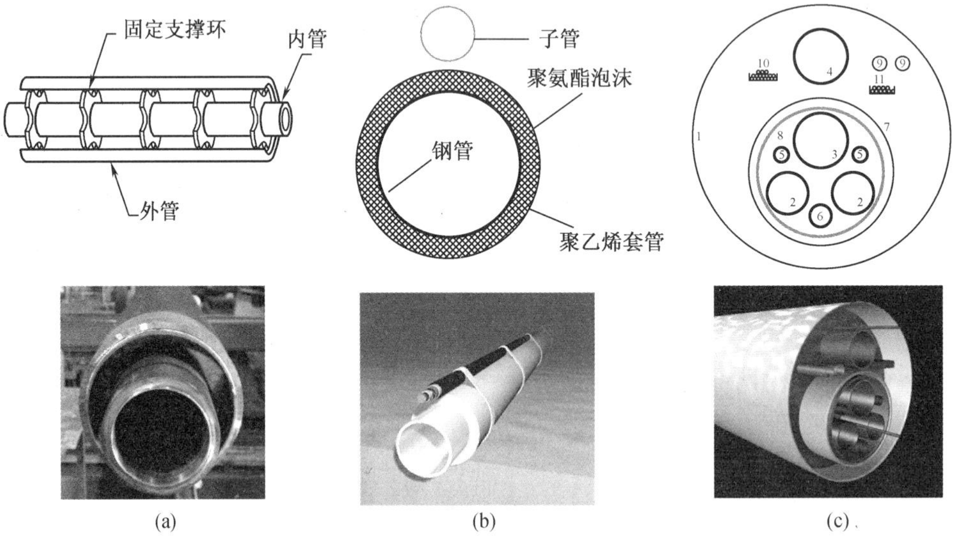


**图 1.4　典型复合管道结构形式**

(a)管中管；(b)子母管；(c)集束管

### 1.2.2 柔性管

柔性管作为一种细长的结构物，应用非常广泛，可用作深水中的动态立管（Dynamic Riser）、用于海底管汇系统（PLEM）或者立管塔（Riser Tower）与浮式生产系统（比如：FSO、FPSO 和张力腿平台（TLP））的连接。除此之外，还可以用作静态立管、静态出油管（Static Flowlines）、海底跨接软管（Subsea Jumpers）、水线面跨接软管（Topside Jumpers）、伸缩接头（Expansion Joints），等等。对于所输送的介质，柔性管可用于输送天然气、原油、钻井水，或者作为其他各种辅助管线，比如饮用水或者化学药剂管线等。

柔性管的主要特征是其具有较好的柔性，此特性通过在壁厚结构中采用多层不同性质的材料达到。各层材料在受到内部或外部载荷时可以彼此之间相对滑动，这一特性使柔性管具有了相对于刚性管较低的弯曲刚度，并具有较大的轴向拉伸刚度，能够承受较大的弯曲变形和内外压强，使得其能够运用于超深水的恶劣环境之中。虽然柔性管价格昂贵，但与钢管相比具有众多的独特的优势：

（1）易于运输、安装，方便与迅速，可以在无潜水员辅助的情况下安装，铺设速度高达 500 m/h，且安装费用低于任何其他类型的海洋管道。

（2）具有较好的柔性，能够自动适应海底的地形，没有大跨距的问题。例如：法国 Technip 公司生产的 8 in 内径柔性管，其最小弯曲半径可达到 2 m。

（3）在使用寿命的期限内，几乎不需要维护。

（4）因为是复合材料，具有较多的聚合物层，因此其具有较好的绝缘属性和杰出的抗腐蚀性能。

（5）具有良好的可回收性。由于柔性管可回收、多次重复使用，因此非常适用于储量不大的边际油田，在边际油田开发过程中取得良好的使用效果，造成的环境污染小。而钢管的回收则因费用高昂，工程复杂而难以实现。

（6）由于是连续制造的，没有局部接头（Field Joints），并且不需要膨胀环（Expansion Loop）。

柔性管主要有两种不同的结构类型：非黏结柔性管（层与层之间未相互黏结）、黏结柔性管（层与层之间通过特殊工艺黏合在一起）。柔性管复杂的结构，使得对于柔性管的设计、生产工艺和设备要求很高，再加上目前针对柔性管产品性能测试的方法和实验装置的不完善，以及各大生产商对技术的严格保密制度，使得柔性管的生产制造还仅仅局限于几个主要的公司，如 Wellsteam 公司、Technip 公司、Dunlop 公司、Deepflex 公司、NKT 公司和 MCS Kenny 公司。

黏结柔性管（Bonded Flexible Pipe）参见图 1.5，它由镀层钢丝组成软管内部的骨架，然后用聚酰胺（PA）或聚偏氟乙烯（PVDF）压出内压层，其外是镀层钢丝制成的压力铠装层和拉伸铠装层，外层由聚酰胺（PA）或聚乙烯（PE）构成，各层通过压出、成型等物理方法挤压成一体。此外，挤压成型后还需要通过特殊工序使基体材料和增强层产生较高黏合强度。这种柔性管黏合软管工艺复杂，结构简单，现仅应用于短距离的跨接软管（Jumpers）。

非黏结柔性管（Un-bonded Flexible Pipe）参见图 1.6，该复合管各层之间不使用化学工艺黏合，而是直接装配起来，各层之间通过摩擦和压力来传递载荷，它可用作长距离的输油、输气和注水立管。非黏结柔性管由多层同轴的聚合物层和金属铠装层复合而成，聚合物层用于密封、防水以及抗摩擦，而金属铠装层主要用于承担外载荷，是提供强度的主要部件，层与层之间无黏合剂，靠摩擦压力来传递载荷。这种复合结构管道具体的结构层数和分布，需要依据具体的设计需要来确定。国外现在大多致力于非黏结柔性管的研究，其已日渐成为柔性管道的主流结构形式。

图 1.5　典型的黏结柔性管

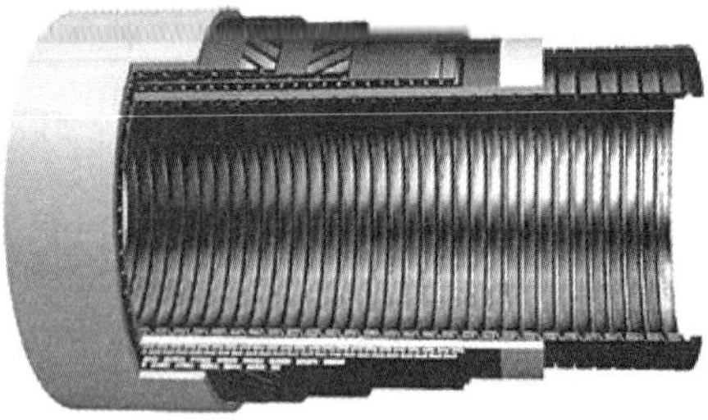

图 1.6　典型的非黏结柔性管

## 1.3　海底管道施工方法

海底管道输送工艺与陆上管道相同，但是因为海洋管道工程在海域中进行，施工方法则与陆上管道线路工程截然不同。在海底铺设输送石油和天然气管道的工程，这其中又包括海上定位、铺设管道及开沟等项作业。

### 1.3.1　海上定位作业

海上定位含义主要包括两种：导航和位置定位。

海上导航定位作业是指引导铺管船沿着路由方向移动和确定在海域中施工船队位置的作业，包括天文定位、船用六分仪定位、无线电定位、卫星定位及惯性导航系统定位等方法。例如，海上无线电定位方法是在岸上设置两座以上已知其经纬度的定向电台，定向电台发射微波定向信号。作业船上安装有无线电定向仪，可以精确地测定船与岸上各电台间的夹角，从而准确地测出船所在位置。在近海作业时可以用微波发射信号；在远海作业时一般用 200 m 的无线电长波发射信号。这两种方法均能达到铺管作业定位所需要的精度。

整个铺管作业的过程中，管段下滑的长度必须与铺管船的位移量同步，同时，铺管船必须处于较稳定的状态。此时，位置定位方式主要有锚泊定位和动力定位两种。一般情况下，当水较浅时，多采用锚泊定位的方式。但随水深的增加，锚泊系统的抓底力减小，抛锚的困难程度增加，同时锚泊系统的锚链长度和强度都要增加，质量剧增，海上布链作业也变得复杂，系泊锚链的造价和安装费用猛增，其定位功能也受到了很大的限制。因此在深水条件下，一般采用具有动力定位系统的铺管船，如图 1.7 所示。动力定位系统（Dynamic Positioning System）是一种闭环的控制系统，借助推力器产生的推力来抵抗风、浪、流等作用在船上的环境力，使船尽可能保持在海平面上要求的位置，其定位成本不会随着水深的增加而增加，且操作比较方便、省时，极大地提高了深水铺管速度。

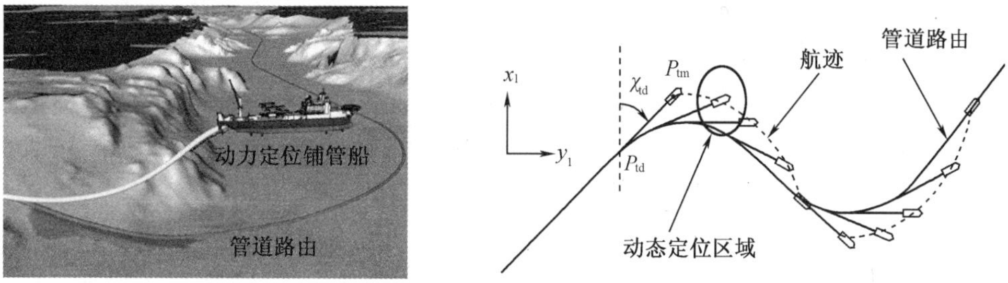


图 1.7 海上定位作业

### 1.3.2 铺设作业

海底管道铺设作业是由陆上管道穿越河流、湖泊水域的施工方法发展起来的。铺管作业主要有铺管船铺设、牵引法铺设。铺管船法是利用安装在铺管船上的专用设备进行安装。根据管道铺设方式和在水中的形状，铺管船铺设法又分为 S 形铺管法、J 形铺管法和卷式铺管法。具体选用哪种作业方法，要根据管径大小、海水深浅、海况和距岸远近等条件来确定。

由于油气井的基础设施通常由不同类型的管道组成，需要采用不同的铺设方式，因此管道铺设承包商越来越倾向于同一艘船上结合使用不同的铺管方式。这样，既能满足不同水深的作业要求，又能实现特定管道的灵活、省钱的铺设需求。

1. S 形铺管

这种方法最早出现在 20 世纪 50 年代，开发浅海区油气田时，多采用人工开出一条能通行浅水船的河道，并在一种用浮箱拼装而成的铺管驳船上，把管子组装起来，当驳船向后移动时，焊接好的管段即滑入水中。这种铺管驳船逐步发展成为大型铺管船。1956 年，第一艘较大型的铺管船投入使用。1979 年半潜式“卡斯特罗”号铺管船，在建设由非洲阿尔及利亚经突尼斯穿过突尼斯海峡通向欧洲意大利的输气管道时，成功地在 608 m 深的海域中铺设了 500 mm 管径的管道。由于管段自托管架的尾部滑向海底时，悬吊在海水中形成一个由向上拱弯转为向下弯曲的 S 形状，因此命名为 S 形铺设法，如图 1.8 所示。浅水管道 S 形管道铺设方法有着较为成熟的铺设技术和较为丰富的实际工程经验，是目前最常用的海底管道铺设方法。该方法铺设速度快、铺设效率高，焊接作业在水平面上完成，作业难度低。

S 形管道铺设的流程大致可以分为前期准备、正常铺设和终止铺设。具体流程如下：

(1) 前期准备。通常先让铺管船在起始铺设点定位，然后使用一根缆绳连接使用锚或者桩，利用抛锚船在管线铺设方向上将锚抛出。缆绳的另一端连接管道的端点，在用铺管船缓慢地将管道送入水中的同时需维持缆绳的拉力，以保证管道中有恰当的张力。

(2) 管道装载和储存。铺设的管道并不是在陆上的特定环境中焊接、安装完成，而是在铺管船上进行焊接和安装等作业。在铺管船或者是协助作业的小型运输船上储存有长 12 m 或者 24 m 的管道分段，使用吊车将这些管道运输至铺管船上相应的作业场地，准备管道焊接处理。

(3) 管道分段接头处理。在管道进行焊接之前，需要对每段管道的接头进行处理。为符合焊接要求，需要开坡口，并处理接口处的材料质量缺陷。

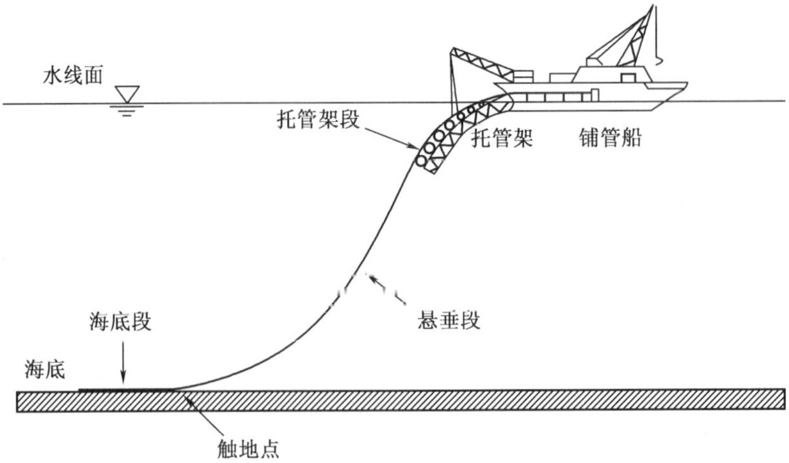


图 1.8　S 形铺管作业

(4)进行管线焊接。目前主要采用自动焊接进行管线焊接。为了提高焊接的效率,在一些铺管船上会设置两个单独的焊接点,缩短焊接作业时间。

(5)检验管线。主要是使用放射探伤检验(RT)和超声波检验(UT),对焊缝处进行无损检测,保证管线焊接质量能够达到相关要求。

(6)管线防腐保护。为防止管线在海洋环境下的腐蚀,管线表层要添加防腐涂层。

(7)进入水中。管线需在张紧器的作用下,经过托管架慢慢地进入水中。张紧器主要提供恒定的张力,防止管线在下落的过程中发生屈曲,同时减少水面船舶运动给管线带来的影响。

(8)终止作业。有两种情况下需要终止作业:一是完成整条管线的铺设后;二是当海上环境条件超过铺管作业能承受的海况或者出现机械故障时,为了管线的安全,需要终止作业,进行弃管。终止作业时,需要记下管道上某点的坐标或者是管道分段的序号,方便下次铺设。

张紧器、托管架和水平焊接作业线是铺管船管道铺设系统中的关键设备。

准备铺设的管线分段经过坡口加工、预热、焊接、无损检测和补焊后,需在张紧器张力的作用下逐渐进入海中。张紧器的类型取决于铺设的管线类型以及管线铺设的系统,一般可分为水平张紧器和垂直张紧器。张紧器通常由上、下履带环绕而成,履带内部的辊轮挤压履带,从而将力传递到管线上,通过摩擦"抓"住管线。

托管架是 S 形铺管的关键设备之一,为保证管线不会因为过度弯曲而产生局部屈曲或发生断裂,在铺设时必须使用托管架来控制管线脱离铺管船的曲率。在深水 S 形管线中,由于管线承受的载荷更大,所以托管架的作用就更加重要。托管架的长度一般在 70 ~ 150 m,随着铺设水深的增加,托管架的长度也会随之增加,见图 1.9。

目前深水 S 形管道铺设所采用的托管架主要有以下两种形式:(1)半径固定托管架。这是早期的托管架形式,为钢架结构,半径不能调整,相应的可铺设范围也较小。(2)半径可调托管架。这种形式的托管架是目前采用最多的形式,由于其是由几段托管架铰接而成的结构,可通过调整各段之间的夹角以及各段上辊轮的高度获得不同曲率的托管架,从而能铺设更大管径和水深范围的管线。

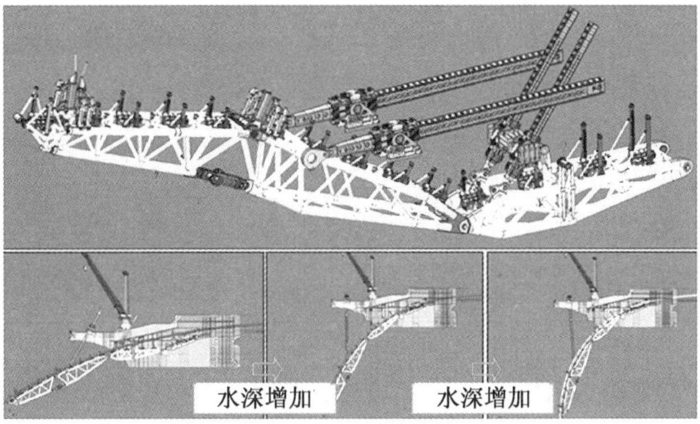


图 1.9 半径可调托管架

2. J 形铺设

J 形铺设方法因管道在水下的形态呈 J 形状而得名(如图 1.10),J 形管道铺设方法是目前最能够适应深海管道铺设的一种方法。该方法起源于 20 世纪 80 年代,为了能够应用于深海管道铺设的恶劣环境不断改进而逐渐成形的。其主要原理是通过调整托管架倾角和管道张紧力来改善管道的受力状态,消除了 S 形铺设中上弯段,解决了深水 S 形铺设中上弯段大应变问题。

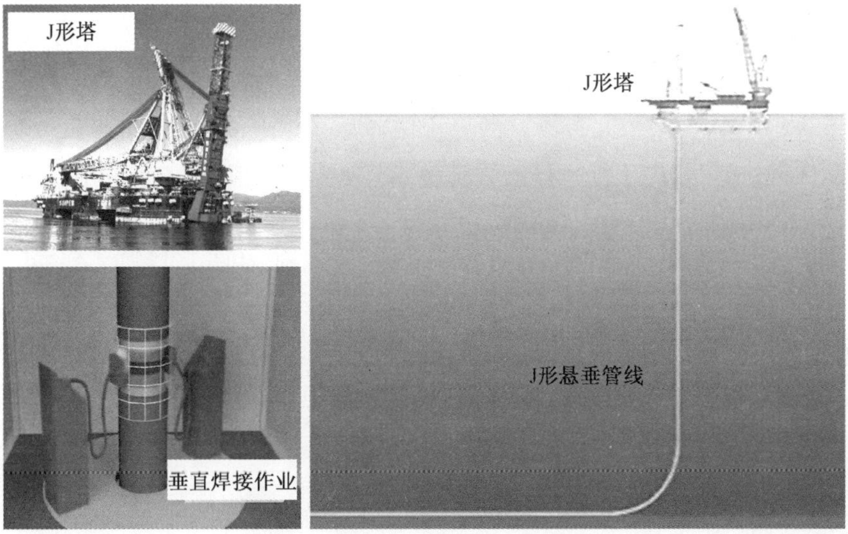


图 1.10 J 形铺管作业

大型 J 形铺管船集中在荷兰的 Herema,意大利的 SaiPem 和美国的 McDermott 等少数大公司,表 1.2 列出国外主要 J 形铺管船的技术参数。J 形塔是此类铺管船最重要的装备,J 形铺管塔的托管架能将多至 6 节、总长 72 m 的焊接钢管竖立于近乎垂直于甲板的塔架上,并把管头入水管端焊接在一起。作业时,调节塔架角度使其与悬垂段管道保持在一条直线上,尽量减少管道折弯。与其他铺管方式相比,J 形铺管由于单个焊接站而生产效率较低。J 形铺管方式不太适用于浅水作业,因为浅水区要求管道以略倾斜于水平或以水平方式离船。

表 1.2　国外 J 形铺管船技术参数

| 船名 | 作业水深/m | 铺管直径/m | 张紧器/t | 绞车/t | 吊机/t | J 形塔高(m)/倾角(°) | 定位 |
|---|---|---|---|---|---|---|---|
| Balder | 3 500 | 0.114 ~ 0.813 | 525 | 800 | 6300 | —/50 ~ 90 | DP3 |
| Saipem FDS | 2 100 | 0.102 ~ 0.559 | 270 | 440 | 600 | 52/— | DP |
| Saipem 7000 | 3 000 | 0.102 ~ 0.813 | 525 | 550 | 14000 | —/90 ~ 110 | DP3 |
| Acergy Falcon | — | ~0.356 | 25 | 100 | 64 | —/25 ~ 90 | DP |
| Deep Blue | 2 500 | 0.102 ~ 0.660 | 550 | 880 | 400 | 65/58 ~ 90 | DP |
| Seven Seas | 3 000 | — | 400 | 450 | 350 | — | DP2 |

3. 卷式铺管

卷式铺设最早在第二次世界大战中应用。1944 年在快速铺设穿越英吉利海峡的战时输油管道时，就曾采用这种方法。当时用铜锡铅合金制成铠装的柔性管材，卷绕在船上的卷筒上，就像敷设海底电缆一样，将管道铺设在海底，共铺设了管径 77 mm 的管道 12 条。

真正意义上的卷式铺管出现在 20 世纪末期，将管子卷绕在船上直径很大的卷筒上，铺设时将管子从卷筒上退绕下来沉入海底。表 1.3 列出了国外卷式铺管船技术参数。与 S 形和 J 形管道铺设方法相比，其最大的特点就是将管道在陆地上焊接处理完毕后卷在专用的滚筒上，然后利用铺管船进行铺设的一种铺管方法。这种方法多用于铺设管径较小的管道，其优点是进度快和连续性好。运用此种铺管方法，管道的焊接、防腐处理、检验等工作均在陆地上进行。由于管道 90% 以上的焊接任务都在陆地上完成，其海上铺设作业时间短、效率高、风险小，但是由于焊接好的管道要事先卷绕在滚筒上，能够利用这种方法的管道管径受到很大限制。

卷式铺管能力主要取决于卷筒的尺寸和管线矫直机构，如图 1.11 所示。卷筒放置方式有两种：卧式(Deck Carousel)和立式。卷筒轴的直径决定了最大铺管直径，而卷筒翼缘直径决定存管能力，即铺管长度。在作业过程中，管道需要经历缠绕和拉直过程，受力状态会不断发生变化，引起塑性变形，对管线的损伤较大，必须经过大量的计算来保证管线的塑性应变和椭圆度满足要求。

图 1.11　卷式铺管作业

表 1.3 国外卷式铺管船技术参数

| 船名 | 作业水深/m | 铺管直径/m | 张紧器/t | 绞车/t | 吊机/t | 卷筒直径/m | 定位 |
|---|---|---|---|---|---|---|---|
| Seven Oceans | 3 000 | 0.152 ~ 0.406 | 450 | 500 | 350 | — | DP2 |
| Seven Navica | 2 000 | 0.051 ~ 0.406 | 205 | 250 | 60 | — | DP2 |
| Kommandor 3000 | 1 000 | — | 150 | 200 | 25 | 14.78/11.90 | DP2 |
| Lochnagar | 2 000 | 0.406 | 255 | 255 | 60 | 16 | DP2 |
| Normand Seven | 2 000 | 0.051 ~ 0.406 | 300 | 300 | 250 | 7.8/8.6/9.2/19.0 | DP2 |
| Acergy Condor | 2 000 | — | 230 | 130 | 70 | 5.0 | DP2 |

4. 牵引法铺设

牵引法在浅海海域中铺设管道,应用较多。这种方法无须使用铺管船和开沟船,可减少很多辅助船只,费用较少。作业方法:先在海岸上将管子组装成 1 ~2 km 长的管段,然后用拖船将管段牵引下海,一段一段地拖到预定地点,在海中对接,形成一整条的管道。

拖拉法是在管道上绑扎浮筒,使其浮在水中,再通过船舶等工具,将这段管道拖航到管道设计线路,最后将管道放到海底。在较平静的海域中,管段可在水面上或水面下漂浮拖曳;风浪大的海域,可以在海底拖曳。但是采用这种方法必须注意确保施工质量。施工过程中如发生故障,仍需大型船只来排除。

拖拉法可分为以下几种方法:浮拖法、离底拖法、底拖法、水面下拖法和复合式拖法等(见图 1.12)。可根据管道的浮力大小、管道长度、拖航水深、海床及海洋环境等选择拖管方法。

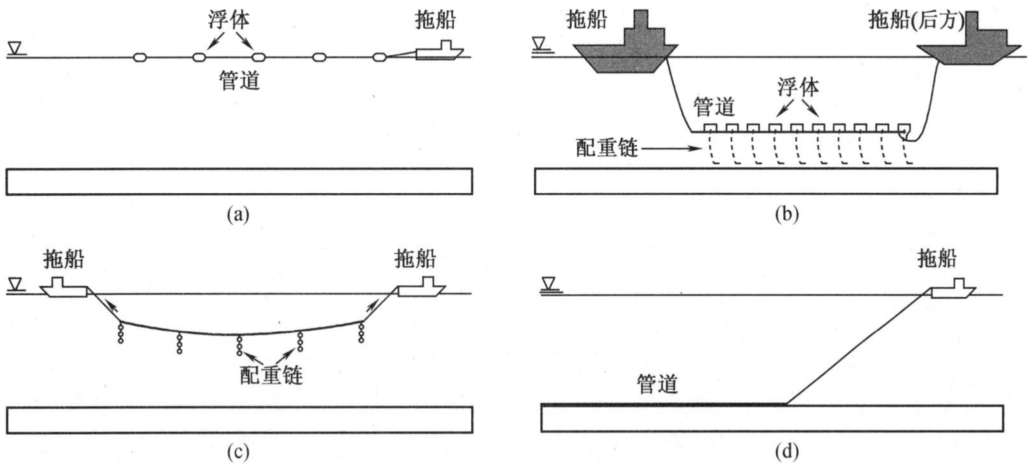


图 1.12 牵引法铺管作业

- 底拖法:管道紧贴着海底,由拖船通过拖缆将管道拖航前进,其需要的拖力最大,但疲劳损伤最小。
- 离底拖法:利用浮筒和压载链将管道悬浮在距海床一定高度上,再由拖轮拖航。这种方法适用于海底地形已知情况,需要的拖力很小,疲劳损伤也较小。

◆ 浮拖法:管道漂浮在水面,首部由首拖轮通过拖缆拖航,尾部用尾拖船通过拖缆控制管道在水中的摇摆。这种方法适用于海面平静、风浪较小的海域,拖航速度较快,但波浪引起的管道疲劳损伤较大。只是为了避免波浪对管道的影响,有时利用浮筒将管道悬浮在距海面一定深度下。相对于浮拖法,此方法可使管道的运动和疲劳损伤都大大减小。

◆ 水面下拖法:管道被控制在水面以下一定深度悬浮着,由水面拖轮牵引。拖航时水对压载链的拖曳力产生一种升力,减小了管道水下重力。拖速越大,拖缆与垂直方向夹角也越大。这种方法在国外应用最多,研究也最广泛。

复合式拖法是几种拖航方法的组合,根据离海岸距离及水深的不同,综合采用多种拖管法,从而充分发挥各种拖管法的优势。例如,从制造场地到近海遮蔽水域采用离底拖法,从近海遮蔽水域到解脱浮筒的临时停泊处用控制深度拖法,最后采用悬链式拖法完成在深水的拖航。或者从制造场地到近海遮蔽水域采用浮拖法,从近海遮蔽水域到解脱浮筒的临时停泊处用控制深度拖法,最后采用离底拖法完成在油田内部的拖航。

### 1.3.3 开沟与埋设作业

海底管道的设计应考虑到海底管线安装和操作的特殊性,以及管线的运移情况。同时防止落物、拖网、船锚及内波流对管线的损坏,因此对海底管道的填埋是很有必要的。各国对海底管线的埋深要求不同,如美国对61 m(200 ft)以下水深的要求埋深0.9 m(3 ft),经过锚地要求埋深3 m(10 ft);北海要求埋深3 m(10 ft),而日本要求埋深4.9 m(16 ft)。由于对海底管线的挖沟、填埋工作比较困难,通常采用沙袋填埋的方法和在管道的外层加一层水泥涂层的方法来实现对管道的埋设。

海底管道埋设首先是海底管沟的开挖与回填。在海底开一条沟,将管道埋入沟内,这是对不宜裸露铺设的管道的一项重要安全措施。通常海底管沟开挖有预开沟和后开沟两种主要方法。为了准确地将管沟开在管子所在位置上和尽可能减少开挖的土方量,一般都采取先铺管后开沟的办法。

预开沟法是先挖沟,后铺管,铺管完后进行回填。它是利用水面(挖泥船机)或海底设备(开沟犁)在管道铺设前,按照预定路由事先在海底形成管沟的方法。水面机械开挖管沟,通常使用港湾、航道疏浚用的各类挖泥机(船)完成,其作业水深普遍在20 m以内。用于海底预挖沟的设备,首推各种型号的开沟犁,它们可适用于不同水深和不同海底土质条件,只是价格昂贵。后开沟法是目前海底管道开沟普遍采用的方法。它是在已铺设的管道上利用喷射水流、气举水流、铰刀等将管道下方和周围的土壤切削、冲刷、液化和扰动,通过水力(气)喷射和排泥设备同时将土壤(泥浆)扬弃或排出,这样就在管道周围及下方形成管沟,并使管道随即下卧在形成的管沟中,不少这种水下挖沟设备同时具有掩埋回填管沟的能力。挖沟机典型作业方式见图1.13。

20世纪70年代中期在修建自北海埃科菲斯克油田至联邦德国的埃姆登的输气管道时,曾用这种方法铺设。这条管道全长442 km,管径为920 mm,其中约有150 km的管道是开沟埋设的。管道铺设在海底以后,将一台撬式开沟机“骑”在管道上,由开沟船牵引移动,并从开沟船经软管向撬式开沟机供给高压水和压缩空气。根据所需的沟形和深度,在开沟机上布置多组喷嘴,喷嘴射出的高速水流冲击管道下面和两侧的泥土,使之成泥浆,同时打入空气将泥浆冲挤出沟外。管沟开出后,管道靠自重作用沉入沟底。开沟船可开挖较硬质的海底,开沟深度可达 2.1 ~4.6 m,可在 100 m 深的水下作业。

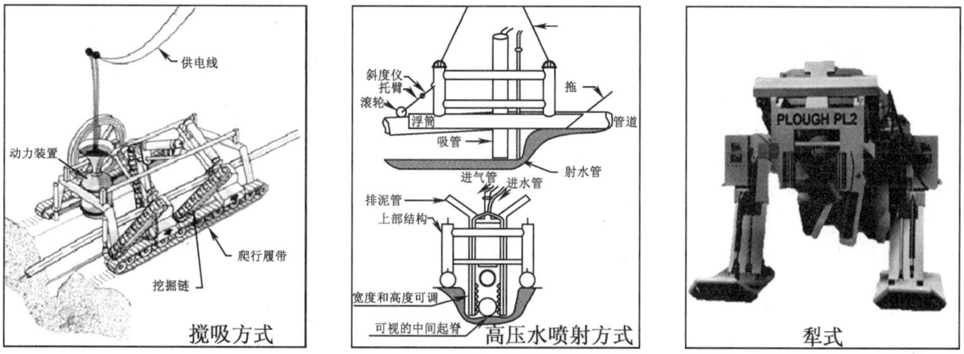


图 1.13 挖沟机典型作业方式

## 1.4 海底管道设计与选材

在海底管道应用迅猛发展的过程中,海底管道的安全问题始终为人们所关注。海底管道失效不仅会造成海上油气田停产、污染海洋环境甚至引起爆炸,而且还会影响油气被供应方的正常生产与生活。同陆上管道相比,海底管道运行风险更大,失效概率更高,这主要与其工作环境密切相关。海底管道工作在非常恶劣的海洋环境中,不仅承受着内外压、轴向力、弯矩等静载荷和温度载荷的联合作用,而且还要承受交变的外压、波浪、海流等动载荷的作用,使管道承受多种载荷的联合作用并引发多种形式的破坏。同时,海底管道中的各种原始缺陷,在使用过程中由于疲劳、应力腐蚀逐渐扩展。海底管道还受到腐蚀性介质的包围,管道内部介质和外部海水的腐蚀作用,造成随机局部减薄;还有渔网、锚等外物撞击产生的凹陷;砂坡、砂脊的移动造成海底管线裸露、悬跨;海流淘蚀引起的管线悬跨、移位、沉降直至疲劳断裂等。例如我国南海西江油田和惠州油田的海底输油管道,在水深 100 m 的条件下,曾先后被渔网拉断,造成管道泄露的严重事故。因此,要保证结构单薄、置于海底的管体,在施工期和长期运行中不遭破坏,安全可靠,只有在设计、施工和管理上格外精心,采用高新技术和专用设备手段。

海底管道工程设计工作范围主要包括:①确定管道系统路由;②根据工艺专业提出的管径、管道运行作业工艺参数和保温要求,考虑防腐专业确定的内腐蚀裕量、防腐措施和具体工程条件进行研究,确定管道的管体结构形式;③依据规范对管道系统进行施工期和运行期强度和稳定性分析,确定管道的材质和壁厚,并提出保证稳定性的措施;④管道系统定量风险评估。

海底管道结构设计应遵循的规范和标准应根据业主(设计委托者)的要求采用。海底管道结构设计的主(系统)规范(标准),目前常见的有:(1)挪威船级社(DNV)的《海底管道系统规范》及《海底管道系统海洋标准》;(2)美国石油学会(API)的 RP 1111《海上输烃管道设计、施工、运行和维护的推荐作法》;(3)美国机械工程师学会的 ASME B31. 4《输送液态烃和其他液体的管道系统》和 ASME B31.8《天然气输送和配管系统》;(4)美国船级社(ABS)的《海底管道系统和立管建造及入级指南》;(5)中国石油天然气行业的相关标准。在我国,先是在 1992 年将 DNV 1981 年版的规范等同采用为中国石油天然气行业标准,标准号为 SY/T 4804—92;后于 2002 年,又将 DNV 1996 年版规范等同采用为中国石油天然气行业标准,标准号为 SY/T 10037—2002。除确定遵循的主(系统)规范(标准、指南)外,尚应注意遵循工程所在国家(或地区)相关的法律、法规。

海底管道系统线路规划中有关路线位置应根据该系统所处的自然环境条件以及所处位置的区域性规划(指所处位置及其附近海域的综合利用)等因素选定,以选择在海底地形平坦且稳定区域内为宜。路由选择应该事先探明路由土壤参数,海管沿线障碍物,跨越已有管道、电缆和航道,沙波、陡坡、浅层气和其他不稳定基础,以及海底沉积物等。海底管道的轴线位置要根据工程总体规划和生产工艺要求加以确定,例如,力求路径平直、距离最短,避免管道出现曲线段;管道轴线应处于海底地形平坦且稳定的地段,应避免在海床起伏较大、受风浪直接袭击的岩礁区域内;避开船舶抛锚区、正常航道、海产养殖和渔业捕捞频繁区域。

针对海底管道的结构方向,其一般设计流程如图 1.14 所示。

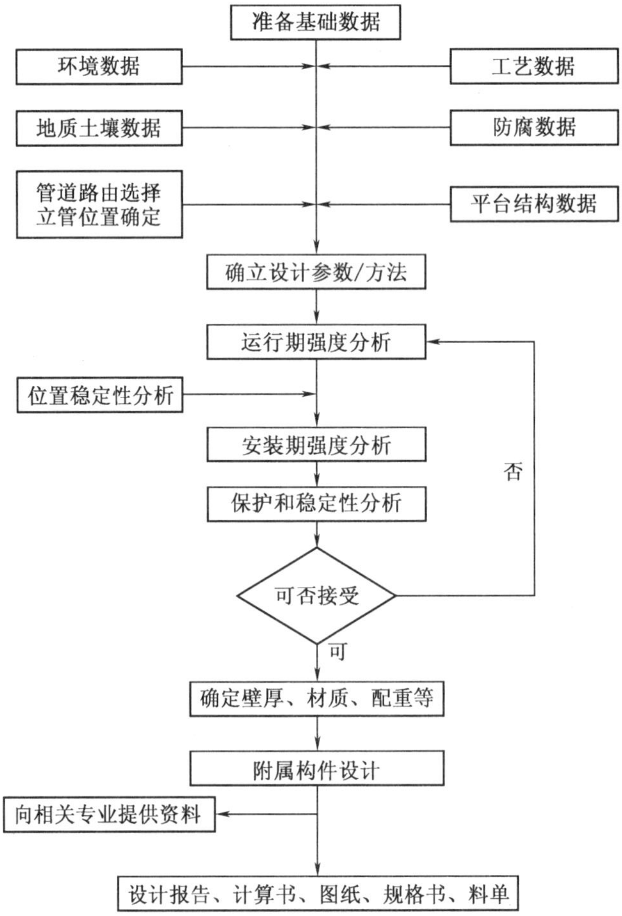


图 1.14 海底管道结构设计流程

对于海底管道的管材选择来说，首先必须满足海底管道设计基本要求：管道尺寸和壁厚设计要求、工艺流程分析要求、管道稳定性计算要求、膨胀位移设计要求、铺设应力计算要求、弃管与回收计算要求、管道自由跨度分析要求、管道防腐设计要求等。此外，海底管道的管材选择还要满足海上铺管的施工要求。海底管道主要依靠铺管船铺设，工程所用管材必须满足设计和海上铺管的施工要求才能使用。众所周知，铺设海底管道的费用往往比陆地铺管的费用要高得多，我国在渤海第一条按国际水准建造的埕北油田海底输油管道，管径仅 152.4 mm(6 in)，但平均每千米建造费用高达 100 万美元。由于海洋工程投资大、风险高以及施工环境恶劣，因此设计建造过程中应注重施工效率，寻求各种方式来缩短工期，减少作业船只等费用。

在能满足设计和安装要求的前提下，应选用最经济的管材。管道的总成本包括制造成本(材料价格、钢管加工费、试验研究费等)、安装成本和附加成本(管道的寿命，即更换管道和停产损失及维修费)。在满足使用性能要求的前提下，尽量选用便宜的材料，可把总成本降到最低。但有时候选用性能好的材料，虽然价格较高，但是由于管道自重减轻，使用寿命延长，维修费用减少，反而更经济。例如，随着钢的强度增加，壁厚减薄可以节省用钢量，随之带来的减少制造运输费用和现场施工费用，将具有更好的经济效益。因此，目前世界上工业发达国家 API 5L X70、X80 级别的管材已大规模应用于油气管道。我国 2003 年以前铺设的海底管道中，小口径管(50.8 ~ 254 mm)(即 2 ~ 10 in)全部采用无缝钢管，中口径管(304.8 ~ 609.6 mm)(即 12 ~ 24 in)大多采用的是高频电阻焊(ERW)直缝钢管，大口径管(609.6 ~ 863.6 mm)(即 24 ~ 34 in)采用直缝焊接钢管(UOE)，并且大多是从国外进口的。

石油天然气工业中海底管道所用钢管严格按照石油天然气行业标准和美国石油学会(API)规范进行。美国石油学会(API)的《管线管规范》(API Spec 5L)规范是为石油和天然气工业提供用于输气、输油和输水的管材标准。该规范提供了各种钢级的无缝钢管和焊接钢管，包括其制造工艺和材料、化学和物理性能要求、试验方法和标准尺寸等。规范中包含的钢级有 A25、A、B、X42、X52、X56、X60、X65、X70 和 X80 等，并且对各种钢级的钢管尺寸、质量和试验压力，列有详细的公制表和英制表。这些管线钢是微合金化高强钢及微合金化控轧高强钢，通过降 C 和降低 S、P 杂质及增加微量合金元素，X70 和 X80 还须借助控轧手段来实现材料高强度、高韧性和耐蚀性。

在 API Spec 5L 规范内，对每一根钢管都要进行工厂检查和静水压试验，并且要求无渗漏。对于所有尺寸的无缝钢管和小于或等于 18 in 的焊接管，在试验压力下应能保持不少于 5 s。对大于或等于 20 in 的焊接管，在试验压力下应能保持不少于 10 s。管道全线水压试验压力通常取管道工作压力的 1.25 ~ 1.50 倍。不同钢级、直径和壁厚的钢管静水压试验压力是根据下列公式计算出来的，并调整到 100 kPa 或 10 psi。计算公式只考虑了管道在内压作用下产生的环向应力。

公制公式

$$p = \frac{2\,000St}{D} \tag{1-1}$$

英制公式

$$p = \frac{2St}{D} \tag{1-2}$$

式中 $p$——静水压试验压力,kPa 或 psi;

$t$——规定的管道壁厚,mm 或 in;

$D$——规定的管道外径,mm 或 in;

$S$——最小屈服强度乘以规定的百分值,MPa 或 psi。

对于各种钢级的钢管机械性能,API Spec 5L 中也都有相应的要求。表 1.4 列出了各种钢级的抗拉要求。

**表 1.4 常用海底钢管钢级的抗拉要求**

| 钢线 | 最小屈服强度 | | 最小极限抗拉强度 | |
|---|---|---|---|---|
| | MPa | psi | MPa | psi |
| A25 | 172 | 25 000 | 310 | 45 000 |
| A | 207 | 30 000 | 331 | 48 000 |
| B | 241 | 35 000 | 413 | 60 000 |
| X42 | 289 | 43 000 | 413 | 60 000 |
| X46 | 317 | 46 000 | 434 | 63 000 |
| X52 | 358 | 52 000 | 455①,496② | 66 000①,72 000② |
| X56 | 386 | 56 000 | 489①,517② | 71 000①,75 000② |
| X60③ | 413 | 60 000 | 517①,537② | 75 000①,78 000② |
| X65 | 448 | 65 000 | 530①,551② | 77 000①,80 000② |
| X70 | 482 | 70 000 | 565 | 82 000 |
| X80 | 551 | 80 000 | 620 | 90 000 |

①用于外径小于 508 mm(20 in)的各种壁厚管子和外径等于或者大于 508 mm(20 in)、壁厚大于 9.5 mm(0.375 in)的管子。

②用于外径大于或者等于 508 mm(20 in)、壁厚等于或者小于 9.5 mm(0.375 in)的管子。

③各种尺寸和壁厚的 X60 级电阻焊接管的最小抗拉强度是 517 MPa(75 000 psi)。

# 第 2 章　海底输油管道工艺基础

海底输油管线是由输油泵机组和管路两大部分组成,管路与输油泵机组的关系好比人身上的动脉与心脏的关系。油在管路中向前流动,需要消耗和损失一定的压力能和热能。选择经济合理的油流入口温度(或者入口压力),以及合理地确定中间加热站(或者增压泵)机组的位置和加热温度(或者增压压力),就必须了解输油管道水力和热力计算原理。

此外,要将油品保质、保量、安全经济地输送到终点,海底管道仍需要满足输量调节、维护和保养等工艺流程。

本章以海底输油管道为例,阐述海底管道工程中工艺设计的基础问题,主要内容包括以下 4 部分:

- 等温输油管道水力计算;
- 热油管道热力计算;
- 输油管道工况调节;
- 海底管道的维护和保养。

## 2.1　等温输油管道水力计算

对于输送低黏度、低凝固点的原油的海底输油管道,不需要加热,管道内原油与周围介质的温差很小,沿线温降很小,热交换可以忽略不计,工程上称这类管道为等温输油管道。这类管道的工艺计算主要是水力计算,主要考虑内含物和管道间摩擦损失的流动和液力,保证有足够的能力有效地将内含物输送到给定地点,是一般输油管道工艺计算的基础。

### 2.1.1　能量方程

如图 2.1 所示,$A$ 点处质量为 $W$ 的流体质点的总能量 $E$ 为

$$E = WZ_A + W\frac{P_A}{g} + W\frac{V_A^2}{2g} \tag{2-1}$$

其中等式右边依次为流体质点的势能、压力能和动能,$P_A$ 为压力,$g$ 为重力加速度,$Z_A$ 为地形高,$V_A$ 为质点速度。约去 $W$ 后,$A$ 点处单位重力的流体质点的总能量 $H_A$ 为

$$H_A = Z_A + \frac{P_A}{g} + \frac{V_A^2}{2g} \tag{2-2}$$

根据能量守恒,$A$ 点和 $B$ 点能量关系为

$$H_A = H_B \text{或} Z_A + \frac{P_A}{g} + \frac{V_A^2}{2g} = Z_B + \frac{P_B}{g} + \frac{V_B^2}{2g} \tag{2-3}$$

式(2-3)即为 Bernoulli 方程。

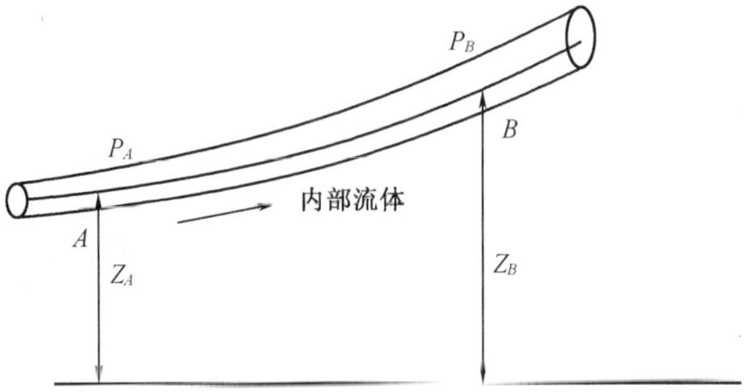


**图 2.1　管内流体能量**

在实际输油过程中,等温输油管道的能量消耗主要包括两部分:一是用于克服地形高差所需的能量(即压力能 $Z_B - Z_A$),主要由当地地形变化的高差来决定,对于某一条输油管道,它是不随输油过程中其他环节而变化的一个定值;二是克服油流在管路内流动过程所消耗的能量,消耗的这部分能量通常称为摩阻损失(用 $h$ 表示),与管路特性、油流特性和输送条件等有关。实际工程管路都是由许多直管段和各种阀门、管件组成的管系。因此,长输管道的摩阻损失亦包括两部分:一是油流通过直管段所产生的摩阻损失 $h_f$,简称沿程摩阻;二是油流通过各种阀门、管件所产生的摩阻损失 $h_k$,简称局部摩阻。摩阻损失换算成为液柱高度(水头)的形式表示为

$$h = h_f + h_k \tag{2-4}$$

因此,考虑摩阻损失的能量方程为

$$Z_A + \frac{P_A}{g} + \frac{V_A^2}{2g} = Z_B + \frac{P_B}{g} + \frac{V_B^2}{2g} + h \tag{2-5}$$

我们也可以将增压泵提供的能量添加进能量方程,例如,若 $A$ 点增压泵提供的压力为 $H_p$, 能量方程为

$$Z_A + \frac{P_A}{g} + \frac{V_A^2}{2g} + H_p = Z_B + \frac{P_B}{g} + \frac{V_B^2}{2g} + h \tag{2-6}$$

### 2.1.2　沿程摩阻

流体在管内的流动分为三种流动状态:层流状态、紊流状态和临界状态(即介于层流与紊流状态之间的不稳定过渡状态)。流体在管内流动时所产生的沿程摩阻损失与流体在管内的流动状态直接有关。流体流动阻力产生的根本原因是由于流体本身具有的惯性和黏性。根据相似原理,惯性力与黏性力之比可用雷诺数 $Re$ 来表示,其表达式为

$$Re = \frac{uD_i}{\nu} = \frac{4Q}{\pi D_i \nu} \tag{2-7}$$

式中　$\nu$——流体运动黏度,$m^2/s$;

$u$——流速;

$D_i$——管道内径;

$Q$——油流在管路中的体积流量,$m^3/s$。

紊流状态下,惯性力占主要地位,雷诺数较大;层流状态下,惯性力较弱,黏性力居主导

地位，雷诺数较小。从式(2－7)可看出，雷诺数能同时反映流速、管径和流体的物理性质三个方面对流态的影响，综合了引起流动阻力的内因和外因，揭示了流动阻力的物理本质，故可用雷诺数来判别流态。对于任何一种管内流动的流体，在任何流态下都有一个确定的雷诺数值。

下面，我们以最简单的层流为例，推导输油管道水力计算的主要公式。

均匀管内完全发展的层流速度势为 $u$，如图 2.2 所示。

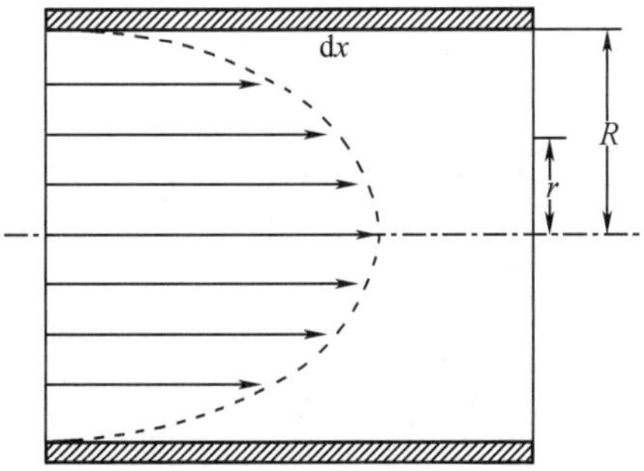


图 2.2　均匀管内完全发展的层流速度势

$$u=\frac{r^2}{4\mu}\left(\frac{\mathrm{d}P}{\mathrm{d}x}\right)+\frac{C_1}{\mu}\ln r+C_2 \tag{2-8}$$

$\mu$ 为流体的动力黏度，$r$ 为离管道中心线的距离。考虑到管道壁面处流速为 0，则

$$C_1=0,C_2=-\frac{R^2}{4\mu}\left(\frac{\mathrm{d}P}{\mathrm{d}x}\right) \tag{2-9}$$

将式(2－9)代入式(2－8)，层流速度势为

$$u=\frac{1}{4\mu}\left(\frac{\mathrm{d}P}{\mathrm{d}x}\right)(r^2-R^2) \tag{2-10}$$

联合速度势，体积流率可表示为截面速度势的积分，即

$$Q=\int_0^R u\cdot 2\pi r\mathrm{d}r=\int_0^R\frac{1}{4\mu}\left(\frac{\mathrm{d}P}{\mathrm{d}x}\right)(r^2-R^2)\cdot 2\pi r\mathrm{d}r=-\frac{\pi R^4}{8\mu}\left(\frac{\mathrm{d}P}{\mathrm{d}x}\right) \tag{2-11}$$

对于完全发展层流，压力梯度为常数，因此可用管长 $L$ 的两点间的压力差表示

$$\Delta P=P_A-P_B=\frac{128\mu L\cdot Q}{\pi\quad D_\mathrm{i}^4} \tag{2-12}$$

联合单位时间内输送量公式 $Q=\frac{\pi}{4}D_\mathrm{i}\cdot\bar{u}$，得到压降公式

$$P_A-P_B=\frac{32\mu\cdot L\cdot\bar{u}}{D_\mathrm{i}^2} \tag{2-13}$$

这里$\bar{u}$为平均流速。考虑到雷诺数 $Re=\frac{\rho D_\mathrm{i}\bar{u}}{\mu}$，式(2－13)修改为

$$\frac{P_A-P_B}{\gamma}=\frac{64}{Re}\cdot\frac{L}{D_\mathrm{i}}\cdot\frac{\bar{u}^2}{2g} \tag{2-14}$$

式中，$\gamma$ 为流体密度。式(2－14)即为平直管道内层流沿程摩阻。沿程摩阻是克服沿程摩擦阻力做功而损失的水头，它随着流程长度而增加。

如果定义 $f$ 为水力摩阻系数，则得到平直管道内流体沿程摩阻达西公式：

$$h_f = f\frac{L}{D_i}\frac{\bar{u}^2}{2g} \tag{2-15}$$

对于层流情况，我们推导出 $f$ 的理论解析式 $f = 64/Re$，但是对于湍流复杂情况，水力摩阻系数 $f$ 随流态不同而不同，理论和实验都表明水力摩阻系数 $f$ 是雷诺数 $Re$ 和管壁相对当量粗糙度的函数。表 2.1 列出设计中常用的不同流态下水力摩阻系数设计公式。

**表 2.1 不同流态的 $f$ 值**

| 流态 | | 划分范围 | $f$ |
|---|---|---|---|
| 层流 | | $Re < 2\ 000$ | $f = 64/Re$ |
| 紊流 | 水力光滑区 | $3\ 000 < Re < Re_1$ | Blasius 公式：$\frac{1}{\sqrt{f}} = 1.8\lg Re - 1.53$<br>Miller 公式：当 $Re < 10^5$，$f = \frac{0.316\ 4}{Re^{0.25}}$ |
| | 混合摩擦区 | $Re_1 < Re < Re_2$ | $\frac{1}{\sqrt{f}} = 1.8\lg\left[\frac{6.8}{Re} + \left(\frac{\varepsilon}{7.4}\right)^{1.11}\right]$ |
| | 粗糙区 | $Re > Re_2$ | $f = \frac{1}{(1.74 - 2\lg\varepsilon)^2}$ |

注：此处临界雷诺数定义为，$Re_1 = \frac{59.7}{\varepsilon^{\frac{8}{7}}}$，$Re_2 = \frac{665 - 765\lg\varepsilon}{\varepsilon}$。

管壁的绝对粗糙度指管内壁突起高度的统计平均值。由于制管及焊接、安装过程中的种种原因，管内壁难免是凹凸不平的，其突起的高低、形式及分布情况具有随机性质。粗糙度的测量方法常采用等直径的沙粒粘在光滑的管内壁面上，制成人工粗糙面，取沙粒的直径作为粗糙高度，以 $e$ 表示。由于人工粗糙面可以测得准确的 $e$ 值，故将其作为绝对粗糙度的比较标准。将实际管道的内壁面与人工粗糙面相比，以具有相同摩阻系数的人工粗糙面的沙粒高度 $e$ 作为该实际壁面的绝对粗糙度。当量粗糙度表示为

$$\varepsilon = \frac{2e}{D_i} \tag{2-16}$$

通过对各种管材、管径的管路摩阻数据的整理、研究表明：新的、清洁的管壁的绝对粗糙度仅取决于管材及制管方法，与管径无关。使用后的管道则随运行情况，如所输流体性质、腐蚀程度、运行年限、清管方法等的不同而有显著变化。表 2.2 给出了各种主要管路的绝对粗糙度值。

**表 2.2 国产各种主要管路的绝对粗糙度**

| 管路种类 | 直缝钢管 | 无缝钢管 | DN250 ~ DN350 | DN400 以上 |
|---|---|---|---|---|
| 绝对粗糙度 $e$/mm | 0.054 | 0.06 | 0.125 | 0.1 |

各流态区水力摩阻系数 $f$ 的计算，可综合为以下公式：

$$f = A/Re^m \tag{2-17}$$

该式也称为列宾宗公式，$A$ 和 $m$ 为列宾宗公式系数。

管路的沿程摩阻损失 $h_f$ 的计算，也可综合为流量－压降计算公式，即列宾宗公式：

$$h_f = \beta \frac{Q^{2-m}\nu^m}{D_i^{5-m}} L \tag{2-18}$$

各流态区的 $A$、$m$、$\beta$ 值及沿程摩阻损失计算式详见表 2.3。

**表 2.3　列宾宗公式中系数取值表**

| 流态 | | $A$ | $m$ | $\beta/(\mathrm{s^2/m})$ | $h_f$(m 液柱) |
|---|---|---|---|---|---|
| 层流 | | 64 | 1 | $\frac{128}{\pi g}=4.15$ | $h_f=4.15\frac{Q\nu}{D_i^4}L$ |
| 紊流 | 水力光滑区 | 0.316 4 | 0.25 | $\frac{8A}{4^m\pi^{2-m}g}=0.0246$ | $h_f=0.0246\frac{Q^{1.75}\nu^{0.25}}{D_i^{4.75}}L$ |
| 紊流 | 混合摩擦区 | $10^{0.127\lg\frac{\varepsilon}{d}-0.627}$ | 0.123 | $\frac{8A}{4^m\pi^{2-m}g}=0.0802A$ | $h_f=0.0802\frac{Q^{1.877}\nu^{0.123}}{D_i^{4.877}}L$<br>$A=10^{(0.127\lg\varepsilon-0.627)}$ |
| 紊流 | 粗糙区 | $f$ | 0 | $\frac{8f}{\pi^2 g}=0.0826f$ | $h_f=0.0826f\cdot Q^2L/D_i^5$<br>$f=0.11(e/D_i)^{0.25}$ |

沿程摩阻公式中管线长度 $L$ 设计中：平台间短距离管道应在水力计算时考虑 1.1 倍管长设计系数，外输管道可视路由资料情况及设计阶段不同，考虑 1.05～1.1 倍管长设计系数。在实际设计过程中，可以根据原油运动黏度初选流速，如表 2.4 所示。

**表 2.4　原油运动黏度及相应流速**

| 油品运动黏度/($\mathrm{mm^2/s}$(cSt)) | 经济流速推荐值(平均速度)/(m/s) |
|---|---|
| 1～12 | 3.5～2.5 |
| 12～28 | 2.5～2.0 |
| 28～72 | 2.0～1.5 |
| 72～146 | 1.5～1.2 |
| 146～438 | 1.2～1.1 |
| 438～977 | 1.1～1.0 |

油品黏度一般通过化验获得，图 2.3 可用于快速确定高压下的原油黏度。已知原油在泡点压力下的黏度，通过该图就可以查出在某一压力下的原油黏度。

例如，已知某原油泡点压力为 1 200 psi 时的黏度为 30 cSt，试求压力为 4 200 psi 时的黏度。4 200 psi 比泡点压力高 3 000 psi，在图中左侧压差坐标上标出 3 000 psi，与中间线上的 30 连接并延至右侧的黏度坐标，其交点为 48 cSt 就是压力为 4 200 psi 下的原油黏度。温度对原油黏度影响很大，图 2.4 是用于确定不同温度下的原油黏度。

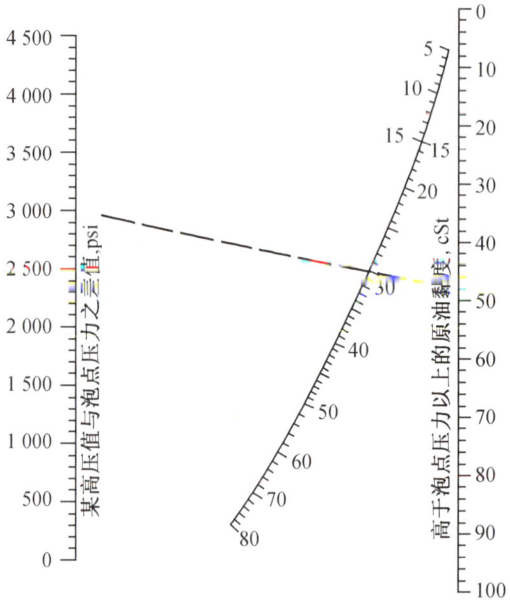


图 2.3　含饱和气原油黏度计算图

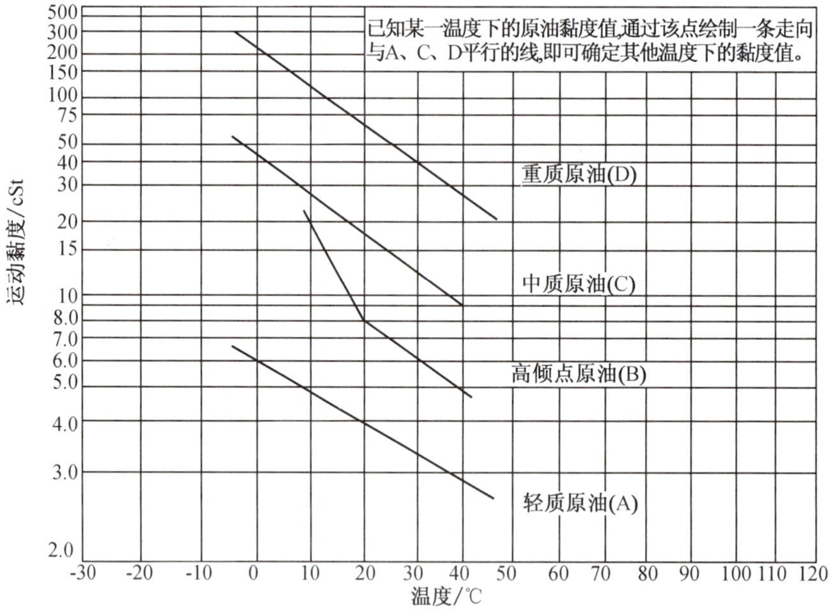


图 2.4　不同温度下原油黏度计算图

### 2.1.3　局部摩阻

局部摩阻损失是指油流经管路中的弯头、三通、阀门、过滤器、管径扩大或缩小等处所引起的能量损失。对于一般管道而言,沿程摩阻损失是主要的,通常约占总损失的 90% 以上,而局部损失仅占 10% 以下,尤其是对于海底长输管道,局部损失仅占 1% ~2% 。

高雷诺数下输水试验表明局部摩阻损失与流速平方近似正比关系,因此局部摩阻损失

常用如下计算公式

$$h_k=\zeta\frac{\bar{u}^2}{2g} \tag{2-19}$$

式(2-19)中 $\zeta$ 为局部摩阻系数,它随管件的类型、尺寸、油流的流态,以及油品的黏度等的不同而变化。

例如,一定流量 $q$ 经过渐变直径管(图2.5),首先可根据流量计算平均流速。

摩阻损失常用如下计算公式

$$\bar{u}_1=4q/(\pi D_1^2),\bar{u}_2=4q/(\pi D_2^2) \tag{2-20}$$

局部摩阻损失为

$$h_k=\zeta\frac{\bar{u}_1^2-\bar{u}_2^2}{2g} \tag{2-21}$$

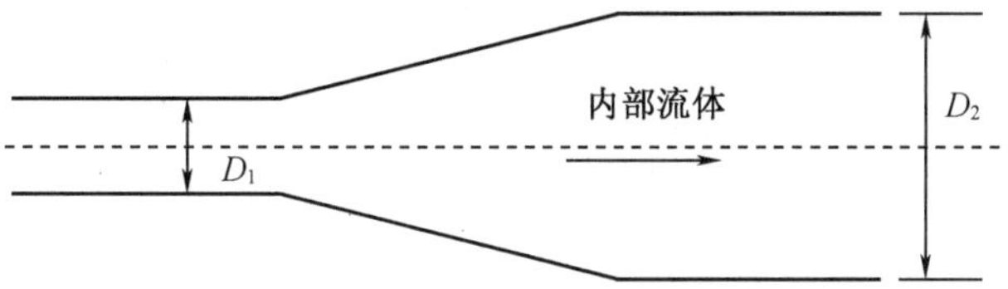


**图2.5　渐变直径管**

在实际计算时,对管路中所有的局部损失,可以用管路直线段当量长度来替代。对于海底管道而言,一般经过管件、阀门较少,它们所引起的能量损失已包括在管长系数中,可忽略不计。如果计算需要,可查阅相关资料。

### 2.1.4　计算流程

在新建管线时,通常是根据要求的输送量规定其流量。由已知的流量和大致选定的流速(一般采用经济流速或极限流速),初步决定管线的直径。这样有了流量 $Q$、流速 $u$、管线直径 $D$,根据输送油品的特性即可以进行水力计算。根据流速、管径和油流黏度等,可以计算出雷诺数 $Re$。根据雷诺数 $Re$ 判别油流在管路的状态,选用不同的计算公式计算 $\lambda$ 和外输泵的扬程。

外输泵的工作任务就是不断地向管道输入一定量的油品,并给油流供给一定的压力能,维持管内油品的流动。故泵的工作特性就是泵所输出的流量 $Q$ 和压头 $H$ 间的变化关系。可用 $H=f(Q)$ 的数学关系式表示。泵站的压力能供应任务,是由站上所装备的输油泵机组来完成的。故泵站的工作特性即是运行泵组的联合工作特性。管道上最常用的是离心泵,固定转速下,泵的扬程和排量之间的关系称为泵的工作特性,可近似表示为

$$H=a-bQ^{2-m} \tag{2-22}$$

式中　$H$——泵扬程,m 液柱;

$Q$——泵的排量,$m^3/s$;

$a$、$b$——由离心泵特性及组合方式决定;

$m$——管道流体流态指数,在水力光滑区内 $m=0.25$,混合摩擦区中 $m=0.123$。

计算得到泵的扬程后,查表选择泵型号。例如 20×20×19HSB 泵:$H=322-6.982\ 4\times$

$10^{-5}Q^{1.75}$串联泵，额定流量 $Q=2\ 500\ m^3/h$，额定效率 $\eta=0.87$；而 20×20×15HSB 泵：$H=139-3.175\ 9\times10^{-5}Q^{1.75}$串联泵，额定流量 $Q=2\ 500\ m^3/h$，额定效率 $\eta=0.89$。

举例：某 12 in(323.9 mm×14.3 mm)海底长距离输油管道，将平台脱水后的原油输送到陆上终端。已知：20 ℃时原油的密度为 810 $kg/m^3$，凝固点为 30 ℃，黏度为 4.2 $mm^2/s$（50 ℃以下）；该条管道的输量为 8 000 $m^3/d$，输送距离为 33.8 km，管道的起输温度为 50 ℃，要求终点压力 $P_2$ 不大于 800 kPa，求该管道的起输压力 $P_1$。

（1）判别流态。

根据雷诺数计算公式(2-7)：

$$Re=\frac{uD_i}{\nu}=\frac{4Q}{\pi D_i\nu}=\frac{4\times8\ 000\times1\ 000}{\pi\times(323.9-14.3\times2)\times4.2\times10^{-6}\times24\times36}=95\ 054(>3\ 000)$$

则管内流体的流态属于紊流区。

该管道采用无缝钢管，据表 2.2 查得，绝对粗糙度 $e=0.06$ mm，则当量粗糙度

$$\varepsilon=\frac{2e}{d}=0.000\ 462$$

由于 $3\ 000<Re<59.7/\varepsilon^{8/7}=387\ 515$，据表 2.1 查得，管内流体的流态属于水力光滑区。

（2）求管道的沿程摩阻。

据列宾宗公式(2-18)，$h_f$ 的计算公式为

$$h_f=\beta\frac{Q^{2-m}\nu^m}{d^{3-m}}L$$

其中，$\beta=\frac{8A}{4^m\pi^{2-m}g}$。据表 2.3，查得水力光滑区的 $A=0.316\ 4$，$m=0.25$，$\beta=0.024\ 6$。代入 $h_f$ 的计算公式可得 $h_f=192.1$ m 液柱。

（3）求管道的起输压力 $p_1$。

$$p_1=p_2+h_f\cdot\rho\cdot g=800\times10^3+192.1\times810\times9.8\ \text{Pa}=2\ 324\ 890\ \text{Pa}\approx2\ 325\ \text{kPa}$$

该管道的输送压力是 2 325 kPa。

## 2.2 热油管道热力计算

管道输油的等温输送方式目前只在输送成品油或某些特殊的原油（原油的凝固点低于地温）时采用。我国的原油主要为高黏度和高含蜡原油。对这样的原油直接管输有一定困难，因为高黏度原油在管路中流动时，水力摩阻非常大，而高含蜡原油在外界温度下易凝固甚至根本无法输送，所以常采用加热输送的方法，其目的在于提高油的温度来降低其黏度，减少输送时的摩阻损失；并保证油流的温度高于其凝固点，以防止冻结事故发生。加热的方法主要是沿管线设置加热站加热。使用的加热设备有直接式加热炉或间接式加热炉（热煤炉）两种。

在热油沿管路向前输送的过程中，由于油温远高于管路周围的环境温度，油流所携带的热量将不断往管外散失，因而使油流在前进过程中不断降温，即引起轴向温降。轴向温降的存在，使油流的黏度在前进过程中不断上升，单位管长的摩阻逐渐增大。当油温降低

到接近凝固点时,单位管长的摩阻将急剧升高。故加热输送的特点可归纳为以下三点:

(1)加热管输原油过程中有两方面的能量损失:一是克服摩阻和高差的压能损失;二是与外界进行热交换所散失掉的热能损失。因此,需在管路沿线设置若干个热泵站,以补充管路损失的压能和热能。

(2)原油热输管道相应的工艺计算包括两个部分:水力计算和热力计算。水力计算要合理地解决压能供给与消耗之间的平衡问题。热力计算在于解决热能供给与散失之间的平衡问题。摩阻损失与热损失这两方面的能量损失是互相联系、互相影响的。如果油温高,黏度就低,摩阻损失少,动能消耗就少,而热能消耗大;反之热能消耗少,动能消耗则大。

(3)加热输送时,管内热油既可在层流流态下输送,又可在紊流流态下输送,同样也可在混合流态下输送。

从热损失的抑制角度来考虑,加热输送应在层流流态下进行,因为在层流时,热油的总传热系数总是小于紊流流态时的总传热系数,也就是说在层流流态时散热少。从控制摩阻的观点出发,热油在紊流流态下流动比在层流流态下好,因为紊流流态的水力摩阻系数总是小于层流流态时的水力摩阻系数。

对于高黏原油,宜在层流或混合流态下输送,这样不但热能损失少,而且加热对摩阻的下降影响非常显著,因为层流时,摩阻与黏度的关系是一次方的正比关系。而在紊流流态时,比如在光滑区,黏度的降低对摩阻减少的影响远不如层流时那样大。对含蜡高的原油,宜在紊流流态下输送,因为流速大,不易在管壁上结蜡。

### 2.2.1 轴向温降规律

把油加热到一定的温度 $t_H$,将其输入管路。热油在沿管路流动的过程中,由于与外界的热交换,油的温度不断降低,如图2.6所示。

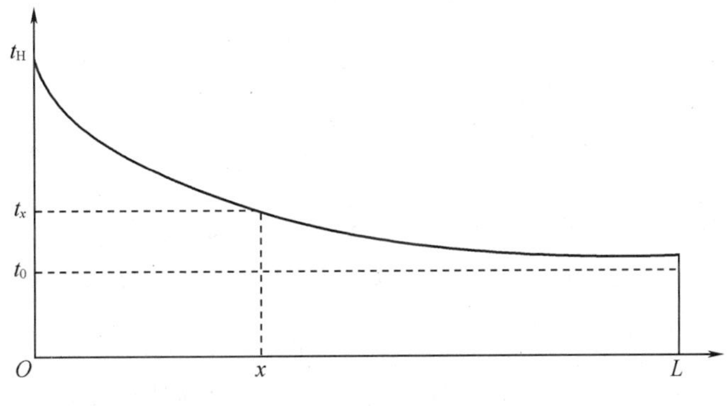


**图2.6 热油管温降曲线示意图**

根据热平衡原理可知,当加热站的出站温度 $t_H$ 为定值,则管路沿线的温度分布可表示为

$$t_x = t_0 + (t_H - t_0)\,e^{-(K\pi DL/GC)} \tag{2-23}$$

式中 $t_H$——加热站的出站温度,℃;

$t_0$——管道周围的土壤自然温度,℃;

$t_x$——油流在管路中某点时温度,℃;

$K$——油流至周围介质的总传热系数，kJ/(m²·s·℃)；

$G$——原油质量流量，kg/s；

$C$——原油的比热容，kJ/(kg·℃)；

$D$——管道外径，m；

$L$——站间距离，m。

公式(2-23)称为热油管路的苏霍夫温降公式，是在稳定工况下进行热力计算的基本公式。利用该式做如下的计算：

(1)已知进站温度 $t_K$，求出站温度 $t_H$。

$$t_H = t_0 + (t_K - t_0)e^{K\pi DL/GC} \tag{2-24}$$

(2)已知出站温度 $t_H$，求进站温度 $t_K$。

$$t_K = t_0 + (t_H - t_0)e^{-(K\pi DL/GC)} \tag{2-25}$$

(3)已知最高出站温度 $t_{Hmax}$ 和最低进站温度 $t_{Kmin}$，求最小输量 $G_{min}$。

$$G_{min} = \frac{K\pi DL}{C\ln\dfrac{t_{Hmax} - t_0}{t_{Kmax} - t_0}} \tag{2-26}$$

(4)根据运行参数反算总传热系数 $K$。

$$K = \frac{GC}{\pi DL}\ln\frac{t_H - t_0}{t_K - t_0} \tag{2-27}$$

(5)确定加热站站间距 $L_x$ 和加热站数 $n$。

$$L_x = \frac{GC}{\pi DK}\ln\frac{t_H - t_0}{t_K - t_0} \tag{2-28}$$

设热油管全长为 $L$，则加热站数等于

$$n = L/\ L_x \tag{2-29}$$

在计算 $n$ 时，需要进行化整，必要时可适当调整温度。

在以上基础上可求出每个加热站的热负荷

$$Q_K = \frac{GC}{\eta}\Delta t \tag{2-30}$$

式中 $\Delta t$——加热站进出站原油温度之差，℃；

$\eta$——加热炉的效率，%；

$C$——原油的比热容，kJ/(kg·℃)；

$G$——原油质量流量，kg/s；

$Q_K$——加热站的热负荷，kJ/s。

温降公式表明，在两个加热站之间的管路，沿线温度梯度是不同的，在站的出口处温度高，油流与周围介质的温差大，温降就快。而在下一站进站前的管段上，由于油温低，温降就慢得多。因此，过多地提高加热站出口油温，以提高管路末端的油温，往往收效不大。常常在出口油温提高近 10 ℃后，进站油温却仅升高 2～3 ℃。

温降公式表明，在不同的季节，管路埋深处的土壤温度不同，温降情况也不同。冬季气温低，温降就快。在公式的各参数中，对温降影响较大的是总传热系数 $K$ 和输量 $G$。$K$ 值增大，温降显著加快，因此在热力计算时，要慎重地确定 $K$ 值。如在两个加热站间的管路上，$K$

值有显著变化，就应分段计算其温降。

油流在管路中的摩擦损失最终要转为热能，使油温升高，考虑这一点，沿管路方向的苏霍夫温降公式应变为

$$t_K = t_0 + (t_H - t_0)e^{-aL} + b(1 - e^{-aL}) \quad (2-31)$$

式中 $a$、$b$——$a = \frac{K\pi D}{GC}$，$b = \frac{iG}{K\pi DE_n}$；

$E_n$——热功当量，kg · m/kJ；

$i$——两站间的水力坡降，$i = \beta \frac{Q^{2-m}\nu^m}{d^{5-m}}$。

一般情况下，在输油生产中可以不考虑摩擦热的影响。但如果两泵站间油流的温降本来就很小（比如在夏季，输量大、$K$ 值又小的情况下）或流速很大（因而摩阻损失很大），或者对计算的准确性要求高时，则在热力计算中必须考虑摩擦热的影响。

### 2.2.2 温降参数

1. 出站温度（加热温度）

从热油管的温降规律考虑。由温降公式可知，热油管的温降曲线是一条按指数规律变化的曲线。距加热站出站较近的管段，油温下降较快，以后温降就变得缓慢，所以过多地提高加热站出口油温以提高管道末端的油温，收效不大。

从油的黏温特性和其他物理性质来考虑。对于自吸进泵工艺流程，为防止汽蚀影响泵的正常运行，原油的最高加热温度不应超过其初馏点；对重油，考虑其含水多，其最高加热温度不超过 100 ℃。对于含蜡原油，当温度增加到一定值后，温度再增加对黏度的降低已不太明显，且在光滑区内摩阻只与黏度的 0.25 次方成正比关系，所以提高加热温度对降低摩阻不明显。而对高黏度原油来说，黏温关系曲线比较陡，提高温度对降低黏度的效果显著，且由于黏度高常处于层流流态，摩阻与黏度的一次方成正比，因此对这类油加热温度可更高一些。

从防腐绝缘层的性质考虑。油温过高，防腐层易老化剥落。

从经济运行考虑。加热温度越高，油的黏度下降越多，油流摩阻损失也就越小，因此动能费用减少，但热能费用却增加；反之，加热温度低，油的黏度下降少，油流在管路中的摩阻损失大，动能费用增加，热能费用减少。因此存在一个最优的加热温度，只有此温度下，动能费用和热能费用之和最小。

2. 进站温度

进站温度和上站出站温度是相互制约的，确定进站温度必须要考虑对上站出站温度的限制条件。输油生产中，进站温度一般控制在凝固点以上 3～5 ℃。

目前国内的热油管埋深为 1.2～1.5 m（从管顶至地面）。设计时进站温度取埋深处的最低月平均地温。运行中的管道编制或校核运行方案时，不同季节进站温度取自当时的气象水文资料。

3. 总传热系数

总传热系数 $K$ 系指当油流与周围介质的温差为 1 ℃时，通过每平方米传热表面每小时所传递的热量。埋地不保温管道的 $K$ 值主要取决于管道至土壤的放热系数 $\alpha_2$。土壤导热

系数受到多种因素影响，土壤的含水量、温度场、大气温度变化等均影响 $\alpha_2$ 的大小，虽然有理论计算的公式，但是实际上在生产中很少采用通过计算方法确定总传热系数 K 的做法。

我国在设计埋地热输管道中都是采用经验方法确定总传热系数。通常都用反算法，即根据实际输送中的管道运行参数推算管道的 $K$ 值。将该 $K$ 值适当加大作为设计新管道的总传热系数。已投产的非保温热输管道在一般土壤条件下，管道公称直径为 700 mm 时，其稳定 $K$ 值为 1 ~ 1.4 J/(m² · s · ℃)，设计值可取 2.0 J/(m² · s · ℃)；管道公称直径为 500 mm时，稳定 $K$ 值为 1.28 ~ 1.63 J/(m² · s · ℃)，设计值可取 2.00 J/(m² · s · ℃)。根据敷设地区土壤及地下水情况，可对所取用 $K$ 值做适当调整。

从大量计算值中总结出 $K$ 值的变化范围。设计时参照稳定的 $K$ 值适当加大，作为新设计管道的总传热系数。这样既可以照顾投产时加热能力需要较大的要求，又不致使加热炉容量过大。

根据我国东北、华北及华东地区管道的运行实践，在中等湿度的黏土及砂质黏土地段，反算 $K$ 值的范围如下：

| | | |
|---|---|---|
| $3\leqslant\dfrac{h_1}{D}\leqslant4$, | $\phi$720 管道 | $K=1.25\sim1.8\ \mathrm{W/(m^2\cdot ℃)}$ |
| $2\leqslant\dfrac{h_1}{D}\leqslant3$, | $\phi$720 管道 | $K=1.4\sim2.1\ \mathrm{W/(m^2\cdot ℃)}$ |
| | $\phi$529 管道 | $K=1.8\sim2.6\ \mathrm{W/(m^2\cdot ℃)}$ |
| 在气候干燥的西北地区： | $\phi$159 ~ $\phi$325 管道 | $K=1.2\sim1.8\ \mathrm{W/(m^2\cdot ℃)}$ |
| 江底及长年浸水的河滩段： | | $K=12\sim14\ \mathrm{W/(m^2\cdot ℃)}$ |

4. 比热容的确定

原油比热容指单位质量原油的温度上升或下降 1 ℃时所吸收或放出的热量。对于含蜡原油来说，其比热容随温度的变化而变化，在不同的温度段其变化规律有所不同，将温度分为如下三个区：

(a) 油温高于原油析蜡温度 $t_{cr}$时为Ⅰ区。此时，$C$ 随 $t$ 的升高而变化不大，计算时常取为定值 $C_0$。

(b) 从析蜡温度 $t_{cr}$到比热容达到最大值时的温度 $t_{cmax}$为Ⅱ区。在此区域中，随着油温下降，比热容急剧上升。由于这个温度范围内，单位温降的析蜡率逐渐增大，放出的潜热多，$C$ 与 $t$ 的关系可用下式拟合：

$$C=4\ 186.8-A_C\cdot e^{\alpha t} \tag{2-32}$$

其中，$A_C$、$\alpha$ 均为常数，可由试验确定。

(c) 从 $t_{cmax}$到 0 ℃为Ⅲ区。在此区域中，随着油温下降，比热容减小。$C$ 与 $t$ 的关系可表示成：

$$C=B_0-B_C\cdot e^{\iota t} \tag{2-33}$$

其中，$B_0$、$B_C$、$\iota$ 均为试验常数。

### 2.2.3 摩阻计算

与等温输油管道相比，热油管路单位长度上的摩阻(即水力坡降)不是定值。这是因为热油管的水力工况在很大程度上取决于其周围介质的热交换。热油在沿线的流动过程中，由于与外界的热交换，温度不断降低，从而使黏度不断增加，因此单位管长上的摩阻也不断增加，即热油管的水力坡降不是一条直线，而是一条斜率不断增加的曲线。因此，计算热油管的摩阻时，必须考虑管路沿线的温降情况及油品的黏温特性。因此，热油管道必须先进行热力计算，然后才能进行水力计算。只有知道了热油管沿线的温降情况，知道相应的黏度变化，才能求摩阻。

热油管的水力计算是以加热站间距作为一个计算单元。因为只有在一个加热站间的距离内，黏度的变化才是连续的。设第 $i$ 个加热站间的摩阻损失为 $h_i$，全线共有 $n$ 个加热站，则全线总摩阻为

$$h = \sum h_i \tag{2-34}$$

如果各加热站间距相等，进出口温度也相同，则只要算出一个加热站间的摩阻就够了，全线总摩阻就等于：

$$h = nh_i \tag{2-35}$$

下面介绍工程上常用的两种近似热油管的摩阻计算方法。

1. 平均温度计算法

如果在加热站间起终点温度下的油流黏度相差不超过一倍，且管路的流态是在紊流光滑区，则可按起终点平均温度下的油流黏度来计算一个加热站间摩阻。其具体步骤为

(a)计算加热站间油流的平均温度 $t_{\mathrm{pj}}$，用加权平均法，可取

$$t_{\mathrm{pj}} = \frac{1}{3}t_{\mathrm{H}} + \frac{2}{3}t_{\mathrm{K}} \tag{2-36}$$

式中符号同前。

(b)在实测的黏温曲线上查出温度为 $t_{\mathrm{pj}}$ 的油流黏度 $\nu_{\mathrm{pj}}$。

(c)计算一个加热站间的摩阻 $h_{\mathrm{r}}$。

$$h_{\mathrm{r}} = \beta \frac{Q^{2-m}\nu_{\mathrm{pj}}^{m}}{d^{5-m}}L_{\mathrm{r}} \tag{2-37}$$

2. 分段计算法

如果管道中油流的流态有转变，油流黏度相差较大，则需分段计算加热站间摩阻。分段计算步骤如下：

(a)按实测的数据作黏温曲线。

(b)按苏霍夫公式作出加热站的温降曲线。

(c)根据相应于临界雷诺数 $Re_{\mathrm{c}}$ 下的黏度 $\nu_{\mathrm{c}}$ 判断管道沿线流态的变化：

$$\nu_{\mathrm{c}} = \frac{4Q}{\pi D Re_{\mathrm{c}}} \tag{2-38}$$

根据算得的 $\nu_{\mathrm{c}}$ 在黏温曲线上查找相应的温度 $t_{\mathrm{c}}$，即流态发生变化时的临界温度。如果沿线温度都高于 $t_{\mathrm{c}}$，则无流态变化，如 $t_{\mathrm{K}} < t_{\mathrm{c}} < t_{\mathrm{H}}$，则有流态变化。在管路上相应于油温为 $t_{\mathrm{c}}$ 的位置以左是紊流段，以右是层流段。

(d)将加热站间分成若干小段。分段时应使每小段的温降为 3 ~5 ℃。

(e)计算每一小段的平均温度

$$t_{pji}=\frac{t_i+t_{i+1}}{2} \tag{2-39}$$

式中　$t_i$ 和 $t_{i+1}$——每一小段的起点和终点温度。

(f)找出相应于油温为 $t_{epi}$ 的黏度 $\nu_{pji}$。

(g)按每一小段的平均黏度,计算各小段的摩阻

$$h_i=\beta\frac{Q^{2-m}\nu_{pji}^m}{d^{5-m}}L_i \tag{2-40}$$

(h)计算一个加热站间的摩阻

$$hL=\sum hL_i \tag{2-41}$$

以上介绍的两种方法中,第一种方法比较简单,但误差大;第二种方法较准确,在热油管的设计实践中用得较多,但计算工作量大。

## 2.3　输油管道的工况调节

输油管道在正常输送时,沿线各点的流量都是相等的,处于稳定流动状况。输油管道的工况调节一般是通过改变泵站特性和改变管路特性来实现的。

- 泵站特性的改变:通过改变运行的泵站数和泵机组数,或更换离心泵的叶轮和级数,可以大幅度地调整输量。日常运行中的自动调节常用改变泵机组转速的方法。
- 管路特性的改变:改变管路工作特性,常用的调节方法是节流调节和变速调节。近年来,采用化学方法改变管路工作特性的输油工艺技术发展迅速,效果极为显著。

热油管线的计划检修和事故抢修完全可能在全线停输的情况下进行,此外,由于油量不足时,为节省动力并保持一定的热力条件,也可以用间歇输油的办法来代替反输。因此,为了确保安全、经济地输油,必须了解管路在各种条件下停输后的温降情况,再启动所需的压力和可能达到的输量,以便确定允许停输的时间和停输时必须采取的措施。

通常,长输管路极少由于停输而造成冻管事故,埋地管道比架空和水中管道安全,大管径管道比小管径管道安全。停输后管路的冷却过程,是个不稳定传热过程,目前还没有成熟的计算方法。下面介绍其一般规律和近似估算方法。

1. 热油管道停输后的温降规律

热油管道停输后,其温降过程大致可分为三个阶段:

第一阶段:刚停输时,油温高于或接近析蜡温度,管壁上的结蜡层很薄,管内存油至管外环境的传热主要是对流放热,放热强度较大,而存油、钢管及保温层的热容都较小,故温降很快。

第二阶段:随着管壁温度及油温下降,一方面蜡不断结晶析出,管壁上的结蜡层不断加厚,使热阻增长;另一方面,由于油流黏度的增长,对流放热系数减小,二者都使散热量减少。而蜡的结晶析出却又放出潜热,因而,这一阶段的油温降落最慢,直至整个管路横截面都布满了蜡的网络结构。

第三阶段:此时管内存油已全部形成网络结构,传热方式主要是凝油的热传导,热阻较大,且与外界的温差也减小,故其温降速度要比第一阶段慢得多。但由于在此阶段内,单位时间内析出蜡结晶比第二阶段少,放出的凝结潜热少,因而其降温速度比第二阶段略快。

三个阶段的温降计算方法是不同的,但均是在一定的假设条件下导出的,并需要有实验数据做依据,其计算结果是近似的,这里不做详述。

2. 停输后再启动压力的计算

长输管道刚开始停输时,沿线各点的油温是不同的。在停输若干时间后沿线仍有一定的温度梯度。为此,在计算启动压力时,需按温度情况分段计算。并可能出现两种情况:在油温较高的段落,再启动时管中心部分仍为液相;而在油温较低的段落,则在整个横截面上都已形成网络结构,这两种情况计算启动压力的方法是不同的。

(1)管中心仍为液相的情况

当管路的中心部分仍为液相时,再启动时的摩阻情况就类似于管壁结蜡很厚的管路,其输送温度等于中心冷油的油温。尽管是在允许的最大压力下用热油启动,开始时的排量难免较小。随着冷油的被推出和凝油层厚度的逐渐减薄,排量逐渐增大,直到接近正常输量的过程。可按正常输送时的摩阻计算方法,根据油温不同,分段计算再启动压力。

输量恢复过程的快慢,决定于再启动时的冷油温度、再启动压力大小、热油温度的高低、停输时间的长短等一系列因素。在强度允许的压力范围内,尽可能加大排量和提高流速,以便增加对凝油层的剪切力,带走更多的凝油,使输量更快地恢复正常。

(2)整个管路横截面都凝结的情况

当管路的整个横截面上都已布满蜡和胶的空间网络时,凝油具有一定的结构强度,必须当外加剪力足以破坏其结构后,才能恢复流动。

这种情况下通常是测出凝油的平均屈服强度,用下式计算启动压力

$$\Delta p = 4\sigma_{\mathrm{SW}} L/D_{\mathrm{i}} \tag{2-42}$$

式中 $\sigma_{\mathrm{SW}}$ 为测得屈服强度。

例如:南海某油田原油,从操作温度 80 ℃降到倾点 43 ℃以下,实验时温度为 38 ℃。测得凝油平均屈服强度为 810 Pa,长 910 m,内径 178 mm 的油田管道凝油启动压力为

$$\Delta p = \frac{4 \times 810 \times 910}{0.178}\mathrm{Pa} = 16.56\ \mathrm{MPa}$$

当油温降到海底温度 10 ℃左右时,测得凝油平均屈服强度为 1 000 Pa,则启动压力为

$$\Delta p = \frac{4 \times 1\ 000 \times 910}{0.178}\mathrm{Pa} = 20.45\ \mathrm{MPa}$$

通常,对于输送高含蜡、易凝原油的海底管道,在停产后,如果超过设定停输时间,都用柴油或生产水替换管线内的原油,这样以保证生产作业的安全。重新启动时,再用热的柴油或生产水进行预热到操作温度,以防有蜡析出,降低管道输送能力。

## 2.4 海底管道的维护和保养

海底管线在设计的使用寿命内,尽可能减少维修保养的工作量。许多新技术,如泄漏监测、防腐保护、计量系统在海底管线上的应用等,为安全、有效地运行操作海底管线提供

了保障。

### 2.4.1 在役检测

在管道的运营过程中，应确保产品的临界参数维持在设计范围之内，至少应控制和监测：管道在进站和出站处的压力、在进站和出站处的温度、输气管道露点、产品的流速、密度与黏度、腐蚀控制系统规定的参数、有毒产品组分的集结。

管道系统所有的安全设备应按适当的时间间隔进行试验与检测，其安全设施包括，但不局限于，压力控制与过压保护设备、紧急关断系统、自动关断阀及其他的安全设备。检测的目的在于确认安全系统是否能有效地实施其标明的安全功能，以及其完整性是否得以维持。另外，检测至少应包括：

- 按设计、规范或其他特殊要求的管道暴露和埋设深度；
- 自由悬跨，包括长度、高度和端部支撑状态的测绘；
- 为减少自由悬跨而安装的人工支撑的情况；
- 影响管道完整性或其附属结构的海底局部冲刷；
- 影响管道完整性的沙波移动；
- 包括膨胀效应在内的过量的管子移动；
- 发生隆起屈曲或过度横向屈曲的标识区域；
- 机械连接器和法兰的完整性；
- 包括保护结构的海底阀的完整性；
- Y、T 形连接，包括防护结构；
- 管道保护层的完整性（如垫子、覆盖物、沙袋、砾石斜坡等）；
- 外防腐系统的运行情况；
- 内、外部腐蚀与冲蚀；
- 对管子、涂层及阳极的机械损伤；
- 在管道上或在其附近可能导致管道或其外防腐系统破坏的大碎石；
- 泄漏；
- 其他的管道特殊要求。

在管道系统全部运行后，应尽快进行第一次外部定期检查，检查范围应包括整个管道系统。第一次外部定期检查可作为启动检查的一部分，不论是否已达到最高压力或温度，均应在启动后一年内进行。在最高压力达到后，应尽快对整个系统进行检测。未来外部检测的频次取决于管道系统的风险评价、DFI 数据、老化机理与失效模式、检测系统的限制与精度、前次检测的结果、管道系统操作参数的改变、执行的修理与修正工作。第一次内部检测的时间及将来内部检测的频次取决于各种参数，如管道的临界状态、潜在的流体侵蚀性、检测系统的限制与精度、前次检测的结果、前次调查与控制的结果、管道操作参数的改变等。

整个管道系统中易受损伤的管段以及因海底条件而会产生大变化（如管道的支撑与埋设）的区域，检测的时间间隔较短，通常为一年。这些部分通常包括平台安全区域、航道、近海岸及潮水通道等，其他部分至少应在五年内检测一次，从而保证整个管道系统在五年内能进行一次全面检查。若国标规定的频次更高,可按国标执行。外部阳极的防护系统,在安装一年内进行检测。

### 2.4.2 防腐保护的检测与监控

多年来实践证明,引起金属管道的腐蚀原因很多,其中以电化学腐蚀最为严重,是腐蚀的主要原因。因此,对海底管道采取防腐措施极为重要。除了在设计时根据操作参数和外界环境条件从材质上选用耐腐蚀材料(如含钼和钛的合金钢等)之外,国内外一般均采用防腐绝缘层(一次保护)和阴极保护(二次保护)并用的防腐方法,效果很好。

防腐绝缘层的作用在于使海底金属管道内外壁与管内流体和管外介质(海水、土壤)隔绝开来,从而达到防腐的目的。常用的外壁防腐绝缘层有:热涂沥青或煤焦油涂层、聚乙烯或聚氯乙烯塑料带、蜡膏带、塑料粉末喷涂等。另外,海底管线在上述防腐绝缘层外面再包裹混凝土防护层,是经常采用的一项技术措施。它不仅能在水下长期稳定,耐久性能好,而且还具有较强的抗冲击性和机械性能。常用的内壁涂层有以下几种:(1)使用防污油、防腐的涂层,如一般船底防锈漆等;(2)使用煤焦油沥青、搪瓷(珐琅)和环氧沥青等涂层;(3)泥砂浆涂层,在管内形成一水泥砂浆的环衬;(4)管壁内喷镀防腐合金镀层;(5)选用某种塑料涂层,包括聚乙烯、酚醛、漆酚树脂漆和环氧富锌漆等。

针对电化学腐蚀为主这一事实,采用电化学阴极保护方法对管线进行防腐极为有效。电化学阴极保护方法,是使金属管道处于阴极而受到保护的方法,它主要有两种:牺牲阳极法和外加电流法。

(1)牺牲阳极法

牺牲阳极法,是采用锌、铝、镁等活泼金属元素及其合金作为阳极,接在被保护的管线上,这时管线成为阴极,同处于介质中(例如海水、土壤等),构成大电池。由于阳极的腐蚀牺牲,而使管线(阴极)得到了保护。其工作系统如图2.7(a)所示。

(2)外加电流法

外加电流法,需用直流电源不间断地供应电流。在介质中,将被保护的管线作为阴极,用导线接在直流电源的负极(-);而用高硅铸铁等材料作为阳极,用导线接到直流电流的正极(+)。其工作系统如图2.7(b)所示。

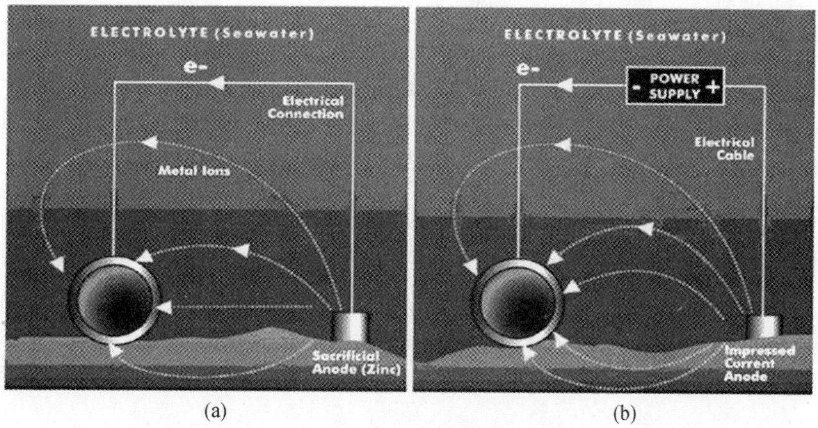


**图2.7 电化学阴极保护方法**

(a)牺牲阳极法;(b)外加电流法

在很大程度上，有牺牲阳极的管道与立管，其外部腐蚀防护仅局限于阳极条件的监控。除了靠近平台、基盘和其他结构物处外，过多的阳极消耗预示着涂层的缺乏。在这些地方，电流的消耗可能导致临近管道阳极的提前消耗。

一般地，在涂层破坏的裸露管子金属处，用测量阳极的电位来确定所需的保护。阳极附近电场梯度的测量可用来准数值化评估阳极输出电流。对于采用外加电流阴极保护系统的管道，需控制距阳极最近与最远处的保护电位。

内部腐蚀的检测用以证实管道系统的完整性，如内部腐蚀对管道承受内、外载荷能力的影响评价等。典型的内部检测设备为装备有仪表的清管器，可采用磁通量法、超声检测及涡流技术测量壁厚。

监控内腐蚀的目的是证实流体保持非腐蚀状态，而更多的情况下是为了评价防腐措施的效果。腐蚀监控通常不能给出管壁损失的量的信息，尽管它可作为选定区域实际壁厚的测量手段，但不能取代管道系统全长及周边的检测计划。在管道系统设计初期，需对腐蚀检测与监控的技术要求进行评估。但 CRA 管道与立管一般不需要进行内部腐蚀的检测与监控。腐蚀监控应遵循下列原则：

——流体分析，如流体物理参数的控制和腐蚀组分、防腐剂、腐蚀生成物的化学成分。

——腐蚀监控，如为定期或在线确定腐蚀速率而进行壁厚损失取样或其他无损探伤。

——现场壁厚测量，如在指定区域利用袖珍或永久安装的设备对壁厚进行反复测量。

正确选择监控作业的地点是十分重要的。腐蚀性液相容易积聚的地方是理想的监控地点，焊点；尤其是环缝焊接，比母材更易受到局部腐蚀。对于磨蚀及磨蚀性腐蚀，弯头与其他限制流体流动的部分是危险点。

### 2.4.3 清管作业

管道在试压、试运前及长期运行过程中，均需进行管内清扫，由清管器来完成此项工作。不同情况下清管的目的有所不同。刚敷设完的管道内常有施工中遗留下的各种杂物需要清扫。试压充水过程中，为了不使水中混入大量空气影响试压效果，需在充水前放入清管器。热水试运后投油之前放入清管球可以减少混油量。另外，清管时与防腐剂和脱水剂等一起使用，可减少对管道内壁的腐蚀。

输送含蜡原油的管道，运行中管壁上逐渐沉积了一定厚度的石蜡、凝油层、砂和其他机械杂质的混合物，即通常所谓的结蜡，如图 2.8 所示。对于气体管道和多相流管道，管道中有可能有水化物出现，这些都会降低管道的效率，增加压能的损耗。通过清管作业，可以提高管道的效率。据统计，通过清管，输气管道的效率可提高 1%，输油管道的效率可提高 3%。对于混输管道，为了减少油品的混合，可以用清管器对不同油品进行隔离，以达到经济有效地实现混输。我国某 $\phi 426$ 管道投产 4 ~ 5 个月后，由于管壁结蜡，摩阻增大 50% 以上。利比亚一条长 960 km、管径 850 mm 的原油管道，因结蜡过多，投产 3 年后就不能正常运输。经过 3 个多月连续清管，才使管道恢复正常运行。

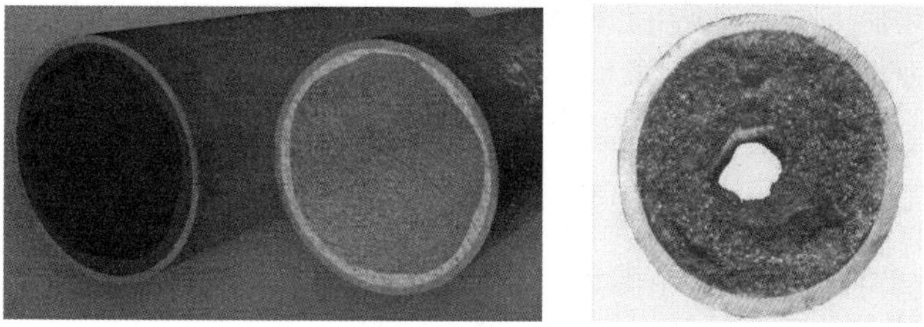

图 2.8 管道结蜡现象

目前清管的功能除清扫与隔离外，已推广到管内检测。国外已有带多种检测功能的“智能清管器”，包括管道的腐蚀、裂纹、变形检测，泄露检测，管内防腐处理等，如图 2.9 所示。有的专用清管器可以用于一些特殊的难以清理的场合，如多直径管道，有硬结蜡块的管道，要求洁净度极高的航空用油管道等。清管器的种类很多，结构各异，按功能可分为清扫型、隔离型、检测型或者其组合（图 2.10）。应根据清管的目的及管道条件来选择合适的清管器。

图 2.9 清管器示例

图 2.10 组合清管器作业

清扫型清管器用于清除管壁结蜡层及锈蚀层等，常用的有机械清管器和泡沫塑料清管器两类。前者刮蜡效果好，清管后管壁残余的结蜡层仅 1 ~ 2 mm，使用寿命长，一般可运行 1 500 ~ 2 000 km。但遇到变形的管道和障碍物时通过能力较差，且较笨重。后者的优缺点刚好与前者相反，通常用于可能有较大变形的管道。

对某一具体管道，在不同季节如何确定清管周期，是个经济比较问题。每清一次管需要一定的费用，包括清管器的维修费、更换费、清管作业费和用于驱动清管器增加的动力费等。但在一个结蜡周期内，随着结蜡层厚度的增加，流量下降，摩阻增加，不仅使单位动力消耗增多，而且流量的减少也使管道企业的收益减少。随清蜡次数增加，管道通过能力增加，输油收益增加，同时清管费用也增加。为确定经济清管周期，可取一个清管周期内单位输油费用 $S_g$ 为目标函数，在保证管输能力在某一范围内时，使 $S_g$ 最小。

某一清蜡周期内的单位输油费用为

$$S_g = \frac{e_1 N_\tau + e_2 \tau_g + e_3}{G_\tau} \tag{2-43}$$

式中 $S_g$——单位输油费用，元/吨；

$e_1$——电价，元/千瓦时；

$N_\tau$——$\tau_g$ 时间内输油耗电量，kW · h；

$\tau_g$——清蜡周期，h；

$e_2$——与输油量无关的单位时间内输油费用，如由固定资产折旧、修理费用等折算而来，元/时；

$e_3$——清管一次的费用，元；

$G_\tau$——在 $\tau_g$ 时间内的输油量，t。

在清蜡周期内，流量逐渐下降，耗电量也随时间变化，式(2-43)可写成

$$S = \frac{e_1 \int_0^{\tau_g} N \mathrm{d}\tau + e_2 \tau_g + e_3}{\int_0^{\tau_g} G \mathrm{d}\tau}$$

其中 $G_\tau = \int_0^{\tau_g} G\mathrm{d}\tau, N_\tau = \int_0^{\tau_g} N\mathrm{d}\tau$，为求最优清管周期，可令 $\mathrm{d}S/\mathrm{d}\tau_g = 0$，得

$$\frac{\int_0^{\tau_g} G\mathrm{d}\tau}{G_x}\left(N_x + \frac{e_2}{e_1}\right) = \int_0^{\tau_g} N\mathrm{d}\tau + \frac{e_2}{e_1}\tau_g + \frac{e_3}{e_1} \tag{2-44}$$

式中 $G_x$、$N_x$——结蜡终了时，即 $\tau = \tau_g$ 时的管道流量(t/h)和功率(kW)。

由于流量及动力变化与结蜡程度、管道特性、泵特性等多种因素有关，因此难以准确计算。有一种简化计算方法如下。$e_2$ 表示与流量无关的单位时间输油费用，包括固定资产折旧、大修理费用、人员工资等项，往往占输油成本的大部分。而随着流量下降及摩阻增加，泵所需功率变化不大，可以忽略电费变化对经济清管周期的影响，在式(2-44)中近似认为 $\frac{\int_0^{\tau_g} G\mathrm{d}\tau}{G_x} N_x = \int_0^{\tau_g} N\mathrm{d}\tau$，可得

$$\frac{\int_0^{\tau_g} G\mathrm{d}\tau}{G_\tau} = \tau_g + \frac{e_3}{e_2} \tag{2-45}$$

对于结蜡较严重的管道，其流量随时间变化的关系接近于线性关系，即单位时间流量下降率 $q$ 接近定值。

$$G = G_0 - q\tau \tag{2-46}$$

$$G_z = G_0 - q\tau_g \tag{2-47}$$

式中 $G_0$——$\tau = 0$ 时，即刚清管后的管道流量，t/h；

$q$——单位时间内流量下降率，t/h$^2$；

$G_z$——$\tau = \tau_g$ 时管道流量，t/h。

整理后可得经济清管周期$\tau_{op}$：

$$\tau_{op} = -\frac{e_3}{e_2} + \sqrt{\frac{e_3}{e_2}\left(\frac{2G_0}{q} + \frac{e_3}{e_2}\right)} \tag{2-48}$$

由于$\frac{2G_0}{q} \gg \frac{e_3}{e_2}$，式(2－48)又可简化为

$$\tau_{op} = -\frac{e_3}{e_2} + \sqrt{\frac{e_3}{e_2}\frac{2G_0}{q}} \tag{2-49}$$

### 2.4.4 修理与应急处理

管道系统的修理与修正不能削弱其规定的安全水平。有缺陷的管道系统可暂时在降低要求的操作环境下运行，直至缺陷消除或被批准的修理完成。然而，不论是暂时降低操作条件还是采取临时性预防措施，管道的安全性与完整性须予以保证。在隆起屈曲及过度横向运动引起塑性弯曲应变的情况下，管道可被允许继续运行，但操作参数需控制在一定范围内，从而阻止屈曲区域低循环高应变疲劳损伤的积累。

(1)沟纹、凿槽与切痕修理

尖锐的缺陷，如沟纹、凿槽与切痕等，要用研磨的方法，或用其他批准的修理方法除去。管壁的剩余壁厚要满足需要。对于更深的缺陷，要切去含缺陷的部分，也可以重新评价管道，使其满足规范的要求，在较低的设计压力下运行。

(2)凹陷

凹陷定义为在管壁曲线上引发坑状的陷落，且其直径的变化超过名义直径的2%。应将影响轴向与周向焊接的有凹陷损伤管段切除，或安装由两个半圆形对接的完全密合的套筒，该套筒可承受全部内压。凹陷的允许程度应根据不同情况做出判断，需考虑以下因素：

①凹陷的尺寸和形状；

②应变；

③管材的特性；

④输送的介质；

⑤压力和温度；

⑥管子破裂的可能后果；

⑦通过清管器的可能性。

(3)泄漏

一般来说，泄漏主要是由腐蚀造成，约占此种事故的60%。但是近年来，渔船在海上作业时，渔网拉断管线造成原油泄漏的事故时有发生。例如南海西江油田和惠州油田的海底输油管道，在水深100 m的条件下，曾先后被渔网拉断，造成管道泄漏的严重事故。这是需要特别防范的重要方面。

海底管道由于所处的条件和环境以及本身特点，一旦出现泄漏事故，维修工作极为不易，而且费用昂贵。为了排除故障，迅速恢复管道的正常输送，必须动员装备有水下干室高压焊接设备和饱和潜水设备的动力定位作业船，进行水下修补管线或更换管线的工作。

在对任何泄漏进行永久性修理之前，要确定引起泄漏的原因。修理管道泄漏的最合适

的方法取决于诸如管子的材质、尺寸、泄漏位置、载荷条件、压力与温度，可采用以下的修理方法：

①对管道泄漏的永久性修理是将损坏管段切除，用焊接法或批准的机械连接方法安装新的管段。

②安装夹箍，并使用焊接、密封填料、摩擦和其他机械方法夹紧。

法兰或连接器的泄漏可通过安装包罗密封法兰的密封夹、增加螺栓预应力或更换垫圈和填料来防止。增加螺栓预应力之前，应计算确认螺栓、法兰、垫圈、填料不会出现过载。在螺栓的预应力撤销时，如更换垫圈，应使用新的螺栓连接法兰。修理用的夹子、套筒、管段和机械连接器在安装之前要进行压力试验。

# 第3章　海底管道设计载荷

海底管道设计时，凡是可能有损于管道系统正常工作和减弱系统可靠性的所有环境现象均应加以考虑。传统的许用应力设计法通常将相关的载荷、载荷效应都看作确定的量；而采用可靠性设计方法时，根据载荷不确定性及载荷效应将管道系统承受的设计载荷又分为三类：功能载荷、环境载荷和偶然载荷。

由管道系统存在和预期使用所引起的载荷被划为功能载荷，功能载荷包括运行期间和安装期间的载荷。运行期间海底管道的功能载荷包括：(1)防腐涂层、保温层和混凝土配重层、阳极、海生物及管道附件、输送介质的管道的总重力；(2)管道浮力；(3)管道压力；(4)安装期和运行期的温差引起的温度应力；(5)铺设后管道具有的预张力；(6)海床的反作用力等其他载荷。安装期间的功能载荷为管道在铺设时施加的外力，如铺管船施加的张力、登陆段管道的拖拉力、管道的连接及管道铺设后进行挖沟时产生的作用力等。

环境载荷即为周围环境作用于管道系统上的载荷，如由于风、浪、海流、冰等环境现象所产生的作用于管道系统上的载荷。

而偶然载荷即在异常和意外情况下施加于管道系统上的载荷，一般规定为每年每公里发生频率小于 $10^{-4}$ 的载荷，例如船只碰撞、拖网和落物冲击等。

设计载荷的确定是一切结构设计的基础和前提，本章不涉及海底管道系统运行期或者安装期不利工况设计。内容包括以下 4 部分：

- 管道压力；
- 管道波流载荷；
- 土壤作用力；
- 管道偶然载荷。

## 3.1　管道压力

海底管道不仅要承受内部流体压力，外部还受水深和埋深静压力。在此之前，我们给出如下术语：

内压与设计内压：管道内部的压力为内压。设计内压为正常流动或静力条件下，管道内任一点最大内压力与最小外压力之差。

外压与设计外压：管道外部的压力为外压。设计外压是指管道任一点最大外压力与最小内压力之差。

试验压力：施工完成后或适当运行后，施加于管道、容器和各种部件上的规定的压力。强度试验压力是进行强度检验时施加的数值大于试验压力，而且持续时间短的压力。

### 3.1.1　内部压力

管道内部压力通常包括两部分：静压力和压力波动。流体管道系统在正常操作中，会发生多种瞬态事件，比如阀门开/关、阀节流、泵启动/停止、紧急停机（ESD）、罐转移、卸载，以及海洋加载/卸载。这些瞬态事件会导致大量正向或负向压力波，以流体的音速传输于管道系统中，甚至出现流体锤现象，图 3.1 中展示了现场测量流体锤事件中管道瞬态压力。大多数管道系统是为预期的稳定状态操作工况设计，并为“预期外”的场景设定安全值。但随着现代流体建模技术发展，瞬态可以被很好地认识、计划，并设计于管道系统中，以全面提升管道整体性。

压力国际单位 Pa 是一个很小的量，在工程上常用 bar，单位换算关系如下：

$$1\ \text{Pa}=1\ \text{N/m}^2=10^{-5}\ \text{bar} \text{ 或者 } 1\ \text{bar}=0.1\ \text{N/mm}^2=0.1\ \text{MPa}$$

另一个常用单位为 psi，换算关系为 $1\ \text{psi}=1\ \text{lbf/in}^2=6.895\ \text{MPa}$。

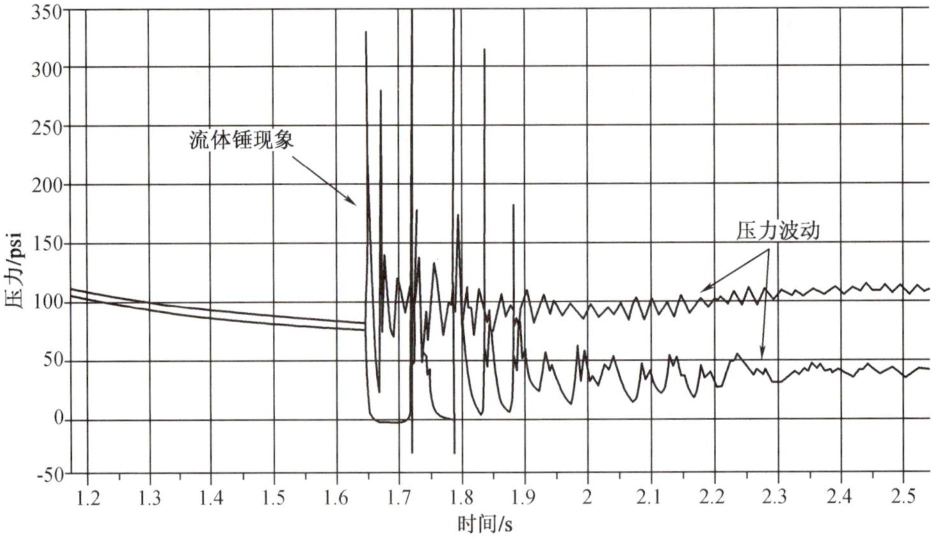


**图 3.1　流体锤事件中管道瞬态压力**

对于海底管道具体位置（或者给定参考高度）的设计压力，应取下列压力的最大值：

（1）最大操作压力；

（2）试验压力；

（3）内部介质静水压力；

（4）再启动压力。

管道设计中存在多种压力定义，在设计过程中一定要区分开。

设计压力是指正常运行期间最大的内压，该压力要指明是在设计的管道或管道段的哪一高度上。设计压力必须考虑所有流量范围内的稳流状态以及在使用恒定设计压力的管道或管道段全长度上可能的堵塞和关闭条件。

静水试验压力（工厂试验压力）指管段和管部件制造完成后所施加的试验压力。与静水压试验一样，在管道安装完成后为试验管道强度和水密性而对管道或管段进行试验所施加的内压称为试验压力。

最大允许操作压力是指在正常运行时的最大压力，管道系统在这个压力下运行。最大允许操作压力的定义是设计压力减去压力调节系统的正误差。而最大偶然压力定义为管道或管段在偶然操作时最大允许的内压。

下面说明一下管道的局部压力，根据管道流体能量方程(2－3)则可得到局部压力表示为

$$p_l = p + \rho_{cont} \cdot g \cdot h \tag{3-1}$$

即压力加上输入介质由于高度差所造成的静水头，$h$ 为与指定参考位置的高度差。因此，局部试验压力($p_{lt}$)和局部异常压力($p_{li}$)可分别表示为

$$p_{li} = p_{inc} + \rho_{cont} \cdot g \cdot h \tag{3-2a}$$

$$p_{lt} = p_t + \rho_t \cdot g \cdot h \tag{3-2b}$$

式中 $p_t$、$p_{inc}$——试验压力和异常压力；

$\rho_{cont}$、$\rho_t$——操作时的输送介质密度。

在管道的特殊点或管段处的强度设计要考虑的内部压力是局部设计压力，假定设计系数如下：

$$\gamma_{inc} = \frac{\text{异常压力}(p_{inc})}{\text{设计压力}(p_d)} \quad \text{或者} \quad p_{inc} = \gamma_{inc} \cdot p_d \tag{3-3}$$

根据式(3－2a)可得到局部异常压力表示为

$$p_{li} = \gamma_{inc} \cdot p_d + \rho_{cont} \cdot g \cdot h \tag{3-4}$$

式中 $\rho_{cont}$——输送介质密度；

$h$——与参考位置的高度差。

DNV OS－F101 规范规定最大的异常压力一般取设计压力以上10%。如果要满足压力系统的要求，可以规定更低的值，但对强度设计不能规定小于设计压力以上5%的压力。

管道系统的压力在正常稳定状态运行不能超过设计压力。对于发生超过设计压力的地方，要安装合适的过压保护设备或者可执行的操作程序保证管道系统的完整性。管道工程中通常采用压力控制系统预防管道系统中任何一点的内压升高过大。

压力控制系统由压力调节系统、压力安全系统，以及附属的仪表和报警系统组成。压力调节系统的目的是在正常操作期间维持管道的操作压力在一个可接受的限度内。压力调节系统的设定压力是在管道系统的任何一点都不超过局部的设计压力并考虑包括相关的仪表在内的压力调节系统的正公差。压力安全系统的目的是在异常操作时，即在压力调节系统失灵的情况下，保护下游系统。压力安全系统将自动运行，并具有使管道系统任何一点的内压在寿命期内超过局部异常压力时有较低概率的设定压力。如果压力源不能在管道系统中传递超过最大异常压力的压力，则不需要压力安全系统。

如果压力控制对每个管段都能保证在正常操作中不超过最大操作压力以及在异常操作中不超过最大异常压力，那么管道系统可以划分成不同设计压力的管段。管道压力定义与压力控制系统如图3.2所示。

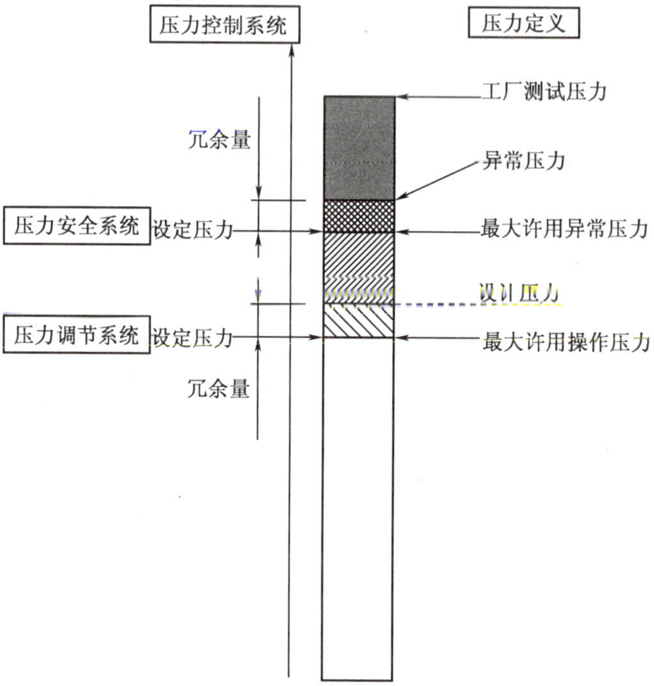


**图 3.2　压力定义与压力控制系统示意图**

### 3.1.2　外部压力

海底管道外部压力的主要来源:外部静水压力,以及埋设管道的外部土壤压力(包括上覆土壤的重力及放置的混凝土垫块或压块的重力)。由此可见,外部压力取决于海底管道的设计水深和埋设深度。

确定设计水深的依据是水深数据(管道路由海域的水深地形图、近岸区域和波浪破碎带的水深地形图)和水位数据(极端高水位、极端低水位、最高天文潮、最低天文潮、平均海平面)。如图 3.3 所示,海底管道所受外压力计算如下:

(1)海底裸置管道的外压力

当管道裸置于海床上时,承受有水深为 $d_1$ 的海水静压力 $Y_w d_1$ 和置于管道上的混凝土稳定压块的压力 $P_Q$,于是可得

$$P_e = Y_w d_1 + P_Q = Y_w d_1 + \frac{Q_w}{D_0 l'} \tag{3-5}$$

式中　$Y_w$——海水密度;

$Q_w$——混凝土压块的质量;

$D_0$——管外径;

$l'$——稳定压块沿管轴方向的长度。

(2)海底埋设管道的外压力

当海底管道埋设于海底时,除了承受来自海水的静压力 $Y_w(d+h)$ 之外,还承受管道上的回填土的压力 $P_s$,即

$$P_e = Y_w(d+h) + P_s = Y_w(d+h)Y_s h \tag{3-6}$$

式中 $d$——水深；

$h$——管中心以上的埋土深度；

$Y_s$——土壤在水下的密度。

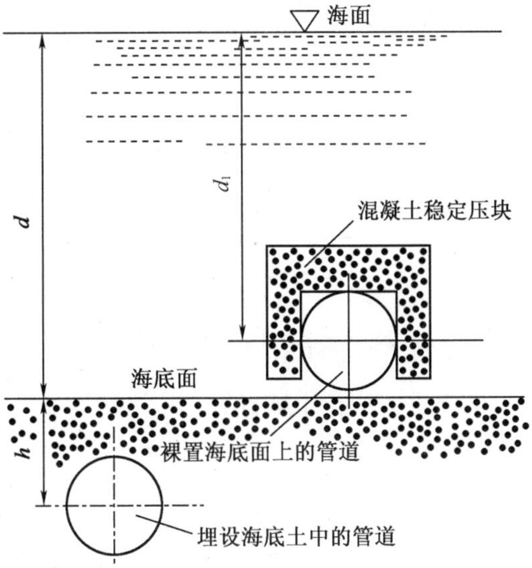


图 3.3 海底管道承受的外压力

## 3.2 管道波流载荷

海洋上的各类结构物大都处于开敞的海域，直接遭受波浪、海流袭击，受到水动力的作用。海底悬跨管道主要受到波浪、流载荷；埋设管道虽然不直接遭受波流载荷，但是管道冲刷、回填都与之直接相关；安装期间悬挂的管道与立管相似，不仅受到波、流载荷作用，还受到波、流作用下的铺管船运动的影响。

一般地，波浪对海洋结构物作用有以下四种效应：

(1) 由于流体的黏滞性而引起的黏滞效应，使结构物受到阻力(或称速度力、拖曳力)作用。

(2) 由于流体运动的惯性及结构物存在而引起的附加质量效应，使结构物受到质量力(或称惯性力)作用。

(3) 由于结构物存在对入射波浪的散射作用而产生的散射效应。

(4) 结构物与流体自由表面之间产生的自由表面效应。

散射效应和自由表面效应总称为绕射效应，如混凝土平台、大型储油罐和大尺度基础沉垫等大尺度结构物应考虑绕射效应。对于海底管道这类小尺度结构物，海浪包围的构件横向尺寸 $D$ 与波长之比小于 0.2，认为结构物的存在对波浪运动场无显著影响，波浪对结构物的作用主要是黏滞效应和附加质量效应。

不同情况下的海底管道面临着复杂的环境条件，根据我国海底管道设计环境载荷的标准，应考虑波浪、海流对管道和立管的影响，如施加于立管的波浪作用力、海底管道在安装期间或者放置在海床上时(非埋设)受到的波浪作用力。波浪参数包括:最大波高 $H_{max}$ 及相应的周期、有效波高 $H_s$ 及相应的周期,以及其他波浪参数。海流参数包括不同水深处不同重现期的流速。正常运行期取100年(南海、东海地区)或50年(渤海地区)一遇的最大载荷条件,也可按设计寿命的3倍选择确定设计重现期。安装期可按1年一遇的最大载荷,也可按预定施工期的3倍为设计重现期,但不得少于3个月。

波浪对管道系统的作用力,按照Morison公式,主要分为以下几类:拖曳力、升力、惯性力、冲击力。

(1)作用在单位管长上的拖曳力应按下式计算:

$$F_D = \frac{1}{2}\rho \cdot C \cdot v_R \left| v_R \right| \cdot D \tag{3-7a}$$

(2)对应于固定边界或靠近固定边界布置的管道所受的升力可按下式计算:

$$F_L = \frac{1}{2}\rho \cdot C_L \cdot v_R^2 \cdot D \tag{3-7b}$$

(3)作用在单位管长上的惯性力应按下式计算:

$$F_m = \rho \cdot \frac{\pi \cdot D^2}{4} \cdot a + \rho \cdot C_m \cdot \frac{\pi \cdot D^2}{4} \cdot a_R \tag{3-7c}$$

式中 $F_D$——垂直于管轴单位管长上的拖曳力;

$F_L$——垂直于管轴和垂直于速度矢量作用的单位管长上的升力;

$F_m$——垂直于管轴单位管长上的惯性力;

$\rho$——海水密度;

$D$——管道总外径(包括涂层);

$v_R$——水质点对于管道的相对速度;

$a$——波浪引起的水质点加速度;

$a_R$——水质点对于管道的相对加速度;

$C_D$、$C_L$——拖曳力和升力系数,图3.4给出了对光滑和覆盖有海洋生物的管道拖曳力系数,及振荡液流中位于固定边界外的管道升力系数;

$C_m$——附加质量系数,在图3.5中给出了附加质量系数随固定边界的距离变化的曲线,对不受任何固定边界影响的管道推荐的附加质量系数为1.0。

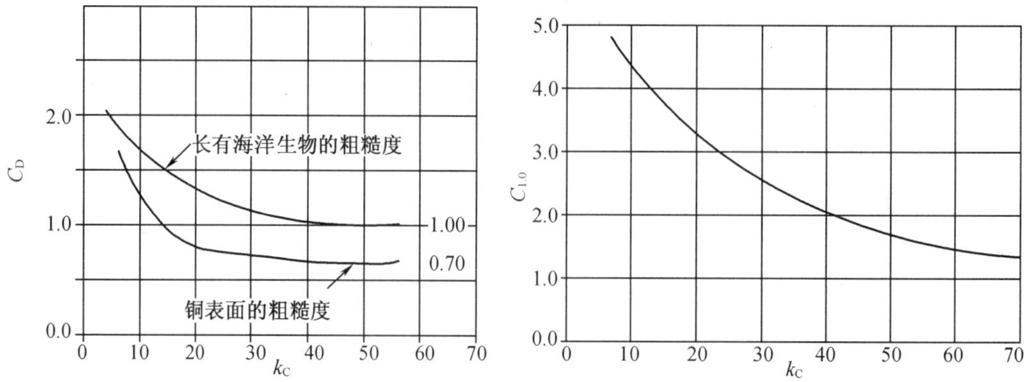


**图3.4　振荡流中圆柱体的拖曳力系数(左)及升力系数(右)**

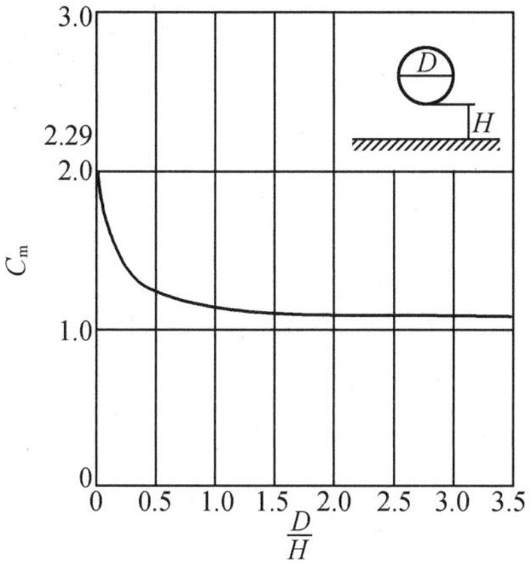


**图 3.5 对圆柱体附加质量的推荐值**

这些流体动力系数取决于下列参数表征的流动和管道状态：雷诺数（$Re = uD/\nu$）、KC 数（$K_C = u_m T/D$）、管道粗糙度（$e = K/D$），以及管道与固定边界间的距离 $H/D$。其中，$H$ 为管道与固定边界的距离；$K$ 为粗糙度的高度；$u$ 为流速；$u_m$ 为最大轨道质点速度。

（4）在海浪冲击区内的水平管段将承受由海浪的冲击引起的力。单位管长上的波浪冲击力可按下式计算：

$$F_s = \frac{1}{2}\rho \cdot C_s \cdot v^2 \cdot D \tag{3-8}$$

式中 $F_s$——在速度方向上单位长度的海浪冲击力；

$\rho$——海水密度；

$D$——管道总外径（包括涂层）；

$v$——垂直于管面的水面流速，通常采用垂直水面的流速；

$C_s$——冲击系数，对光滑的圆柱体 $C_s$ 不应小于 3。

由于冲击力是瞬时撞击的，在计算这种效应时必须考虑动力放大系数。两端固定的管段，对端部弯矩和跨中弯矩的动力放大系数分别推荐为 1.5 和 2.0。

海流作用于管道引起的拖曳力和升力，一般与波浪一起考虑。流速应为波浪引起的水质点速度和有效的稳定流速 $v_{eff}$ 之和。

$$v_{eff} = \left(0.778 \cdot u_1^2 \left(\frac{D}{y_1}\right)^{0.286}\right)^{0.5} \tag{3-9}$$

$$u_1 = u_0 \cdot \left(\frac{y_1}{d}\right)^{\frac{1}{7}} \tag{3-10}$$

式中 $u_0$——水深 $d$ 处的流速；

$u_1$——距离海底 $y_1$ 高度处的流速；

$d$——水深；

$y_1$——距离海底的高度；

$D$——管道总外径（包括涂层）。

流过立管和管道悬空段的流由于涡旋分离可产生不稳定流。这可能导致管道垂直于其轴线的震颤，即涡激振动（VIV）。海底管道的涡激振动通常有两种形式：与速度向量一致的震颤(同向运动)和垂直于速度向量的震颤(横向运动)。海底管道涡激振动将在第5章详细介绍。

## 3.3 土壤作用力

由于浅层海洋土,特别是超深水域海洋土,具有高含水量和高塑性海洋土的特性,这对海洋土本构关系模型的建立来说,无疑是个极大地挑战。而且,当管道在动载荷作用下发生振动,土的强度和变形特性都受其影响,不仅表现出与静载荷作用下不同的特性,而且其强度及变形还因动载荷的加载速率和加载次数表现出显著的差异。

### 3.3.1 土壤本构模型

建立合理的海床土壤本构关系模型是海底管道 - 海床相互作用的数值模拟的基础。目前,建立的土壤本构模型已达数十个,且层出不穷。土壤本构关系基本可以按弹性、塑性和黏弹性进行分类,根据所研究具体问题的不同采用不同的模型。弹性模型使用方便,可用于土体应变小的情况。动载荷作用下的土体的塑性会增大,简化分析中常常采用塑性模型。考虑土体在载荷作用下的时间效应时,可使用黏性模型。

弹性本构模型有三个明显的特征:①应变的弹性或可逆性;②应力与应变一一对应关系;③与应力或者应变路径无关性。如将土体视为弹性材料,则采用非线性弹性本构关系来模拟,才比较接近实际。非线性弹性本构关系包括 Cauchy 型模型、Green 超弹性(Hyperelastic)模型和次弹性(Hypoelastic)或增量型模型三种形式。如有限元法分析中广泛应用的 Duncan - Chang 双曲线模型和 I - K 模型就属于次弹性模型。1970 年,R. L. Kondner 发现可以用双曲线来拟合三轴压缩试验中偏应力差($\Delta\sigma$)与轴向应变($\varepsilon$)之间的关系曲线,即

$$\Delta\sigma = \frac{\varepsilon}{a + b\varepsilon} \tag{3-11}$$

式中,参数 $a$、$b$ 由试验测得。Duncan - Chang 双曲线模型考虑了土体的非线性特点,所需参数可以通过常规三轴试验得到,但没有考虑主应力、剪胀性等因素。1976 年 Izumi & Kamemura 提出了能考虑土体剪胀性的 I - K 次弹性模型。

弹塑性本构关系来源于 Hill(1950)提出的塑性理论的概念,对于塑性变形需要三方面的假设:破坏准则或屈服准则、硬化准则、流动法则。不同的弹塑性模型,这三个假设具体形式不同。弹塑性模型可大致分为多屈服面模型、单屈服面模型区、点屈服面模型和分屈服面模型,以及岩土弹塑性临界状态模型(Durkcer,Rosoct 等)。

广义 Mises 模型(又称 Drucker - Prager 模型)的屈服准则为

$$f(p,\sqrt{I_2}) = 3\sqrt{J_2}ap - k = 0 \tag{3-12}$$

式中 $p$——静水压力;

$I_2$——应力第二不变量;

$J_2$——副应力第二不变量;

$a$——第一主应力与第三主应力比值;

$k$——屈服参数或者应力水平参数。

本构关系表达式 $d\boldsymbol{\sigma}_{ij}=\boldsymbol{D}_{ijkl}^{ep}d\boldsymbol{\varepsilon}_{jsl}$ 中的弹塑性刚度矩阵为

$$\boldsymbol{D}_{ijkl}^{ep}=\left(K-\frac{2}{3}G\right)\delta_{ij}\delta_{kl}+2G\delta_{ij}\delta_{kl}-\frac{-3\alpha k\delta_{ij}+\frac{GS_{ij}}{\sqrt{J_2}}}{9a^2K+G}\left(-3\alpha k\delta_{kl}+\frac{GS_{kl}}{\sqrt{J_2}}\right) \tag{3-13}$$

式中 $K$、$G$ 为弹性体积模量和剪切弹性模量。

广义 Mises 模型采用简单的方法处理了静水压力 $p$ 对屈服及强度的影响；同时考虑了土体材料的剪胀性；所需参数少，计算简便。但它没有反映出土体材料的拉压强度的不同、应力 Lode 角对塑性流动的影响等。

剑桥模型由 Roscoe 教授于 1958—1963 年提出，魏汝龙根据能量原理和正交法则，得出剑桥模型是魏汝龙模型的特殊形式，魏汝龙模型的屈服面方程：

$$f(p,q)=\left(\frac{p-\gamma p_c}{\alpha}\right)^2+\left(\frac{q}{\beta}\right)^2-p_c^2 \tag{3-14}$$

式(3-14)中 $p_c$ 为固结压力，$\alpha$、$\beta$、$\gamma$ 是确定屈服面形状的参数。该模型为等向硬化的弹塑性模型，考虑了土体模型的静水压力屈服性、压硬性、剪切力引起体积变形。但由于采用了 Mohr-Coulomb 破坏准则，没有考虑中主应力的影响，没有反映平均球应力增加引起强度的增长；破坏面有尖角，尖角处塑性应变增量的方向难以确定。

土体材料的应力应变关系除了具有弹性、塑性关系之外，还表现出与时间因素有关的黏滞性，即松弛、蠕变与流动。用连续力学的概念可以阐明土性的时间效应，用弹性黏塑性的概念可获得土骨架的有效应力与应变速率的关系。黏弹性模型认为土的总应变 $\boldsymbol{\varepsilon}$ 是弹性应变 $\boldsymbol{\varepsilon}_e$ 与黏性应变 $\boldsymbol{\varepsilon}_c$ 之和。本构关系方程为

$$\boldsymbol{\sigma}=\boldsymbol{D}^e(\boldsymbol{\varepsilon}-\boldsymbol{\varepsilon}_c) \tag{3-15}$$

式中，$\boldsymbol{D}^e$ 为土体弹性本构关系的刚度矩阵。

黏弹塑性模型认为总应变 $\boldsymbol{\varepsilon}$ 由三部分组成：弹性应变 $\boldsymbol{\varepsilon}_e$、黏性应变 $\boldsymbol{\varepsilon}_c$ 和塑性应变 $\boldsymbol{\varepsilon}_p$。本构关系方程为

$$\boldsymbol{\sigma}=\boldsymbol{D}^e(\boldsymbol{\varepsilon}-\boldsymbol{\varepsilon}_c) \tag{3-16}$$

式中，$\boldsymbol{D}^e$ 为土体弹塑性本构关系的刚度矩阵。

可见，将黏性应变视为初应变，黏弹性问题归结为具有初应变的弹性问题；而黏弹塑性问题归结为具有初应变的弹塑性问题。

在土体的动力反应分析中，常用的黏弹性理论有等效线性模型和曼辛(Masing)型非线性模型两大类。总体来看，黏弹性理论是目前生产应用中的主流理论，尽管还存在多方面的不足，如不能直接考虑应变软化、不能考虑应力路径的影响、不能考虑土的各向异性以及大应变时误差大，等等，但它来源于土动力学实验结果，形式上比较直观简单，容易引入计算程序。经过适当的处理和改进后结合动力有限元程序，可以模拟循环载荷作用下土体变形的发展过程。

### 3.3.2 埋设管道土壤刚度模型

工程上，一般采用阻抗元件来简化管道与海床土壤作用力。如图 3.6 所示，弹簧刚度包

括三个方向：横向的水平方向（$Z$ 向）、横向的垂直方向（$Y$ 向）和轴向（$X$ 向）。通常土壤刚度通过抗力（$F$）－位移（$\delta$）关系曲线导数得到。

（1）ALA 理性弹塑性弹簧模型

美国 American Lifelines Alliance（ALA）编订的 *Guidelines for the design of bured steel pipe* 管土耦合模型的 $F-\delta$ 关系曲线采用理想弹塑性模型，该模型的优点是简单，且考虑了埋设段上部回填土与下部原状土之间的差异，如图 3.7 所示。

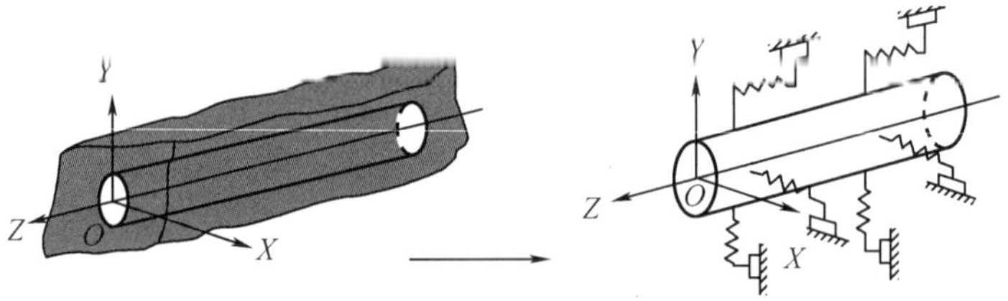


**图 3.6　管土耦合建模方法**

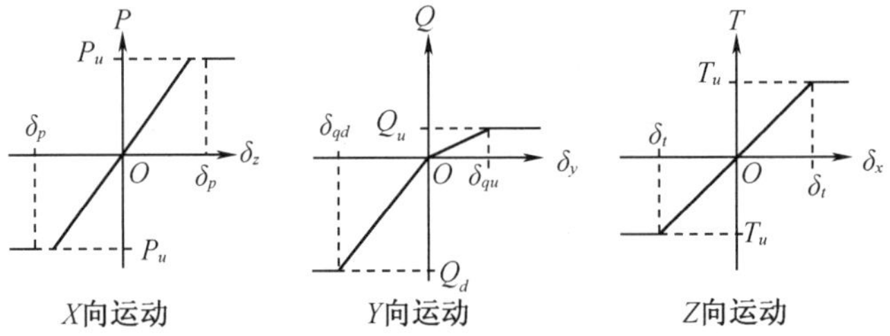


**图 3.7　ALA 中的理想弹塑性模型**

管土耦合模型的力与位移的双直线形式表示成

$$F=\begin{cases}K_0\cdot\delta & \delta\leqslant\delta_{\text{ult}}\\ K_0\cdot\delta_{\text{ult}} & \delta>\delta_{\text{ult}}\end{cases}\tag{3-17}$$

式中　$K_0$——初始刚度；

$\delta_{\text{ult}}$——极限移动位移。

初始弹簧刚度表现为线性，超出极限位移 $\delta_{\text{ult}}$ 后，弹簧阻力为常数 $F_{\max}=K_0\cdot\delta_{\text{ult}}F_{\max}$，弹簧刚度随着位移变化，即 $k(\delta)=\dfrac{F_{\max}}{\delta}$。

模型关键是确定土体极限抗力和极限位移。极限抗力和位移的计算公式如表 3.1 所示。

**表 3.1　ALA 中极限位移和极限抗力的定义**

| | | | |
|---|---|---|---|
| $T_u$ | $\pi D\alpha c+0.5\pi DH\bar{\gamma}(1+K_0)\tan\delta$ | $\delta_t$ | 密砂土 3 mm，松砂土 5 mm，<br>硬黏土 8mm，软黏土 10mm |
| $P_u$ | $N_{ch}cD+N_{qh}\bar{\gamma}HD$ | $\delta_p$ | $\Delta p=0.04(H+0.5D)$<br>$\Delta p\leqslant A$（$A$ 针对不同类型取不同值，$0.10D\leqslant A\leqslant0.15D$） |

表 3.1(续)

| | | | |
|---|---|---|---|
| $Q_u$ | $N_{cv}cD+N_{qv}\overline{\gamma}HD$ | $\delta_{qu}$ | 砂土:$\delta_{qu}=0.01H\sim0.02H$<br>且小于 0.1$D$<br>黏土:$\delta_{qu}=0.1H\sim0.2H$<br>且小于 0.2$D$ |
| $Q_d$ | $N_ccD+N_q\overline{\gamma}HD+0.5N_\gamma\gamma D^2$ | $\delta_{qd}$ | 颗粒土壤 0.1$D$,<br>黏性土壤 0.2$D$ |

(2) DNV 规范计算砂土垂向抗力 - 位移曲线

在海洋工程中,挪威船级社针对典型挖沟埋设管道(见图 3.8)提出砂土和黏土抗力 - 位移关系,$F-\delta$ 计算与土壤属性关系密切,如轴向和垂向向上运动的 $F-\delta$ 关系应用了回填土土壤属性,而当垂向向下运动超出 $y_0$ 时,应用初始无扰动土的土壤属性。以下为了方便起见,管道在 $Y$ 向向上运动表示为 $y+$,向下沉降运动表示为 $y-$。

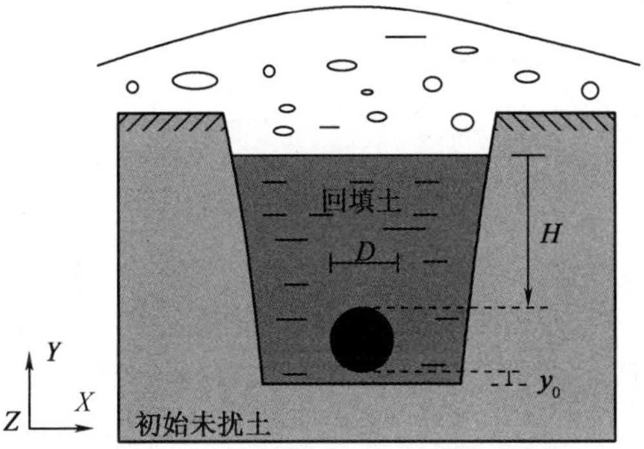


图 3.8 挖沟埋设管道截面示意图

由于上升阶段和沉降阶段经历的土壤属性不同,因此,$Y$ 向抗力 - 位移曲线对"上升抗力"和"沉降抗力"分开建模。

埋设在砂土中的管道,在上升过程中力($Q$) - 位移($\delta_{y+}$)模型采用三直线模型,如图 3.9 所示。极限土壤抗力 $Q_u$ 表达为

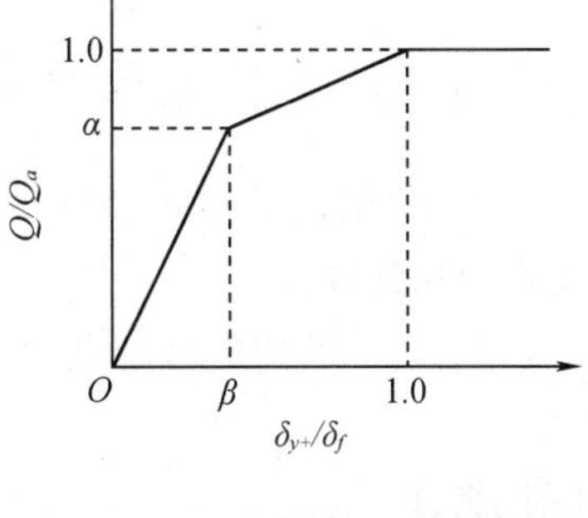


图 3.9 力 - 位移的三直线模型

$$Q_u=\left(1+f\frac{H_c}{D}\right)(\gamma'\cdot H_c\cdot D) \tag{3-18}$$

式中 $f$——上升抗力因子(松砂土 0.29,中等砂土 0.47,密实砂土 0.62,此处为均值);

$H_c$——土表面到管中心深度,对于均值 $E[\gamma']$,松砂土取 9.75 kN/m³,中等砂土取 10.75 kN/m³,密实砂土取 11.75 kN/m³。

$\beta=0.2$, $E[\alpha]=0.78$,极限位移 $\delta_f$ 取为[0.5%,0.8%]$H$,对于岩石取[20,30]mm。

对于 $H>0$,$\delta\leqslant 0.5D$,管道沉降过程中,土壤刚度的表达式为

$$K_v(\delta_{y-})=2N_\gamma\gamma'(D-\delta_{y-})+2N_q[\gamma'(H+D)+a]\sqrt{\left(\frac{D}{\delta_{y-}}-1\right)} \tag{3-19}$$

式中 $\delta_{y-}$——沉降位移;

$N_\gamma$、$N_q$——管道周围土壤承载力系数;

$a$——土壤吸力参数,回填土壤取为零。

(3) DNV 规范计算黏土 $Y$ 向抗力-位移曲线

黏土的动抗力-位移关系受埋设方式(浅埋或者深埋)、开沟方式(Jetting 或者 Ploughing)影响。抗力-位移曲线形式如图 3.10 所示。

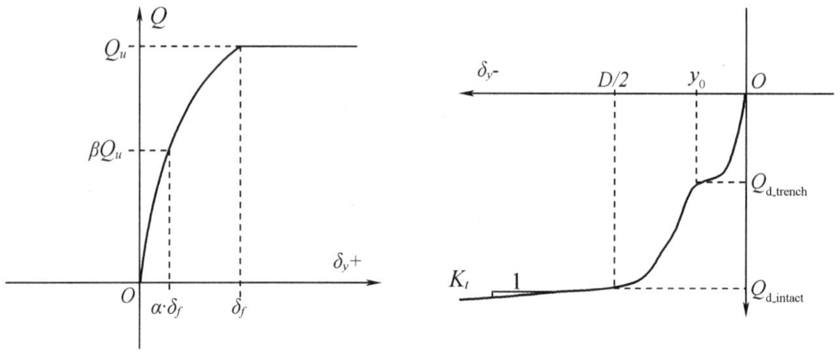


**图 3.10 黏土中埋设管道的 $Y$ 向力-位移规律**

控制上升抗力的发展主要有两种失效模式:局部失效和整体失效。根据不同模型,关系有所不同。

浅埋管($\frac{H+0.5D}{D}\leqslant 4.5$)主要受局部失效方程控制,即

$$Q_u=N_c\cdot\eta\cdot S_u\cdot D \tag{3-20}$$

式中 $N_c$——理论承载力系数,$N_c=2\pi\left[1+\frac{1}{3}\arctan\left(\frac{H+0.5D}{D}\right)(1+r)\right]$;

$\eta$——经验系数,在 0.55~0.80 范围,最好取 0.65;

$S_u$——管中心位置的不排水剪切强度;

$r$——管道表面粗糙因子,光滑管 $r=0$,粗糙管 $r=1.0$。

极限位移 $\delta_f$ 取为[1%,3%]$D$。

深埋管主要受整体失效方程控制,即

$$Q_u=\gamma'DH+\gamma'D^2\left(\frac{1}{2}-\frac{\pi}{8}\right)+2\bar{S}_u(H+0.5D) \tag{3-21}$$

式中,$\bar{S}_u$ 为平均不排水剪切强度。

极限位移 $\delta_f$，在重构黏土取为[7%，8%]$H$，未扰动黏土取为[1%，6%]$H$，而未扰动黏土块取为[20%，40%]$H$。

沉降过程主要经历两种不同属性的土，开始为 $y_0$ 段的沟渠回填土，继而贯穿至未扰动黏土。在沟渠土中用以下公式描述：

$$Q_{\text{d\_trench}} = N_c \cdot \eta \cdot S_u \cdot D \tag{3-22}$$

与式(3－21)不同，$S_u$ 为平均重构剪切强度。

无扰动土条件下，沉降过程中的抗力表达成

$$Q_{\text{d\_intact}} = (N_c S_u + p_o') \cdot B(\delta) \tag{3-23}$$

式中　$N_c$——理论承载力系数，$N_c = 2\pi\left[1 + \frac{1}{3}\arctan\left(2\frac{\delta}{D}\right)(1+r)\right]$；

$B(\delta)$——承载宽度，$B(\delta) = 2\sqrt{\delta(D-\delta)}$；

$p_o'$——有效压力，$p_o' = \gamma'(H + y_0 + D)$。

(4)黏土

当管道发生大的垂向位移时，管道有可能会被“拔出(pull out)”。文献 Katherine Laver(2004)根据域实验提出黏土的吸力模型。模型分为三个阶段，用最大吸力和拔出位移两个参数控制，如图 3.11 所示。

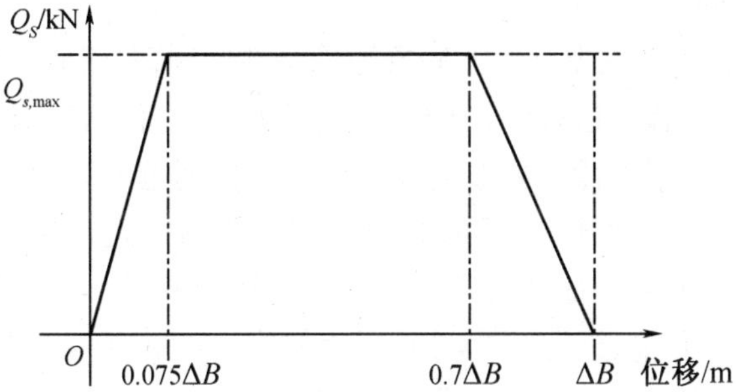


**图 3.11　土的吸力模型**

最大土壤吸力：

$$Q_{s,\max} = k_c \cdot k_V \cdot k_T \cdot N \cdot D \cdot S_u \tag{3-24}$$

式中　$k_c$——循环载荷因子；

$k_V$——拔出速度 $V$ 的影响因子，$k_V = k_F\left(\frac{V}{D}\right)^{n_F}$，$k_F$、$n_F$ 为经验系数；

$k_T$——固化时间影响因子，$k_T = 0.000\,33\frac{F_c\sqrt{c_V t}}{LD^2} + 0.9$，$F_c$ 为固化力，$t$ 为固化时间，$c_V$ 为固化系数。

拔出位移：

$$\Delta B = k_{DV} \cdot k_{DT} \cdot D \tag{3-25}$$

式中　$k_{DV}$——拔出速度 $V$ 的影响因子，$k_{DV} = k_D\left(\frac{V}{D}\right)^{n_D}$，$k_D$、$n_D$ 为经验系数；

$k_{DT}$——固化时间影响因子，$k_T = 0.000\,9\frac{F_c\sqrt{c_V t}}{LD^2} + 0.8$。

### 3.3.3 部分埋设管道土壤刚度模型

在海底管道的铺设过程中,特别是深海,有时并不采用挖沟埋设,而是会直接将管线放置于海床软土地基上,管线在自重和波流的作用下逐渐下沉,直至沉入海床地基土中,完成自埋。然而管线的下沉需要一个时间过程,在海底管道完全沉入海床软土之前,曝露在海水中的管道会受到海底波流等复杂海况条件的影响。此时,轴向抗力 $F_{axial}$ 通常用 Coulomb 摩擦模型计算,即

$$F_{axial}=\mu W' \tag{3-26}$$

式中 $\mu$——摩擦系数;

$W'$——水下重力。

摩擦系数在不同的规范中选取不一样,且摩擦系数是土壤内部摩擦角的函数。

为了更好地考虑管周围沉积土的影响,在不排水土体条件下,可用下面公式进行评估,即

$$F_{axial}=\alpha S_u \bar{L} \tag{3-27}$$

式中 $\alpha$——黏性系数;

$\bar{L}$——与土接触的管道弧长。

侧向抗力(即 $X$ 向)模型主要针对海底管道稳定性问题,各研究机构进行了大量的物理模型试验研究。管道侧向移动过程中,土体因受挤压、剪切而隆起,因此土的抗剪强度是一个非常重要的强度指标。当土体中局部范围内的剪力达到土的抗剪强度时,便产生局部剪切破坏,土体隆起,管土作用增强,若局部剪切破坏的范围扩大到整体,那么土体就会失去整体的稳定性,此时土体对管道屈曲的抑制作用也达到了极限。

波、浪、流的作用,不仅能使管道产生振动,而且还会逐渐滑移。DNV RP-105 规范为大位移运动时的侧向抗力($F_L$)用双直线方程表示为

$$F_L=\begin{cases} k_1\cdot\delta_X & 当\ F_L<\mu_L F_v \\ \mu_L F_v+k_2\left(\delta_X-\dfrac{\mu_L F_v}{k_1}\right) & 当\ \mu_L F_v\leqslant F_L<F_{L,\max} \end{cases} \tag{3-28}$$

式中 $\delta_z$——侧向位移;

$F_L$——位移 $\delta_z$ 时单位长度管的侧向力;

$F_v$——跨肩单位长度管的垂向接触力;

$\mu_L$——侧向摩擦力系数,砂土可取为0.6,黏土可取为0.2;

$k_1$——滑移前的等效刚度,即 $K_L$;

$k_2$——滑移产生后的等效刚度;

$F_{L,\max}$——滑移位移为0.5$D$时侧向力;

$$F_{L,\max}=\begin{cases} \mu_L F_v+5.0\gamma' D^2\left(\dfrac{v}{D}\right)^{1.25} & 砂土 \\ \mu_L F_v+4.13DS_u\left(\dfrac{S_u}{D\gamma_s}\right)^{-0.4}\left(\dfrac{v}{D}\right)^{1.3} & 黏土 \end{cases}$$

参数 $k_2$ 与管道的埋设和土壤类型有关,对于砂土按表3.2取值。

表 3.2 参数 $k_2$ 与埋深关系

| $v/D$ | 0.0 | 0.25 | 0.35 | 0.50 | 1.00 |
|---|---|---|---|---|---|
| $k_2/(\mathrm{kN/m^2})$ | 0 | 19 | 28 | 44 | 105 |

注：$v$ 为埋深。

而黏土：$k_2 = 8.26S_u\left(\dfrac{S_u}{D\gamma_s}\right)^{-0.4}\left(\dfrac{v}{D}\right)^{1.3}$，其中 $\gamma_s = \gamma' + 10\ \mathrm{kN/m^3}$。

## 3.4 管道偶然载荷

偶然载荷是在异常和意外情况下施加于管道系统上的载荷，如：船舶撞击、拖网渔具的撞击、坠落物的撞击。一般多用于设计或校核海底管道系统的防护结构。

一般来说，船锚冲击事故，尤其是发生在海底管道中间段的船锚冲击，都是属于第三方破坏，船锚冲击力属于典型的偶然载荷。英国 Mott Mac Donald 公司公布的 PARLOC 数据库，详细统计了北海油田 1 567 条海底油气管道、总长度 24 837 km、已运行期限 328 858 km·a 的失效事件。在 PARLOC 数据库统计的钢制海底中间段管道事故中，因船锚冲击造成的事故比例约占 23%。随着海上交通运输的繁忙和海底管道里程的增加，此类事故的发生次数极有可能持续增长。

物体的质量和速度决定了它的动能。一般来说，物体在水中由于受到重力、浮力一级流体阻力的综合作用，在下降 50 ~ 100 m 时，基本达到了它的最终速度，并以恒定速度下降。恒定速度可以用下式表示：

$$(m - V\rho_w) \cdot g = \frac{1}{2}\rho_{\mathrm{w}} C_{\mathrm{d}} \cdot A v_{\mathrm{T}}^2 \tag{3-29}$$

式中 $m$——物体的质量，kg；

$g$——重力加速度，9.81 m/s²；

$V$——物体排开水的体积，m³；

$\rho_{\mathrm{w}}$——水的密度，这里取海水密度 1 025 kg/m³；

$C_{\mathrm{d}}$——物体在水中的阻力系数；

$A$——物体在水平面的投影面积，m²；

$v_{\mathrm{T}}$——物体在水中下降的恒定速度，m/s。

一般认为，当撞击到海底管道时，物体达到了恒定速度。但是对于距离水面较浅等情况，需要更详细的信息进行具体分析。恒定速度下的物体动能是：$E_{\mathrm{T}} = \dfrac{1}{2}mv_{\mathrm{T}}^2$。除了物体的动能，还需要考虑水的附加动能 $E_{\mathrm{A}}$ 的影响，这一部分动能对类似集装箱的大体积物体的整体动能有比较显著的影响。因此，有效的碰撞能量 $E_{\mathrm{E}}$ 可以表示为

$$E_{\mathrm{E}} = E_{\mathrm{T}} + E_{\mathrm{A}} = \frac{1}{2}(m + m_\alpha)v_{\mathrm{T}}^2 \tag{3-30}$$

式中，$m_\alpha$ 为水的附加质量(kg)，可由附加质量系数得到。

阻力系数和附加质量系数取决于物体的几何形状。阻力系数越大，物体恒定速度越小，动能越小；而附加质量系数越大，冲击时的附加动能也就越大。

对于钢管，不同的冲击能量会导致不同尺寸的管壁凹陷。DNV－RP－F107 给出了管道在不同凹陷尺寸下的吸收能量：

$$E_{\text{absorb}} = 16 \cdot \left(\frac{2\pi}{9}\right)^{0.5} \cdot m_{\text{p}} \cdot \left(\frac{D}{t}\right)^{0.5} \cdot D \cdot \left(\frac{d_{\text{dent}}}{D}\right)^{1.5} \tag{3-31}$$

式中 $m_{\text{p}}$——管壁的瞬时塑变能量，J；$m_{\text{p}} = 0.25 \cdot \text{SMYS} \cdot t^2$；

SMYS——管道材料的屈服极限，Pa；

$d_{\text{dent}}$——管道在冲击能量下的凹陷深度，m；

$t$、$D$——管壁厚度和外径，m。

除了管道自身抗力，还需要考虑海底管道外部的防腐层和水泥保护层的缓冲作用。由 DNV RP－F107 可知，防腐层厚度一般小于 6 mm，能够吸收的冲击能量极小，通常忽略不计。而影响水泥保护层能量吸收效果的因素很多，根据 DNV RP－F107 规范，45 mm 厚的常用水泥保护层大概能在重物冲击下缓解 40 kJ 的能量。

# 第 4 章　海底管道在位强度设计

海底管道在复杂的外部载荷作用下,当应力或者应变达到某一临界值时,即发生失效。合理地选择管道壁厚和材质,需要海底管道强度满足规范设计屈服强度和屈曲强度要求。需要校核的内容包括:管道环向应力校核、轴向应力分析(包括温度应力、内压作用产生的轴向应力、弯曲应力及地震应力)、等效组合应力校核、局部屈曲和扩展屈曲校核等。

目前国际上海底管道的设计标准有很多,包括 DNV - OS - F101(2007)、DNV(1981)、API - RP 1111、ASME B31.4、ABS PR Guide(2001)等。它们从设计原理上可分为两大类:一是许用应力设计法;二是载荷抗力系数法(LRFD)。

传统的许用应力设计法通常以承受工作条件下的内压所需的管道承载能力为基础,相关的载荷、载荷效应和材料性能都被看作确定的量,并以环向应力和等效应力两个指标作为判据来考察管道是否失效。虽然考虑到管道在制造和运行过程中的不确定性因素而规定了最小安全系数,但根据可靠性理论,安全系数偏大和偏小的可能性都存在。另外,管道的设计安全系数应与管道的制造质量和几何尺寸相联系。与早期管道的制造水平相比,目前的工业技术已使管道的质量有较大提高,这些事实使人们普遍意识到传统的确定性设计方法已经不适合当前管道发展的需要。

采用可靠性理论及分析方法,可以对管道在强度、承载能力、疲劳寿命和安全性等方面做出比用确定性方法更加合理确切的评估。采用基于可靠性的极限状态设计方法是当前管道设计的发展趋势,DNV - OS - F101(2007)是当前世界上广泛采用的、以极限状态的可靠性设计为依据编写的海底管道设计规范,本章以此为参考,对载荷抗力系数法的基本原理进行阐述。主要内容包括以下 5 部分:

- 管道环向应力;
- 管道轴向应力;
- 管道局部屈曲及传播;
- 管道失效判据;
- 载荷抗力系数法设计导则。

## 4.1　管道环向应力

内、外压力是海底管道承受的主要载荷形式,例如最大操作压力、设计压力、试验压力、停输再启动压力、偶然压力等内压,以及静水压力、埋于海底土中管道上覆土压力等外压。一般说来,压力主要影响管道的环向应力。

根据弹性力学,压力作用下圆筒是一个典型平面轴对称力学问题。如图 4.1 所示圆环,内半径为 $a$,外半径为 $b$,受内压力 $p_a$ 及外压力 $p_b$ 作用。由于压力作用下圆环应力分布应轴向对称,根据弹性力学知识取应力分量表达式(4 - 1)可以满足一切条件,其中 $A$、$B$、$C$ 为任意常数。这里假设圆环材料连续、均匀、各向同性、小变形、各层间不挤压。

$$
\begin{aligned}
&\sigma_r = \frac{A}{r^2} + B(1+2\ln r) + 2C \\
&\sigma_h = -\frac{A}{r^2} + B(3+2\ln r) + 2C \\
&\tau_{rh} = \tau_{hr} = 0
\end{aligned}
\tag{4-1}
$$

式中 $r$——径向坐标；

$\sigma_r$——径向应力；

$\sigma_h$——环向应力；

$\sigma_{rh}$——剪应力（剪应变对应径向和环向两线段之间的直角的改变）。

边界条件要求

$$
\begin{cases}
(\tau_{rh})_{r=a} = 0, (\tau_{rh})_{r=b} = 0 \\
(\sigma_r)_{r=a} = -p_a, (\sigma_r)_{r=b} = -p_b
\end{cases}
\tag{4-2}
$$

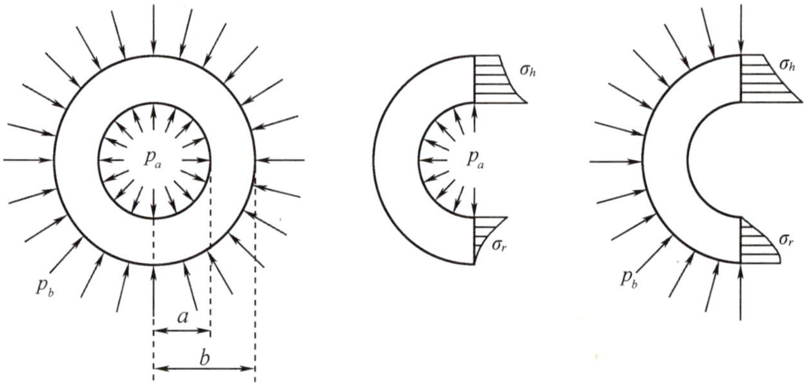


**图 4.1 圆环截面上的压力分布**

由表达式(4－1)满足式(4－2)中前两个条件，而后两个条件要求

$$
\begin{cases}
\dfrac{A}{a^2} + B(1+2\ln a) + 2C = -p_a \\
\dfrac{A}{b^2} + B(1+2\ln b) + 2C = -p_b
\end{cases}
\tag{4-3}
$$

现在，边界条件都已经满足，但是两个方程不能决定三个常数 $A$、$B$、$C$。

但由圆环或圆筒特征，有 $B=0$，因此可由式(4－3)求得 $A$ 和 $C$。代入式(4－1)整理得：

$$
\begin{cases}
\sigma_r = -\dfrac{\dfrac{b^2}{r^2}-1}{\dfrac{b^2}{a^2}-1}p_a - \dfrac{1-\dfrac{a^2}{r^2}}{1-\dfrac{a^2}{b^2}}p_b \\
\sigma_h = -\dfrac{\dfrac{b^2}{r^2}+1}{\dfrac{b^2}{a^2}-1}p_a - \dfrac{1+\dfrac{a^2}{r^2}}{1-\dfrac{a^2}{b^2}}p_b
\end{cases}
\tag{4-4}
$$

公式(4－4)称为 Lamè(拉美)公式,是精确计算理论解,图 4.2 给出了圆筒在仅受内压和外压下应力分量沿着壁厚分布情况。

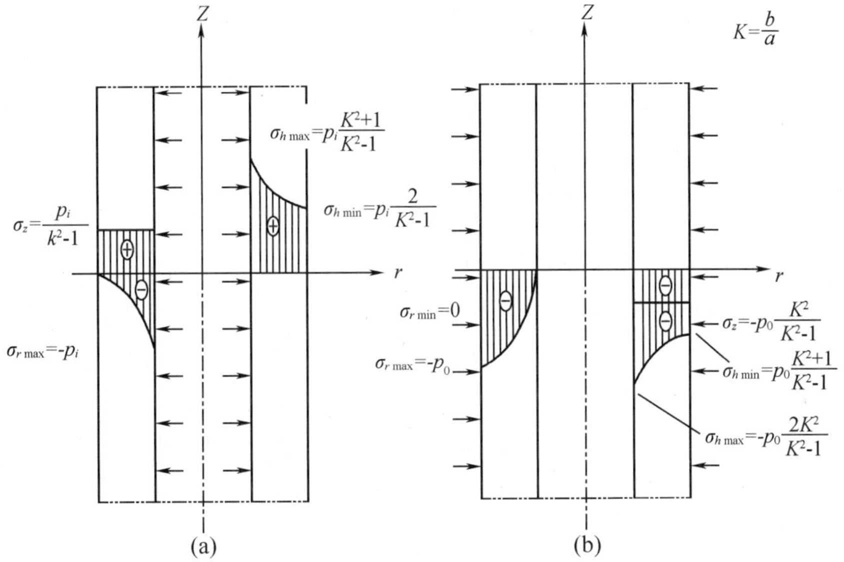


**图 4.2 厚壁圆筒中各应力分量分布**

(a)仅受内压;(b)仅受外压

考虑到海底管道一般为薄壁结构,即图 4.1 中圆环的厚度 $t=(b-a)$ 比内径 $a$ 小得多(如小于 5%),因此,大多海底管道规范均基于简化计算公式,认为圆环的横截面上受到均匀的拉力,即环向应力为常数,且 $\sigma_{hr}=\sigma_r=0$。

对于图 4.3(a)所示受均匀内压作用的圆环,因对称关系,环的半径将均匀胀大;如果沿着环的水平直径切开(图 4.3(b)),考虑下半圆环,则由铅锤方向的平衡条件有

$$S_H=\sigma_h\cdot t$$

$$p_oD_o+2S_H=p_iD_i \tag{4-5}$$

得到环向应力

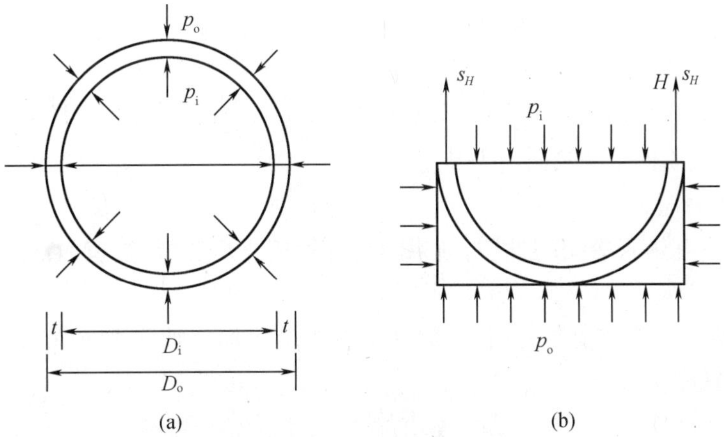


**图 4.3 薄壁圆柱壳简化分析模型**

$$\sigma_h = \frac{p_i D_i - p_o D_o}{2t} \tag{4-6}$$

在实际海底管道规范中，为了简化，通常采用公称外径和管壁厚度来表示，则环向应力计算公式如下：

$$\sigma_h = \frac{(p_i - p_o) D}{2t} \tag{4-7}$$

式中 $D$——管道的公称外径(Nominal outside diameter)；

$t$——钢管最小壁厚。

$(p_i - p_o)$应取沿着$D$、$t$和材质不变的指定管道区段内差值中的最大值，并且该管段以同样的操作方法进行试压。在所考虑的点上，内压$p_{i,max}$均不得采用低于下列压力中的最高值：最大稳定状态下的静水压力、管道在静止状态下的静水压力。且$P_{o,min}$不得高于低潮时该点上的水压力。

埋地管道的管顶竖向土压力标准值，应根据管道的敷设条件和施工方法分别计算确定。对于埋于海底的管道受土压力作用，《海洋石油工程设计指南》给出的环向应力计算公式如下：

$$\sigma_{y2} = -\frac{D_1 \cdot K_b \cdot W_s \cdot r \cdot E \cdot I_t}{E \cdot I_t + 0.061 \cdot K_h \cdot r^4} \cdot \frac{1}{Z_t} \tag{4-8}$$

式中 $D_1$——时间系数，固结土取1.0，其他取1.5；

$K_b$——弯矩系数，固结土取0.125，其他取0.138；

$K_h$——水平土壤系数，一般取1.5 kg/cm$^2$；

$E$——钢管的弹性模量，$E = 2.07 \times 10^6$ kg/cm$^2$；

$I_t$——钢管的惯性矩，$I_t = t^3/12$（$t$为钢管的壁厚）；

$Z_t$——钢管的截面模量，$Z_t = t^2/6$（$t$为钢管的壁厚）；

$r$——管道半径；

$W_s$——沿管轴方向，单位长度上的土压力。

## 4.2 管道轴向应力

管道轴向应力$\sigma_x$包括由温差作用生成的温度应力$\sigma_T$、内压作用生成的轴向应力$\sigma_P$、弯曲应力$\sigma_b$和地震产生的轴向应力$\sigma_A$。

(1)温度应力

海底管道具有热胀冷缩的性质，如果不允许管道自由变形，管道内部产生热应力或温度应力。

当在管的两端不允许有位移时，可以认为在管端施加一轴向力$P$，把其压(或者拉)到原长，则管端当量轴向力为

$$P = \frac{\Delta L}{L} EA = \alpha \cdot \Delta T \cdot EA \tag{4-9}$$

因此，对于完全被约束的管道，温度应力的计算方法为

$$\sigma_T = \alpha \cdot \Delta T \cdot E \tag{4-10}$$

式中 $\alpha$——管材线膨胀系数，$1.2\times10^{-5}$/℃；

$E$——钢材的弹性模量；

$\Delta T$——温度差，$\Delta T = T_1 - T_2$；

$T_2$——最大或最小运行温度；

$T_1$——安装温度。

且管道的自由伸长量为

$$\Delta L = \alpha \cdot \Delta T \cdot L \tag{4-11}$$

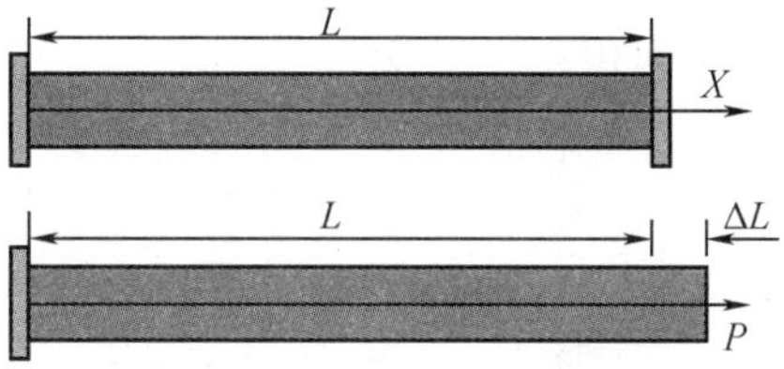


图 4.4 温度产生的轴向力

(2)压力作用生成的轴向应力

压力作用生成的轴向应力 $\sigma_P$ 包括其环向应力的泊松效应和端帽(盖板)效应两部分，按下式计算：

$$\sigma_P = -\nu\sigma_h + \frac{p_i D_i}{4t} \tag{4-12}$$

式中 $\nu$——泊松比，一般可取为 0.3；

$p_i$、$D_i$——钢管内压和内径，轴向应力负号表示为受压。

(3)弯曲应力

弯曲应力 $\sigma_b$ 按下式计算：

$$\sigma_b = -v\sigma_h + \frac{p_i D_i}{4t} \tag{4-13}$$

式中 $M$——在水平向和垂直向所受弯矩的矢量合；

$Z$——钢管截面抗弯模数。

(4)地震应力

埋地管道在地震力的作用下，由于随地表面产生波动而引起管道轴向产生拉压应力，根据埋地管道抗震设计参照日本石油管道标准(1974 年版)或我国陆上石油钢制埋地管道抗震设计最新版规范(标准)，《海洋石油工程设计指南》给出该应力 $\sigma_A$ 计算公式：

$$\sigma_A = \sqrt{3.12 \cdot \sigma_L^2 + \sigma_B^2} \tag{4-14}$$

其中

$$\sigma_L = \frac{3.14 \cdot E \cdot U_h}{L} \cdot \frac{1}{1+\left(\dfrac{4.44}{\lambda_2 \cdot L}\right)^2}$$

$$\sigma_B = \frac{19.72 \cdot D \cdot E \cdot U_h}{L^2} \cdot \frac{1}{1+\left(\dfrac{6.28}{\lambda_2 \cdot L}\right)^4}$$

式中　$U_h$——表层土水平变位幅值；

$D$——管道外径；

$L$——表层土顶面地震波波长，$L=\frac{2\cdot L_1\cdot L_2}{L_1+L_2}$；

$$\lambda_1=\sqrt{\frac{K_1}{E\cdot A_p}}$$

$$\lambda_2=4\sqrt{\frac{K_2}{E\cdot I_p}}$$

式中　$A_p$——管道刚体部分截面面积；

$I_p$——管道刚体部分截面惯性矩。

另：

$$U_h=0.203\cdot T\cdot v_{sb}\cdot K_{oh}$$

$$T=\frac{C\cdot H}{v_s}$$

$$L_1=T\cdot v_s$$

$$L_2=T\cdot v_{os}$$

$$K_1=K_2=3\cdot\frac{\gamma_s}{g}\cdot v_s^2$$

式中　$K_{oh}$——设计基层土顶处水平地震系数；

$T$——表层土自振周期；

$C$——土壤系数，黏土为4.0，砂土为5.2；

$H$——表层土深度，取标准贯入击数为50时的深度；

$v_s$——表层土剪力波传播速度；

$K_1$——地基对轴向位移的刚度系数；

$K_2$——地基对侧向位移的刚度系数；

$v_{os}$——基层土顶处剪力波速度；

$\gamma_s$——土壤的容重；

$v_{sb}$——标准相应速度，$t>0.5$ s时，其值取80 cm/s；$t<0.5$ s时，$v_{sb}$取40 cm/s。

另：

$$K_{oh}=\frac{K_h}{\gamma_3}$$

$$v_s=20\times10^2\sqrt{N}$$

$$v_{os}=40\times10^2\sqrt{N_0}$$

式中　$\gamma_3$——土壤分类系数，一般取1.6；

$K_h$——设计水平地震系数，即地震加速度与重力加速度的比值；

$N$——管道位置处表层土标准贯入击数，取10；

$N_0$——基层土顶处标准贯入击数，取50；

$g$——重力加速度。

## 4.3 管道局部屈曲及传播

由于海底管道所处的环境复杂,容易发生多种失效,其中一个需要考虑的重要问题是管道的屈曲问题。在高静水压力以及弯矩的作用下,管道极有可能发生局部屈曲。屈曲一旦在局部形成,就可能在外压作用下沿管道扩展开来,导致整条管道被破坏。

从屈曲发生的范围来分,海底管道的屈曲可以分为整体屈曲和局部屈曲。整体屈曲是由于管道稳定性不足而产生的。高温、高压海底管道在由内压和温度产生的轴压作用下,可能失去了稳定平衡状态而发生整体屈曲破坏,其形态类似于压杆失稳。管道局部屈曲是由于局部刚度不足而产生的破坏,相比于整体屈曲,其发生局限于较短长度内,管道横截面产生较大的形变。截面椭圆化,局部管壁发生褶皱等都是管道局部屈曲的典型例子。本书将在第6章详细介绍高温高压管的整体屈曲,此处仅针对管道的局部屈曲问题。

管道屈曲可以定义为管道横截面的变平作用或者过度椭圆化。管道尚未破裂的屈曲是“干”屈曲,而管道破裂并充水叫“湿”屈曲。管道压溃取决于很多因素,包括直径/壁厚比($D/t$)、应力-应变特性、起始的椭圆度、静水压和管道中的弯矩等。完好管从产生局部压溃屈曲到屈曲扩展整个过程的管道截面变化过程如图4.5所示。

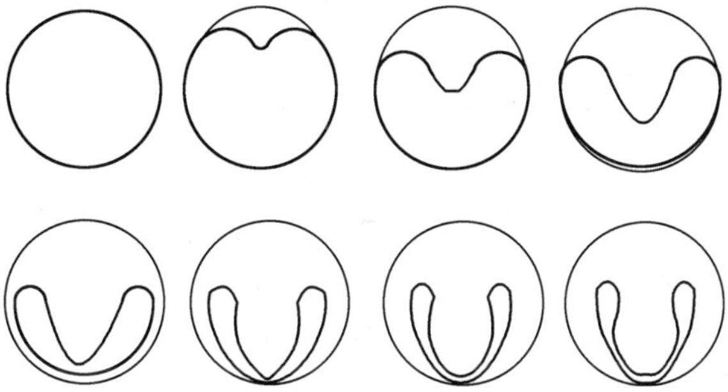

**图4.5 管道屈曲产生过程**

海底管道在服役过程中,所承受的载荷主要包括:内部原油温度较高引起的温度应力、外部超高的静水压力、输油时受到内部液体压力、自重以及端部连接处的轴向力等。在实际工程中对海底管道进行径向屈曲分析时,可将这些载荷简化为两类力学模型,即径向受压的圆柱壳压溃屈曲模型,以及在径向压力、轴向力和弯矩联合载荷作用下的圆柱壳径向屈曲模型。

1. 压溃屈曲(此时仅存在外部压力)

一个理论上的理想管(完全是圆的,壁厚不变且材料无缺陷)在只受到静水载荷时,可简化为均匀外压作用下的细长薄壁圆柱壳模型,其半径为 $R=D/2$,壁厚为 $t$,坐标系为极坐标系,变形前后的管截面如图4.6所示。

此时存在弹性和塑性两种失稳模式。

弹性失稳压力是假设管道为薄壁钢管,发生局部屈曲时仍处于弹性阶段,Timoshenko 推导的弹性屈曲失稳压力 $P_{el}$ 可以表示为

$$P_{el}=\frac{2E}{1-\nu^2}\left(\frac{t}{D}\right)^3 \tag{4-15}$$

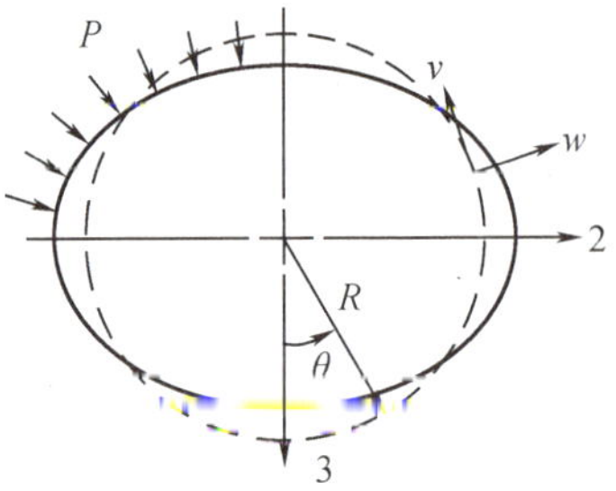


图 4.6 未变形和变形后的管截面

塑性失稳压力是假定钢材为理想弹塑性，且管道全截面达到屈服应力时的压力，表示为

$$P_P=2\sigma_F\frac{t}{D} \tag{4-16}$$

前两式中，$\sigma_F$ 为规定的最小屈服强度；$E$ 为弹性模量；$\nu$ 为泊松比。

临界弹性屈曲压力对 $D/t$ 大于 250 的理想管子有效，在实际工程中，管子中存在有残余的椭圆度，而且管子在压溃前表面可能产生显著的变形。Timoshenko 等推导出有一定初始椭圆率的钢管失稳压力：

$$P_c=\frac{1}{2}\{(P_P+\varphi P_{el})-[(P_P+\varphi P_{el})^2-4P_PP_{el}]^{1/2}\} \tag{4-17}$$

其中 $\varphi=1+3\Delta_0\left(\frac{D}{t}\right)$，式(4-16)适用于计算薄壁钢管，对于深海环境中常用的厚壁管道($D/t=10\sim35$)通常不能忽略材料的非线性性能。

管道某一横断面上，其最大处直径和最小处直径之差与其最小处直径的比值称为管道的椭圆率，即管道截面的初始缺陷 $\Delta_0$ 定义为

$$\Delta_0=\frac{D_{max}-D_{min}}{D_{max}+D_{min}} \tag{4-18}$$

2. 联合载荷作用下管道局部屈曲

因海底管道所处的环境复杂，其普遍受到外压、弯矩和轴力的联合作用。与受单个载荷作用的情况相比，载荷联合作用的情况下，海底管道的屈曲破坏机理将发生改变，其发生屈曲破坏的条件也将降低。

《海洋石油工程设计指南》给出联合载荷作用下校核公式为

$$\sum=\left(\frac{\sigma_x}{\eta_{xp}\cdot\sigma_{xcr}}\right)^{\alpha}+\left(\frac{\sigma_y}{\eta_{yp}\cdot\sigma_{ycr}}\right)\leqslant 1 \tag{4-19}$$

式中 $\eta_{xp}$——当 $\sigma_y=0$ 时的允许利用系数，见表 4.1；

$\eta_{yp}$——当 $\sigma_x=0$ 时的允许利用系数，见表 4.1；

$\sigma_y$——屈曲分析时的环向应力；

$\sigma_{ycr}$——$p$ 单独作用时的临界环向应力($N=0,M=0$)；

$$\alpha = 1 + \frac{300}{\frac{D}{t}} \cdot \frac{\sigma_y}{\sigma_{ycr}}$$

当 $\sigma_{ye} \leqslant \frac{2}{3}\sigma_y$ 时，$\sigma_{ycr} = \sigma_{ye} = E \cdot \left(\frac{t}{D-t}\right)^2$。

当 $\sigma_{ye} > \frac{2}{3}\sigma_y$ 时，$\sigma_{ycr} = \sigma_F \cdot \left[1 - \frac{1}{3}\left(\frac{2\sigma_F}{3\sigma_{ye}}\right)^2\right]$。

另：

$$\sigma_{xcr} = \frac{\sigma_x^N}{\sigma_x}\sigma_{xcr}^N + \frac{\sigma_x^M}{\sigma_x}\sigma_{xcr}^M$$

$$\sigma_x^N = \frac{N}{A}(\text{压应力，取正号})$$

$$\sigma_x^M = \frac{M}{W}(\text{压应力，取正号})$$

$$\sigma_{xcr}^M = \sigma_F \cdot \left[1.35 - 0.004\,5\,\frac{D}{t}\right]$$

$$\sigma_y = (p_e - p_i) \cdot \frac{D}{2t}$$

式中 $N$——轴向力；

$M$——弯矩；

$W$——(弹性)截面模量，$W = \pi(D-t)2t/4$；

$A$——横截面面积，$A = \pi(D-t)$；

$p_e$——外压；

$p_i$—内压；

$\sigma_{xcr}^N$——$N$ 单独作用时临界轴向应力($M=0, p=0$)；

$\sigma_{xcr}^M$——$M$ 单独作用时临界轴向应力($N=0, p=0$)。

当 $\frac{D}{t} \leqslant 20$ 时，$\sigma_{xcr}^N = \sigma_F$；

当 $20 < \frac{D}{t} < 100$ 时，$\sigma_{xcr}^N = \sigma_F \cdot \left[1 - 0.001\left(\frac{D}{t} - 20\right)\right]$。

**表 4.1 各项系数**

| 载荷条件 | 安装时 | | 运行时 | | | |
|---|---|---|---|---|---|---|
| | | | 1 区 | | 2 区 | |
| | $\eta_{xp}$ | $\eta_{yp}$ | $\eta_{xp}$ | $\eta_{yp}$ | $\eta_{xp}$ | $\eta_{yp}$ |
| $a$ | 0.86 | 0.75 | 0.72 | 0.62 | 0.50 | 0.43 |
| $b$ | 1.00 | 0.98 | 0.96 | 0.82 | 0.67 | 0.56 |

注：$a$——载荷工况 $a$(功能载荷)；

$b$——载荷工况 $b$(功能载荷 + 设计环境载荷)。

3. 屈曲传播

屈曲传播是海底管线铺设中一个特有的力学问题，它指的是当管线承受过大的外压和弯矩的联合作用时，一旦局部产生周向凹陷而屈曲，屈曲就会沿着管的长度方向迅速传播，产生纵向凹陷，相邻凹陷的方位相互垂直，交错排列，形成一个较长的波长。由于这种传播有时会达到几公里远，如不加以防止，会带来很大的经济损失。管道屈曲传播现象如图 4.7 所示。

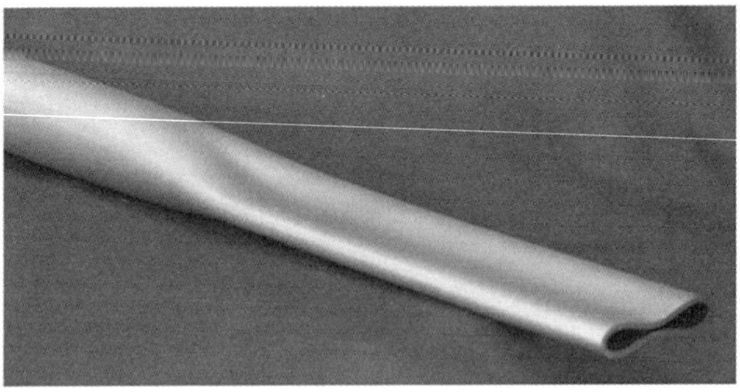

图 4.7　管道屈曲传播现象

屈曲传播现象是美国白特里实验室于 1970 年初在模型实验中首先发现的。管道的局部屈曲发生可分为两个过程：当外压足够大，管道壁厚不足以抵抗外压，管道局部发生压溃现象；压溃发生后，如果管道壁厚也不足以抵抗屈曲扩展压力 $P_{cr}$，压溃将扩散至整个管道。如果在管道局部足够厚（如止屈器处），屈曲会在此处停止（见图 4.8）。

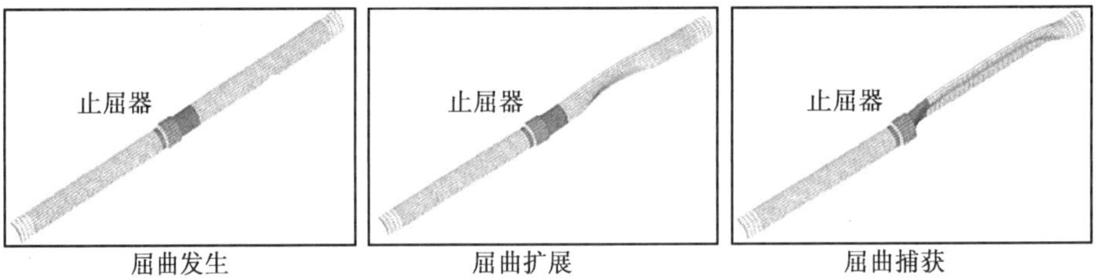


图 4.8　管道屈曲传播现象

《海洋石油工程设计指南》中扩展屈曲可按下式计算临界压力：

$$p_{cr} = 1.5\pi \cdot \sigma_F \cdot \left(\frac{t}{D-t}\right)^2 \tag{4-20}$$

式中，$p_{cr}$ 为临界的扩展屈曲压力。

临界的扩展屈曲压力应满足下述条件：

$$p_{cr} \geqslant p_e$$

式中，$p_e$ 为实际作用外压。

管道的初始屈曲与很多因素有关，包括管道受到碰撞、过度的弯矩导致的管道椭圆度增大、管道制造过程中产生的尺寸不均匀度、腐蚀导致的局部壁厚减薄，都可能降低管道的抗压能力。近年来，学者和研究机构在实验和理论分析两方面，对屈曲扩展压力进行了大量的研究。屈曲扩展研究的主要方向为确定更准确的屈曲扩展压力和止屈器设计公式。

止屈器有多种形式,如图 4.9 所示。

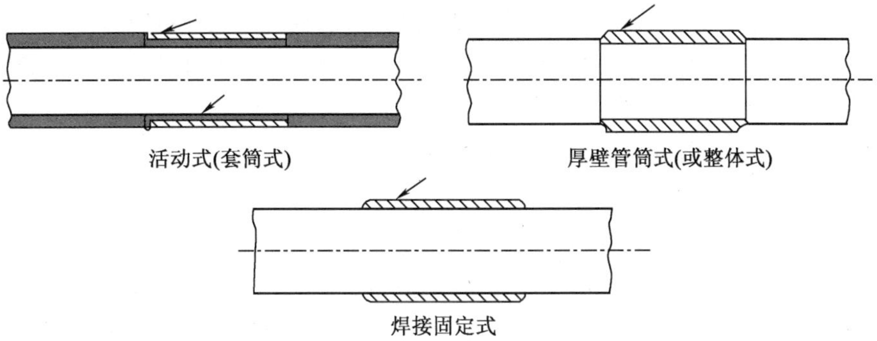


**图 4.9　管道止屈器的典型形式**

## 4.4　管道失效判据

### 4.4.1　基于应力的失效判据

传统的基于应力的管道设计方法保证外载产生的管道应力或等效应力不高于管材的允许应力(一般为最小屈服应力与折减系数的乘积),为管道的安全运营提供了一定的安全保障。

管道的强度设计传统上一直遵循基于应力的判别准则,即保证在工况条件下管道的最大应力应小于其屈服应力。此法即将前面各种失效形式时计算出的环向应力、轴向应力、径向应力或是等效(综合)应力与许用应力进行比较,做强度校核,而许用应力是管材的屈服强度,或拉伸极限强度乘以一个系数。

根据要求,管道的强度应同时满足以下条件:

(1)环向应力控制准则

$$\sigma_y \leqslant \eta \cdot \sigma_F \cdot K_t \tag{4-21}$$

其中　$\eta$——利用系数(见表 4.2);

$\sigma_y$——环向应力;

$\sigma_F$——材料最小屈服强度;

$K_t$——温度系数。

温度低于 120 ℃,通常可采用 $K_t = 1.0$。对于较高的温度,应根据材料种类将 $K_t$ 值予以降低。

(2)轴向应力控制准则

$$\sigma_x = \sigma_T + \sigma_r + \sigma_b + \sigma_A \leqslant \eta \cdot \sigma_F \tag{4-22}$$

(3)组合应力控制准则

由于管道所受的载荷的复杂性,不仅仅有环向应力,还存在轴向应力,如果是厚壁管道,还存在径向应力,即一般意义上的三向应力状态,需首先建立屈服条件。常用的是 Tresca 条件和密塞斯(Von Mises)条件。Tresca 提出材料的屈服与最大切应力有关,即当材料质点中最大切应力达到某一定值时，该质点就发生屈服。或者说，质点处于塑性状态时，其最大切应力是不变的定值，该定值取决于材料的性质，而与应力状态无关。Von Mises 屈服准则：当等效应力达到定值时，材料质点发生屈服。材料处于塑性状态时，其等效应力是不变的定值，该定值取决于材料的性质，而与应力状态无关。

普通海底管道均为薄壁管，组合应力可写为：

$$\sigma_e = \sqrt{\sigma_x^2 + \sigma_y^2 - \sigma_x \cdot \sigma_y + 3\tau_{xy}^2} \tag{4-23}$$

式中，$\tau_{xy}$为切向剪应力，一般取为 0，其他符号定义同前。

如果 $\sigma_e \leqslant \eta\sigma_F$，表明此管道选取的管径、壁厚和材质是合理的，管道是安全可靠的。

设计系数反映了管道工程中的安全哲学，即对不同的情况，取不同的安全裕量，设计系数根据具体管段的运行特性、可能出现的破坏后果、检修的难度，以及安全和环保要求等确定。DNV 早期（1981）规范按照不同的设计载荷条件，利用系数按表 4.2 取值。

**表 4.2　利用系数（$\eta$）**

| 区位 | 设计载荷条件 | | |
|---|---|---|---|
| | ① | ② | ③ |
| 1 区 | 0.72 | 0.96 | 0.9 |
| 2 区 | 0.5 | 0.67 | 0.9 |

这里，海底管道被分为 1 区和 2 区。1 区：系指距某一平台或建筑物一定距离以外的那部分海床，一般该距离取作 500 m。2 区：系指某一平台或建筑物周围邻近的那部分海床，该区范围通常为 500 m。另外，还规定管道系统的任何部分都应针对以下三类设计载荷条件的最不利情况进行设计：

①功能载荷；

②设计环境载荷 + 同时作用的功能载荷；

③水压试验或停输再启动载荷。

### 4.4.2　基于应变的失效判据

长期以来，基于应力的判据处于主导地位，然而，随着研究的深入与发展，越来越多的研究表明在某些特殊工况下，如地震、滑坡、海底管道铺设情况下，管道承受较大的位移及应变，虽然已经达到或超过应力判据准则的要求，但是管道还能够满足输送要求，这种情况下基于应力的判据就显得过于保守；同时，随着管材性能的不断提高，放宽管道的失效判据成为趋势。由此，产生了所谓的基于应变的管道失效判据，即认为管道的失效不再由应力控制，而是由应变控制。

基于应变的管道设计理念是建立在极限状态设计思想和位移控制载荷作用的基础上，对于位移控制的管段，在保证管道安全运营的前提下，允许管道的应力超过屈服应力。此时的管道虽发生一定塑性变形，但仍能满足运行要求，能充分发挥管道材料的性能，节约成本。

为了防止过量变形引发管道失效，管道的应变能力可归纳为对拉伸应变、压缩应变和椭圆化变形的控制。一般用载荷抗力系数设计法(将在4.5节详细介绍)公式表示,并考虑一次载荷和二次载荷的不同作用。其中,一次载荷是指与管道变形无关,并能影响静态平衡的载荷,如内压、管道自重和上覆土压力等;二次载荷时指引发或者阻碍管道变形的载荷,如温度变化等。

(1)拉伸应变

当管道存在缺陷时,拉伸应变达到或者超过极限值,可能导致管道断裂。为了防止薄膜断裂,一次载荷、二次载荷或二者组合引起的拉伸应变应满足:

$$\varepsilon_{\mathrm{tf}} \leqslant \varphi_{\varepsilon \mathrm{t}} \cdot \varepsilon_{\mathrm{t}}^{\mathrm{crit}}$$

式中 $\varepsilon_{\mathrm{tf}}$——纵向或环向的因子化拉伸应变;

$\varphi_{\varepsilon \mathrm{t}}$——拉伸应变的阻力因子,可取0.7;

$\varepsilon_{\mathrm{t}}^{\mathrm{crit}}$——管道的拉伸极限应变,由试验确定,且应考虑缺陷、焊缝及热影响区等,海底管线一般取值为2%。

(2)压缩应变

当管道承受压缩载荷或严重弯曲时,管道界面会产生压应力和应变,当管壁最大压缩应变达到或者超过极限值,管壁会出现局部屈曲或褶皱。为了防止局部屈曲,一次载荷、二次载荷或二者组合引起的拉伸应变应满足:

$$\varepsilon_{\mathrm{cf}} \leqslant \varphi_{\varepsilon \mathrm{c}} \cdot \varepsilon_{\mathrm{c}}^{\mathrm{crit}}$$

式中 $\varepsilon_{\mathrm{cf}}$——纵向或环向的因子化压缩应变;

$\varphi_{\varepsilon \mathrm{c}}$——压缩应变的阻力因子,可取0.8;

$\varepsilon_{\mathrm{c}}^{\mathrm{crit}}$——管道的压缩极限应变,应根据合适的分析方法或试验确定,且应考虑内压、外压、初始缺陷、残余应力和材料应力-应变关系等因素的影响,缺乏具体信息可按下列公式取值:

$$\varepsilon_{\mathrm{c}}^{\mathrm{crit}} = \begin{cases} 0.5\dfrac{t}{D} - 0.0025 + 3000\left(\dfrac{(p_{\mathrm{i}} - p_{\mathrm{e}})D}{2tE}\right)^2, & \dfrac{(p_{\mathrm{i}} - p_{\mathrm{o}})D}{2t\sigma_{\mathrm{F}}} < 0.4 \\ 0.5\dfrac{t}{D} - 0.0025 + 3000\left(\dfrac{0.4\sigma_{\mathrm{F}}}{E}\right)^2, & \dfrac{(p_{\mathrm{i}} - p_{\mathrm{o}})D}{2t\sigma_{\mathrm{F}}} \geqslant 0.4 \end{cases} \tag{4-24}$$

式中 $t$——壁厚;

$D$——管道外径;

$E$——弹性模量,其他同上。

(3)椭圆化变形

当管道受到弯曲或外部挤压时,管道横截面可能出现椭圆化变形,截面形状改变可能导致管内流体通过受阻或内检测器等装置无法通行。管道椭圆化变形的要求为 $\Delta_\theta \leqslant \Delta_\theta^{\mathrm{crit}}$。椭圆化变形率定义为 $\Delta_\theta = (D_{\max} - D_{\min})/(D_{\max} + D_{\min})$,临界椭圆化变形率 $\Delta_\theta^{\mathrm{crit}}$ 通过分析或试验确定,或取0.03。

基于应变的失效判据对管道材料性能的要求较高,不仅仅对屈服强度有要求,而且要求拉伸强度、屈服比(屈服强度与拉伸强度之比)、均匀延伸率和应变硬化指数等参数,这是因为基于应变的失效判据更多地依赖于管道屈服后的力学行为。

### 4.4.3 基于可靠性的管道评价方法

在结构可靠性的一般理论中，为了正确描述结构的工作状态，必须明确规定结构安全、适用和失效的界限，这样的界限称为结构的极限状态。国标（GB 50153—2008）对结构极限状态的定义为：整个结构或结构的部分超过某一特定状态就不能满足结构的某一功能要求，此特定状态为该功能的极限状态。

不同工况和环境下，管道具有不同的载荷特点，呈现的极限状态和失效形式也不相同。加拿大标准 CSA－Z662 将管道极限状态划分为最终极限状态和服役极限状态两种。前者指有关爆破或破裂的状态，包括断裂、一次载荷造成的屈服、破裂或能造成断裂的屈曲（如不稳定局部屈曲，一些上浮屈曲模式）和疲劳。后者指影响正常操作或结构连续性的状态，包含二次载荷在内的屈服、不能造成破裂的屈曲（如稳定的局部屈曲，一些上浮屈曲模式）。挪威船级社（DNV）标准 DNV OS－F101 对管道极限状态划分更加详细，包括操作极限状态（SLS）、极端极限状态（ULS）、疲劳极限状态（FLS）和偶然极限状态（ALS）四种。其中，服役极限状态包括椭圆化、累积塑性应变和配重层的损坏，最终极限状态包括爆破、局部屈曲、整体屈曲、断裂和塑性坍塌；疲劳极限状态指疲劳裂纹扩展或损伤累积引起的失效，偶然极限状态指偶然产生的临界失效。

安全评价的目的是保证管道的安全可靠性，但由于在役油气管线的腐蚀及运行状况相当复杂，因而影响管线安全的各种因素大都具有不确定性。在管线的安全评价中，如果采用确定性的方法，则当各种影响因素的不确定性较小时，评定的结果可能过于保守；当各种因素的不确定性严重时，评定的结果又偏于不安全。而采用可靠性的方法，能够对于各种因素的不确定性给予恰当的量化，限制出现不可接受的风险后果。

$$Z = g(x_1, x_2, \cdots, x_n) = 0 \tag{4-25}$$

式（4－25）也称为极限状态方程，$Z = g(x_1, x_2, \cdots, x_n)$ 称为功能函数。这样，结构的可靠度可表述为结构处于可靠状态的概率，即

$$P_r = P[Z = g(x_1, x_2, \cdots, x_n) > 0] \tag{4-26}$$

同理，结构的失效概率表示为

$$P_f = P[Z = g(x_1, x_2, \cdots, x_n) < 0] \tag{4-27}$$

由于 $Z = g(x_1, x_2, \cdots, x_n)$ 的分布函数为连续函数，因此，有 $P_f + P_r = 1$ 或 $P_f = 1 - P_r$。在结构可靠性的实际问题中，一般均有 $P_r \geq P_f$，因此，为了表达方便，多用失效概率表示。

也可采用可靠性指数来衡量管线的安全状况。可靠性指数定义为，在标准正态坐标系中，从坐标原点到极限状态平面（广义情况下为曲面）$Z = 0$ 的最短距离，这也是可靠性指数的几何意义，通常用 $\beta$ 表示。

如果基本变量 $x_i(i = 1, 2, \cdots, n)$ 都是互不相干的正态随机变量，则状态函数 $Z$ 服从正态分布，这样，可靠度 $P_r$、失效概率 $P_f$ 与可靠性指标 $\beta$ 之间有如下关系：

$$P_r = \Phi(\beta), P_f = \Phi(-\beta), \beta = \Phi^{-1}(P_r) \tag{4-28}$$

结构可靠度方法将结构分析模型与包含变量和它们附加的不确定性的有效资料联系在一起。由可靠度方法评估的可靠度不是管道本身在给定的操作条件和环境条件下的客观物理特性，而是给定特殊的物理和概率化的模型并应用分析过程的可靠度的名义度量。

结构可靠度分析不包含过失误差,仅是总的安全概念的一部分。过失误差被定义为在管道设计、建造、安装和操作中人为的错误,它可以导致安全水平远低于一般使用部分安全系数设计方法或特定的可靠度分析的水平。在设计中要满足目标可靠度以保证达到一定的安全水平。用以下的公式能够进行概率化设计检查:

$$P_f\text{计算值} < P_f\text{目标值} \tag{4-29}$$

计算值是计算出的破坏概率,由公认的(可接受的)可靠度方法计算,目标值是一个完全满足设计要求的目标值。

一般地,可接受的破坏概率取决于破坏性质和破坏后果、人类受伤害的风险、经济损失、社会(政治)麻烦、费用,以及减少破坏可能性所需要的努力。事故的统计数据可以作为相对破坏概率水平的指南,但对于 SLS、ULS 和 FLS 来说仅有有限的有关特定的破坏概率能由破坏统计学来推断。来自 SRA 的结构破坏概率是一个名义值,不能按照预期的破坏频率来解释。

只要可能,目标概率水平要与相同或相似的并在 DNVDS - F101 规范基础上设计具有适当安全性的管道进行对比校准。如果没有可能,目标安全水平要根据在表 4.3 中给出的安全级别和破坏类型决定。

**表 4.3 可接受的概率与安全等级**

| 极限状态 | 概率基础 | 设计载荷条件 | | |
|---|---|---|---|---|
| | | 低 | 一般 | 高 |
| SLS | 每条管道每年① | $10^{-2}$ | $10^{-3}$ | $10^{-3}$ |
| ULS | 每条管道每年① | $10^{-3}$ | $10^{-4}$ | $10^{-5}$ |
| FLS | 每条管道每年② | | | |
| ALS | 每条管道每年③ | | | |

①或者是临时阶段;

②指根据操作的最后一年或检查之前取决于依靠采用的检查原理,可以有效控制破坏概率的条件下;

③指严重后果中的总体许用概率。

## 4.5 载荷抗力系数法设计导则

把传统许用应力方法中的安全系数引入可靠性,便成为可靠性意义下的安全系数。可靠性安全系数既保留了传统安全系数的特点,使人们可以像运用传统安全系数那样运用可靠性安全系数进行评价,又考虑了各类因素的变异性及对管道可靠性要求。“分项”的意思是指评价的公式中使用的系数不止一个,这样对于不同的参数,可采用不同的安全系数。分项安全系数则与管道内流体、管道系统所处位置、极限状态以及不同的安全等级有关。

DNV RP - F101 标准中除了提供许用应力法外,还提供了分项安全系数法(或者载荷抗力系数设计法),根据安全级别、管道质量、检测方法和工具精度,确定分项安全系数。海底管道的载荷抗力系数设计法是以极限状态和分项安全系数为基础的。设计时必须考虑极

限状态所描述的相关失效模式,极限状态分为以下四种类型:

(1)SLS(操作极限状态):如果超过这种状态,管道不再适于正常运行;

(2)ULS(极端极限状态):如果超过这种状态,管道的完整性遭到破坏;

(3)FLS(疲劳极限状态):考虑累积循环载荷效应的极端极限状态;

(4)ALS(偶然极限状态):考虑偶然载荷导致的极端极限状态。

管道安装期的极限状态为 ULS,运行期间的极限状态为 SLS,管道运行期间,若遇地震载荷则极限状态为 ALS。

分项安全系数设计方法的基本原理是:对任何可能的破坏模式,系数化的设计载荷不超过系数化的设计抗力。其中,系数化的设计载荷是通过特征载荷乘以载荷效应系数活动,系数化的抗力是通过特征抗力除以抗力系数获得。

如果设计载荷($L_d$)不超过设计抗力($R_d$),则认为满足规定的安全水平,即

$$L_d(L_F, L_E, L_A, \gamma_F, \gamma_E, \gamma_C) \leqslant R_d(R_K(f_K), \gamma_{sc}, \gamma_m) \quad (4-30)$$

式中 $L_F, L_E, L_A$——功能载荷、环境载荷及偶然载荷的特征载荷效应;

$\gamma_F, \gamma_E, \gamma_C$——功能载荷系数、偶然载荷系数及条件载荷系数;

$\gamma_{sc}, \gamma_m$——安全等级抗力系数和材料抗力系数。

在规范中,与极限状态有关的载荷效应系数、安全等级抗力系数和材料抗力系数需要用可靠度的方法对不同的安全等级进行校准。基于载荷抗力系数法的海底管道强度设计流程如图 4.10 所示。

### 4.5.1 安全等级划分

管道设计应基于潜在的破坏后果,这一点包含在安全等级的概念中。安全等级的定义如表 4.4 所示。对于正常使用,所应用的安全等级在表 4.5 中列出。

**表 4.4 安全等级的划分**

| 安全等级 | 定义 |
|---|---|
| 低 | 破坏后对人类伤害风险低,对经济和环境影响小,安装阶段通常处于该等级 |
| 正常 | 对于临时条件,破坏后对人类有伤害风险,对环境污染显著,有非常大的经济和政治影响,通常是平台区域外的管道运行的等级分类 |
| 高 | 对于运行条件,破坏后对人类伤害风险高,对环境污染显著,有非常大的经济和政治影响,通常是位置分区 2 的管道运行期的等级分类 |

**表 4.5 安全等级的一般划分**

| 阶段 | 流体类别 A、C | | 流体类别 B、D、E | |
|---|---|---|---|---|
| | 位置分区 | | 位置分区 | |
| | 1 | 2 | 1 | 2 |
| 临时 | 低 | 低 | 低 | 低 |
| 运行 | 低 | 正常 | 正常 | 高 |

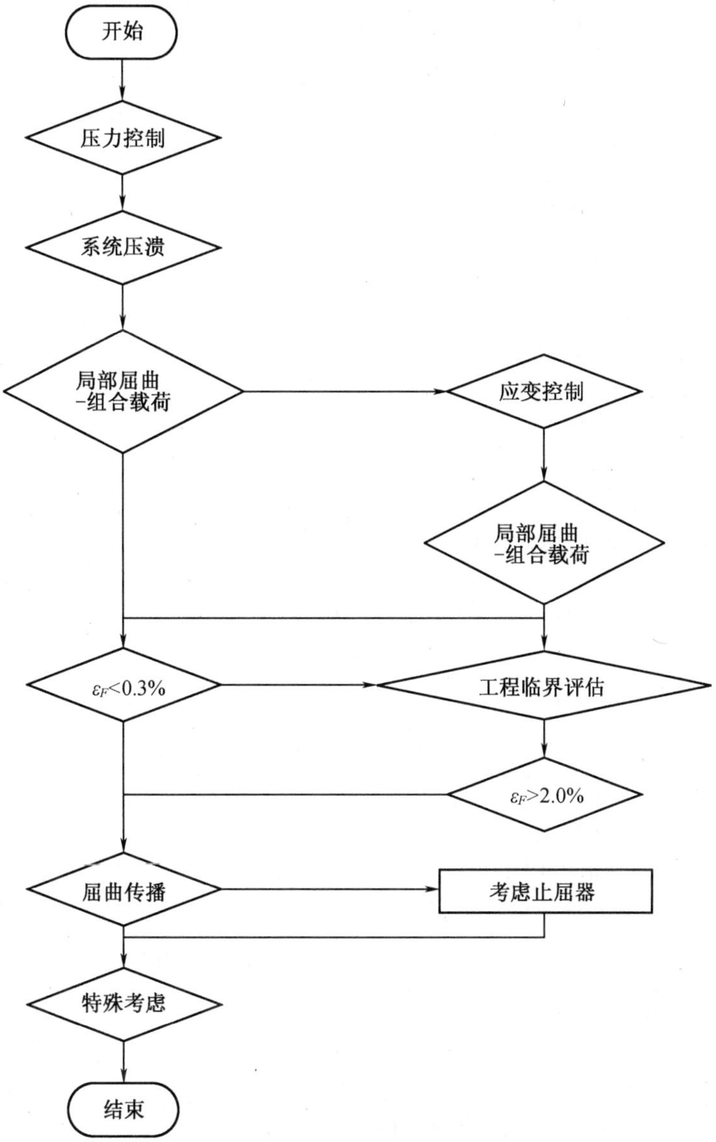


**图 4.10 海底管道强度设计流程图**

根据管道系统输送的流体的潜在危害性，将流体按表4.6进行分类，对表4.6中没有具体说明的气体或液体，要按照具有相似潜在危害的物质分类，如果分类不明确，则定为最高危害性。

**表 4.6 流体分类**

| 类别 | 描述 |
|---|---|
| A | 典型的不可燃水基流体 |
| B | 可燃的和(或)有毒的物质，在常温常压下是液体。典型的例子是石油产品，甲醇也是一种可燃的和有毒的液体 |

表 4.6(续)

| 类别 | 描述 |
|---|---|
| C | 不可燃物质,在常温常压下是无毒气体。典型的例子是氮气、二氧化碳、氩气和空气 |
| D | 无毒、单相天然气 |
| E | 可燃的和(或)有毒的流体,在常温常压下是气体,被作为气体和液体输送,典型的例子是氢气、天然气(不包括在 D 类中的)、乙烷、乙烯、液化石油气、氨气和氯气 |

管道系统所处的位置必须按下面的定义分为两类:

1 区:沿着管道路由没有经常性的人类活动的区域;

2 区:平台附近区域或经常有人类活动的区域,2 区的范围应当基于适当的风险分析,如果没有进行这样的分析,要采用距离平台至少 500 m 的范围。

### 4.5.2 材料选择和特征材料特性

管道材料选择时要考虑所输送的流体,所受的载荷、温度,以及在安装和运行过程中可能的失效效应,还要确保整个管道系统部件材料的匹配性。

材料选择包括鉴定下面的补充要求:

(1)补充要求 S,酸性要求;

(2)补充要求 F,断裂阻延特性;

(3)补充要求 P,管道的塑性变形超过 2%;

(4)补充要求 U,高强度使用;

(5)补充要求 D,更严格的尺寸要求。

材料的选择应包括管子的无损检验等级。管子无损检验等级 I 是为了满足使用位移控制条件下的局部屈曲准则要求。

在承载力计算中应使用特征材料特性,屈服强度和抗拉强度都应基于工程应力－应变曲线。补充要求 U 确保屈服强度可靠性的提高,这反映在表 4.7 中给出的材料强度系数中。

表 4.7 材料强度系数 $\alpha_U$

| 系数 | 正常情况 | 补充要求 U |
|---|---|---|
| $\alpha_U$ | 0.96 | 1.00 |

注:对于系统压力试验,$\alpha_U$ 取 1.00。这给出了对于所有无论是否满足补充要求 U 的材料所允许的许用环向应力,其值为 SMYS 的 96%。

温度超过 50 ℃,应考虑温度对材料强度特性的影响。表 4.8 给出了在极限状态标准设计中所用的特征材料强度值。

表 4.8 特征材料强度

| 特性 | 特征屈服强度 $f_y$ | 特征拉伸强度 $f_u$ |
|---|---|---|
| 值 | $f_y = (\mathrm{SMYS} - f_{y-\mathrm{temp}})\alpha_{\mathrm{U}}$ | $f_u = (\mathrm{SMTS} - f_{u-\mathrm{temp}})\alpha_{\mathrm{U}}\alpha_{\mathrm{A}}$ |

注:$f_{y-\mathrm{temp}}$、$f_{u-\mathrm{temp}}$——由于温度影响而使屈服强度和拉伸强度的减小值;

$\alpha_{\mathrm{A}}$——各向异性系数。

### 4.5.3 设计载荷

载荷分类的目的是把载荷效应与不确定性和偶然性联系起来。在 DNV – OS – F101(2007)中,载荷分为功能载荷、环境载荷、建造载荷和偶然载荷四类。

(1)功能载荷

由于管道系统的存在和使用所引起的载荷被划为功能载荷。在设计时,要考虑建造和运行期间保证管道完整性的所有载荷效应。包括重力、外部静水压力、介质温度、正常运行期间的内部压力、海床的反作用(摩擦及扭转刚度)和支撑结构的永久变形等所引起的载荷。

(2)环境载荷

环境载荷是周围环境作用于管道系统上的载荷,不属于功能载荷或偶然载荷。环境载荷包括风载荷、流体动力载荷、冰载荷、波浪和海流载荷。

风载荷是由风引起的作用在管线上的载荷。要考虑由循环风载荷引起振动的可能性和不稳定性。流体动力载荷是指管子和周围液流之间的相对运动产生的流动诱发的载荷。在确定流体动力载荷时,要估计在计算中所采用流体质点的相对速度和加速度,必要时还应计入波浪、海流的分布和管子运动的影响。由于海洋上波浪和海流的存在,必定还有波浪和流载荷。在考虑二者的组合时,可以采用流和波浪诱发的水质点运动速度矢量相加的方法进行组合;也可以根据更为精确的波浪、海流相互作用的原理计算水质点合速度和合加速度。此外,在可能结冰或有浮冰的地区要考虑作用在管道上的各种冰载荷。

在 DNV – OS – F101(2007)规范中,引入特征载荷效应这个概念。特征载荷效应通常被定义为在设计期限内载荷可能发生的最大值。在管道系统的安装过程中,环境特征载荷取值是设计期限内给定海况下的最大值,该海况由($H_s$,$T_p$)以及相应的海流和风条件确定。在管道系统运行过程中,特征环境载荷组合的影响取一年不超过 1% 的可能性的值。

(3)建造载荷

建造载荷即管道系统在建造时,包括安装、压力试验、试运行、维护和维修时产生的载荷。建造载荷可分为功能载荷和环境载荷。在安装、维护和维修时要考虑由于管道张力引起的功能载荷,和由于铺管船的移动引起的倾斜载荷、动力载荷,以及风、波浪、海流对管线所产生的环境载荷。在建造期间,载荷组合效应要选择可能遇到的最恶劣的载荷组合。

(4)偶然载荷

偶然载荷即在异常和意外情况下施加于管道系统上的载荷。把一个载荷归类为偶然载荷最主要的标准是看它发生的可能性。偶然载荷可能由船舶或其他漂浮物的冲击(碰撞、下沉、搁浅)、坠落物的撞击、泥土滑移、爆炸、火灾和热流、操作失灵、锚的拖拉等因素造成。对于地震载荷,认为由地震产生的载荷效应,不管是直接的还是间接的,都看作是偶然载荷或者是环境载荷,并由地震发生的可能性决定。

设计载荷可以用下面的形式表示:

$$L_d = L_F \cdot \gamma_F \cdot \gamma_C + L_E \cdot \gamma_E + L_A \cdot \gamma_A \cdot \gamma_C \tag{4-31}$$

对具体的载荷效应,可相应地表示为:

$$M_d = M_F \cdot \gamma_F \cdot \gamma_C + M_E \cdot \gamma_e + M_A \cdot \gamma_A \cdot \gamma_C \tag{4-32a}$$

$$S_d = S_F \cdot \gamma_F \cdot \gamma_C + S_E \cdot \gamma_E + S_A \cdot \gamma_A \cdot \gamma_C \tag{4-32b}$$

$$\varepsilon_d = \varepsilon_F \cdot \gamma_F \cdot \gamma_C + \varepsilon_E \cdot \gamma_E + \varepsilon_A \cdot \gamma_A \cdot \gamma_C \tag{4-32c}$$

式中,$M_F$、$M_E$、$M_A$ 为功能弯矩、环境弯矩和偶然载荷弯矩;

$S_F$、$S_E$、$S_A$——功能弯曲轴力、环境弯曲轴力和偶然弯曲轴力;

$\varepsilon_F$、$\varepsilon_E$、$\varepsilon_A$——功能弯曲应变、环境弯曲应变和偶然弯曲应变。

载荷效应系数 $\gamma_F$、$\gamma_E$、$\gamma_A$、$\gamma_P$ 和 $\gamma_C$ 在表 4.9 和表 4.10 中给出。管道系统的每个部分都要进行设计以满足表 4.9 给出的最不利的载荷组合。

**表 4.9 载荷效应系数和载荷组合**

| 极限状态/载荷组合 | | 功能载荷① | 环境载荷 | 偶然载荷 | 压力载荷 |
|---|---|---|---|---|---|
| | | $\gamma_F$ | $\gamma_E$ | $\gamma_A$ | $\gamma_P$ |
| SLS&ULS | a | 1.2 | 0.7 | — | 1.05 |
| | b | 1.1 | 1.3 | — | 1.05 |
| FLS | | 1.0 | 1.0 | — | 1.0 |
| ALS | | 1.0 | 1.0 | 1.0 | 1.0 |

①如果功能载荷效应降低了载荷组合效应,则 $\gamma_F$ 可取 1/1.1。

②载荷工况 a(功能载荷),载荷工况 b(功能载荷 + 设计环境载荷)。

**表 4.10 条件载荷效应系数**

| 条件 | $\gamma_C$ |
|---|---|
| 管道被搁在不平坦的海床或处于迂回曲折的状况 | 1.07 |
| 连续刚度支撑 | 0.82 |
| 系统压力试验 | 0.93 |
| 其他 | 1.00 |

设计抗力 $R_d$ 一般可以表示为如下形式:

$$R_d = \frac{R_K(f_K)}{\gamma_{sc} \cdot \gamma_m} \tag{4-33}$$

式中,$f_k$ 为特征材料强度。

材料抗力系数 $\gamma_m$ 是由极限状态的种类决定的,在表 4.11 中给出。安全等级抗力系数 $\gamma_{sc}$ 与安全等级有关,见表 4.12。

表 4.11 材料抗力系数 $\gamma_m$

| 极限状态 | SLS/ULS/ALS | FLS |
|---|---|---|
| $\gamma_m$ | 1.15 | 1.00 |

表 4.12 安全等级抗力系数 $\gamma_{sc}$

| 项目 | $\gamma_{sc}$ | | |
|---|---|---|---|
| 安全等级 | 低 | 正常 | 高 |
| 压力控制 | 1.046 | 1.138 | 1.308 |
| 其他 | 1.04 | 1.14 | 1.26 |

### 4.5.4 设计公式

下面介绍规范中压力控制、外压压溃、屈曲传播、组合载荷控制公式。

(1)压力控制

根据 DNV - OS - F101,压力承载应满足下面的准则:

$$P_{li} - P_e \leqslant \frac{P_b(t_1)}{\gamma_{sc} \cdot \gamma_m} \tag{4-34}$$

压力承载的抗力 $P_b(x)$ 由下式给出:

$$P_b(x) = \min\{P_{b,s}(x), P_{b,u}(x)\} \tag{4-35}$$

屈服极限状态:

$$P_{b,s}(x) = \frac{2 \cdot x}{D - x} \cdot f_y \cdot \frac{2}{\sqrt{3}} \tag{4-36}$$

破裂极限状态:

$$P_{b,u}(x) = \frac{2 \cdot x}{D - x} \cdot \frac{f_u}{1.15} \cdot \frac{2}{\sqrt{3}} \tag{4-37}$$

在使用上述公式时,应选择恰当的 $t_1$ 代替 $x$。

以上各式中,

$P_{li}$——局部偶然压力,$P_{li} = P_{mc} + \rho g h$;

$$P_{mc} = \begin{cases} \gamma_{mc} P_d & (\text{对于运行状态}) \\ P_t & (\text{对于水压试验}) \end{cases};$$

$P_e$——外部水压,$P_e = \rho g d$,$d$ 为水深;

$$t_1 = \begin{cases} t - t_{fab} & (\text{对于水压试验}) \\ t - t_{fab} - t_{corr} & (\text{对于运行状态}) \end{cases};$$

$f_y$——特征屈服应力,$f_y = (\text{SMYS} - f_{y,temp}) \cdot \alpha_U$;$\alpha_U$ 为材料强度系数;

$f_u$——特征拉伸强度,$f_u = (\text{SMYS} - f_{u,temp}) \alpha_U \cdot \alpha_A$;$\alpha_U$ 为材料强度系数,一般取为 0.96;$\alpha_A$ 为各向异性因子,一般取为 1.0。

(2)外压压溃

抵抗外压压溃的特征抗力应由下式解出:

$$(P_c - P_{el}) \cdot (P_c^2 - P_p^2) = P_c P_{el} P_p f_o \frac{D}{t_2} \tag{4-38}$$

式中 $P_c$——特征压溃压力;

$P_{el}$——弹性压溃容量,$P_{el} = \dfrac{2E\left(\dfrac{t_2}{D}\right)^3}{1-\nu^2}$;

$P_p$——塑性压溃容量,$P_p = 2 \cdot f_y \cdot \alpha_{fab} \cdot \dfrac{t_2}{D}$;

$t_2 = \begin{cases} t & \text{(对于安装和水压试验条件)} \\ t - t_{corr} & \text{(对于运行条件)} \end{cases}$。

管道任一点所受的外压要满足以下准则:

$$p_e \leqslant \frac{P_c}{1.1 \cdot \gamma_{sc} \cdot \gamma_m} \tag{4-39}$$

(3)屈曲传播

海底管道在偶然载荷作用下可能会产生屈曲传播。按 DNV - OS - F101 所述,局部屈曲产生后将向两边传播。抵抗局部屈曲的抗力由下式计算:

$$P_{pr} = 35 \cdot f_y \cdot \alpha_{fab} \cdot \left(\frac{t_2}{D}\right)^{2.5} \tag{4-40}$$

传播屈曲的校核准则如下:

$$p_e \leqslant \frac{P_{pr}}{\gamma_{sc} \cdot \gamma_m} \tag{4-41}$$

(4)组合载荷校核——载荷控制

受到弯矩、有效轴向力内部过压作用的管道在所有的横截面上都要满足以下设计要求:

$$\gamma_{sc}\gamma_m\left(\frac{S_d}{\alpha_c S_p}\right)^2 + \gamma_{sc}\gamma_m\left(\frac{M_d}{\alpha_c M_p}\sqrt{1-\left(\frac{\Delta P_d}{\alpha_c P_b(t_2)}\right)^2}\right) + \left(\frac{\Delta P_d}{\alpha_c P_b(t_2)}\right)^2 \leqslant 1 \tag{4-42}$$

$$\frac{D}{t} \leqslant 45, P_i \geqslant P_e$$

式中 $M_d$——设计弯矩(见公式(4-32a));

$S_d$——设计有效轴向力(见公式(4-32b));

$M_p$——塑性弯矩抗力,$M_p = f_y(D-t_2)^2 t_2$;

$S_p$——特征塑性轴向抗力,$S_p = f_y \pi (D-t_2) t_2$;

$P_b(t_2)$——破裂压力(见公式(4-35));

$\Delta P_d$——设计压力差,$\Delta P_d = \gamma_P \cdot (P_{ld} - P_e)$;

$\alpha_c$——考虑应变硬化的流动应力参数,$\alpha_c = (1-\beta) + \beta \cdot \dfrac{f_u}{f_y}$。

$\alpha_c$ 最大取1.20,其中$\beta$取值如下:

$$\beta=\begin{cases}(0.4+q_h), & \dfrac{D}{t_2}<15\\ (0.4+q_h)\left(60-\dfrac{D}{t_2}\right)/45, & 15\leqslant\dfrac{D}{t_2}\leqslant 60\\ 0, & \dfrac{D}{t_2}>60\end{cases}$$

$$q_h=\begin{cases}\dfrac{P_{id}-P_e}{P_b(t_2)}\cdot\dfrac{2}{\sqrt{3}}, & P_{ld}>P_e\\ 0, & P_{ld}\leqslant P_e\end{cases}$$

受到弯矩、有效轴向力和外部过压作用的管道在所有的横截面上都要满足以下设计要求:

$$\left(\gamma_{sc}\gamma_m\left(\frac{M_d}{\alpha_c M_p}\right)+\gamma_{sc}\gamma_m\left(\frac{S_d}{\alpha_c S_p}\right)^2\right)^2+\left(\gamma_{sc}\gamma_m\left(\frac{P_e}{P_c}\right)\right)^2\leqslant 1 \tag{4-43}$$

$$\frac{D}{t}\leqslant 45, P_i<P_e$$

(5)组合载荷校核——应变控制

受到弯矩、有效轴向力内部过压作用的管道在所有的横截面上都要满足以下设计要求:

$$\varepsilon_d\leqslant\frac{\varepsilon_c}{\gamma_\varepsilon}\quad \frac{D}{t}\leqslant 45, P_i\geqslant P_e \tag{4-44}$$

式中 $\varepsilon_d$——设计压应变(见公式(4-32c));

$\gamma_\varepsilon$——应变抗力系数(见表4.13);

$$\varepsilon_c=0.78\left(\frac{t_2}{D}-0.01\right)\left(1+5\frac{\sigma_h}{f_y}\right)\alpha_h^{-1.5}\alpha_{gw}$$

式中 $\alpha_h$——硬化系数(最大允许屈服强度和拉伸强度的比率);$\sigma_h=\Delta P_d\cdot\left(\dfrac{D-t_2}{2t_2}\right)$;

$\alpha_{gw}$——环向焊缝系数。

**表4.13 应变抗力系数**

| NDT 水平 | 补充要求 | 安全等级 | | |
|---|---|---|---|---|
| | | 低 | 正常 | 高 |
| I | U | 2.0 | 2.5 | 3.3 |
| I | — | 2.1 | 2.6 | 3.5 |
| Ⅱ | N/A | | | |

受到弯矩、有效轴向力外部过压作用的管道在所有的横截面上都要满足以下设计要求:

$$\left(\frac{\varepsilon_d\gamma_\varepsilon}{\varepsilon_c}\right)^{0.8}+\frac{P_e}{P_c}\gamma_{sc}\gamma_m\leqslant 1\quad \frac{D}{t}\leqslant 45, P_i<P_e \tag{4-45}$$

式中 $\varepsilon_c=0.78\left(\dfrac{t_2}{D}-0.01\right)\alpha_h^{-1.5}\alpha_{gw}$。

# 第 5 章　海底悬跨管道涡激振动疲劳评估

悬跨的出现改变了管线的载荷及应力状态，尤其是在海流流经管跨时流速会增大，常伴随着周期性的漩涡泻放，引起管跨的周期性振动，这种由漩涡泻放激起的管跨的周期性运动称为涡激振动（Vortex Induced Vibrations，VIV）。悬跨管道涡激振动疲劳损伤破坏是除了管道施工、渔业抛锚外海底管道失效的主要原因之一。除了海床的凹凸不平，海流和海浪对海床的冲蚀作用、管线的变形等原因都可能导致海底管道出现悬空段。

海底悬跨管道涡激振动响应与立管不同，有其自身的特点。立管一般受到剪流作用，由于其长细比 $L/D$ 很大（大都超过 1 500），响应多出现高阶模态；而深水海底悬跨管道通常可以认为受均匀流的作用，实际工程上的悬跨段 $L/D$ 并不长（当前海底管道技术所能达到 $L/D$ 为 120 左右），悬跨 VIV 响应仅限于低阶模态响应；而且，海底悬跨管道涡激振动作为一个海床－管道－海流多域耦合问题，管道跨肩的边界条件较复杂，管土耦合对悬跨振动特性的影响至关重要。

设计分析过程中需要根据不同的情况选择不同 VIV 预报方法。根据海底悬跨管道类型的不同，海底管跨涡激振动大致可以分三种情况考虑：

（1）短跨情况。运动主要由管道弯曲刚度控制，涡激振动响应和 2 维情况相同。这里的 2 维情况指弹性支撑刚性柱在均匀流中，2 自由度（同向和横向）自由运动。这时的悬跨固有频率同向和横向几乎相同，不同来自跨肩土壤刚度的影响。

（2）长跨情况。由于受到非线性静力（初始垂度、张力和水流曳力）的影响，同向和横向固有频率不同。存在同向和横向 VIV 响应耦合现象，当同向和横向响应不兼容，最大响应将会缩减。

（3）多跨情况。跨肩土壤刚度和阻尼对动力的影响非常重要。多模态耦合将影响同向和横向的响应。

到目前为止，学术界也没有掌握简单弹性支撑圆柱体的涡激振荡响应之间的确切关系，相关的理论和实验研究仍是当前的一个热点。而对于更复杂的弹性柱的涡激振动，特别是细长海洋工程构件的多模态涡激振动，无疑成了更大的挑战。本章仅就当前流行的方法进行阐述，主要内容包括以下 4 部分：

- 涡激振动；
- 基于能量平衡的简易频域预报方法；
- DNV 规范 VIV 响应模型；
- 基于应力范围 Reyleigh 分布的 VIV 疲劳损伤预报。

# 5.1　涡激振动

置于定常流场中的圆柱体,边界层的分离将导致其表面压力分布不均,进而产生如图5.1所示交替脱落的漩涡,称为“卡门涡街”,该漩涡主要特点表现为:稳定、非对称性、旋转方向相反并随主流向下游运动。

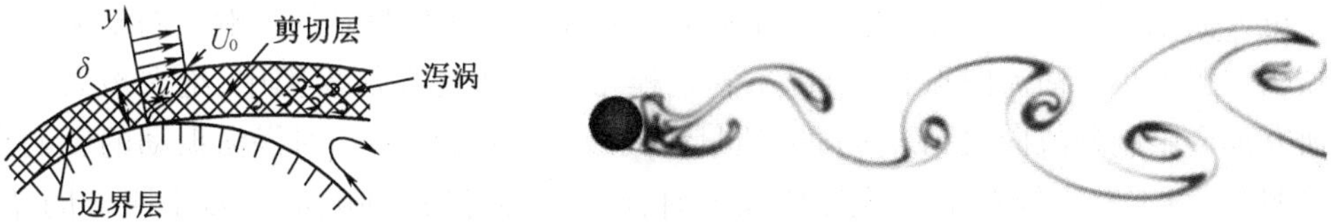


**图5.1　边界层与“卡门涡街”**

在工程各界,对物体在空气、水等流体介质中涡激振动(VIV)现象的研究由来已久。涡激振动是在一定速度的来流中,由物体背后交替泻涡导致的脉动压力而引起的结构振动,可能发生在不同的结构上,如桥梁、电缆、工厂的烟囱、海洋管线等。

当海流经过悬跨管道结构时,在管道两侧会产生交替的涡旋脱落,从而在结构表面形成周期性的脉动作用力,很容易诱发涡激振动。当涡脱落频率接近管道的自振频率,将会发生锁定(lock－in)现象,此时结构会产生大幅振动。涡激振动是导致管道发生疲劳破坏的重要因素,尤其对于深海油气开发工程。

当一个流体质点流到圆柱体前缘时,流体质点受到的压力就会升高,即从自由流动压力升高到停滞压力,靠近前缘的流体高压促使正在形成中的附面层在圆柱体的两侧逐渐发展。当雷诺数较高时,这一压力并不足以使边界层扩张到圆柱体背面,而是在圆柱体端面最大宽度附近,附面层脱离圆柱体表面,并形成两个下游延展的自由剪切层,两侧的剪切之间即为尾流区。由于由剪切的最内层比与来流直接接触的最外层流动得慢很多,于是流体便有发生旋转并分散成若干个漩涡的趋势,在圆柱体后面的漩涡系列称为“涡街”。这种漩涡流动和圆柱体的运动相互作用,成为漩涡诱发振动的根源。

当漩涡交替地从柱两侧脱落时,就会在柱体上激发周期性的力,因此掌握流体力的特征对于研究涡激振动至关重要。当漩涡在圆柱体一侧的分离点处脱落时,便会在圆柱体表面产生环向流速,其方向与漩涡旋转的方向相反,这样该侧圆柱体表面的流速会减小,而另一侧由于环向流速的方向与漩涡旋转方向相同,因此另一侧圆柱体表面流速会增加,于是在圆柱体表面上形成与来流方向垂直的压力差。一个涡旋对圆柱体的影响会随着它从圆柱体表面脱落并向下游移动逐渐减小至消失,而下一个涡旋又从对面一侧出现,并产生与前一个漩涡方向相反的压力差。因此,每一对漩涡的脱落就产生了方向相反的升力并共同构成一个垂直于流向的交变的周期力。与此同时,涡旋周期性发放引起的圆柱体前后压差以及绕流流体的表面摩擦力形成了阻力,阻力也具有周期性,只是大小周期性地增减,方向不变。

漩涡泻出诱发的振动实际上是一个非线性的流固耦合水弹性问题,圆柱体的振动影响了漩涡泻出的形态、强度等,而漩涡泻放又反过来影响圆柱体的振动。均匀来流下振动圆柱体的漩涡尾流流形主要有三种不同的模式，即2S、2P、P+S模式，泻涡频率会在一定条件下背离Strouhal频率，“锁定”在圆柱体的振动频率上。在2S模式中，每个周期泻放出两个独立的漩涡；在2P模式中，每个周期泻放出两对逆向旋转的漩涡；而在P+S模式中，每个周期在圆柱体的一侧泻放单个漩涡，在另一侧则泻放一个涡对。

影响圆柱体涡激振动响应的结构参数中，质量比是影响最为显著的因素之一。随着质量比的减小，流体与结构之间的相互作用变得更加强烈，使得圆柱在更大的折合流速范围内产生更大振幅的振动。此外，质量比对圆柱顺流向振动也有明显的影响。涡激振动的顺流向振幅一般远小于横流向振幅，所以不管是模型实验还是数值模拟中，绝大多数的涡激振动研究都会限制顺流向振动。但随着质量比的减小，顺流向振动对涡激振动的影响变得越来越明显，当质量比处在某个临界值以下时，圆柱体涡激振动响应会发生明显的变化。此外，雷诺数也是涡激振动的重要影响因素，雷诺数的大小影响着尾流的形态，也影响着涡激振动的振幅，而且雷诺数与临界质量比也有着密切的关系。

Strouhal数是升力频率的一种无因次表达，即

$$S=\frac{f_s D}{\nu} \tag{5-1}$$

其中$\nu$为运动黏度，升力频率或漩涡“对”的泻放频率记为$f_s$，也称为Strouhal频率。一般情况下，流速远小于流体介质中的声速，此时的$S$主要取决于剖面的形状和$Re$数。图5.2为由实验得到的圆柱体的$S$和$Re$关系曲线。可见在次临界阶段（$300\leqslant Re<3\times10^5$），$S\approx0.2$；在超临界阶段（$3\times10^6\leqslant Re$），$S$也将具有确定的数值；在过渡阶段（$3\times10^5\leqslant Re<3.5\times10^6$），由于出现随机性的漩涡泻放，不能明确规定$S$的数值，这时只能定义宽带泻放频率的主频率为漩涡泻放的频率。

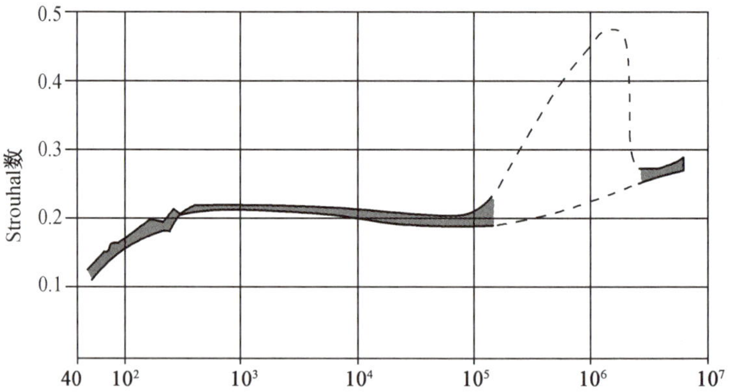


**图5.2　雷诺数*Re*与*S*关系曲线**

流速为$U$中圆柱的升力$F_L$和曳力$F_D$常用无因次的升力系数$C_L$和曳力系数$C_D$表达：

$$F_L=C_L\cdot\frac{1}{2}\rho U^2 D \tag{5-2a}$$

$$F_D=C_D\cdot\frac{1}{2}\rho U^2 D \tag{5-2b}$$

当柱体为刚性的，在漩涡泻放过程中，$F_L$和$C_L$都以Strouhal频率$f_s$周期性地改变大小和方向。曳力$F_D$可分为两部分：一为不随时间而变的平均曳力$F_{C_0}$及相应的曳力系数$C_{D_0}$；

另一部分则是以 $2f_s$ 频率变化的波动曳力 $F_{D_1}$ 及其相应的系数 $C_{D_1}$。系数 $C_L$、$C_{D_0}$ 和 $C_{D_1}$ 都同 *Re* 数及物体表面的粗糙度有关。

研究细长弹性海洋工程构件在真实环境的海流作用下的涡激振动，主要的挑战在于相关的控制因素和影响参数众多，控制因素彼此之间又相互关联。Sarpkaya 总结的影响刚性柱 VIV 幅值的因素就达 14 种，其中与结构相关的控制参数包括外径 $D$、柱长 $L$、柱的结构质量 $m$、弹簧刚度 $k$，以及截面外径变化率 $\frac{dD}{dy}$；与流场有关的参数包括流速 $U$、密度 $\rho$、黏性系数 $\mu_f$、流速剪切度 $\frac{dU}{dy}$，湍流强度 $\varepsilon_t$，$I_{ils}$ 湍流特征长度，$Sp$ 参数（Schewe parameters）；此外，还与雷诺数密切相关。写成幅值的参数空间形式为

$$\frac{A}{D}=F\begin{cases}\zeta,\dfrac{\rho UD}{\mu_f},\dfrac{L}{D},\dfrac{4m}{\rho\pi LD},\dfrac{D}{U}\sqrt{\dfrac{k}{m}},Re_{sl}\\ Re_{cr},\dfrac{D}{U}\,\dfrac{dU}{dy},\dfrac{dD}{dy},\varepsilon_t,\dfrac{k_s}{D},\dfrac{I_{ils}}{D},Sp\end{cases}\tag{5-3}$$

如果柱体是弹性的，在流的作用下产生位移和振动，则柱体的振动将会诱发漩涡的发生和泻放。尤其是当漩涡本身的泻放频率同结构的自振频率接近时，升力 $F_L$ 和曳力 $F_D$ 都将比柱体固定不动时增加得多，常可以达到柱体固定时的 4 ~5 倍。这时柱体将发生剧烈的振动。这种流 - 固耦合振动的主要特征是：

①漩涡的强度明显增大，“涡街”的规律性很强。

②升力和曳力都明显增大。

③发生“频率锁定”现象。当漩涡泻放频率 $f_s$ 接近结构的自振频率 $f_n$ 时，结构的振动会驱使漩涡的泻放频率在一个较大的 $S$ 范围内固定在结构的自振频率 $f_n$ 附近，而不按其本身的泻放频率 $f_s$ 泻放，好像被锁定在结构的自振频率上。

④失谐现象。由于动力耦合过程的非线性的影响，最大稳态振幅并不发生在 $f_s$ 与 $f_n$ 相等处，而发生在频率锁定段的中部。

为进行上述漩涡泻放中的流 - 固耦合的理论分析，最理想的方法是通过对流场的分析，求出作用在柱体表面的流体力，并进而解析求得在漩涡引起的振动过程中包括耦合振动过程中结构的位移过程及相应的力函数。但目前这一问题尚未得到严格的数学解。

悬跨管道的漩涡发放受 Strouhal 数、管外径和流速控制。在一定流速下，当发放频率达到悬跨的一个固有频率时，悬跨开始振动，同时沿着悬跨的泻涡对跨的振动响应产生校正，直到涡泻频率和涡激振动（VIV）达到锁定或者同步（lock_in）状态。在实际海洋环境中长期工作的悬跨管道可能遭遇来自不同方向和大小的海流作用，海流的速度变化将导致悬跨管道 VIV 响应频率和振型变化，从而直接影响到悬跨 VIV 疲劳寿命。根据涡激振动理论，常见的 VIV 抑制装置分为主动控制和被动控制两种类型。

主动控制是近年来才发展起来的一类措施，通过对流场和结构受力的实时监测，利用计算机自动控制技术，将外部扰动引入流场从而控制漩涡脱落。如声激励系统、抽吸与喷吹、圆柱体的旋转振动等。被动控制则是通过直接修改结构的外部形状或是将其他装置附加到结构上以改变绕流流场，从而达到控制漩涡形成与脱落的目的。根据对漩涡脱落机制影响方式的不同，Zdravkovich（1981）将被动控制方法划分为如下三类：

①表面突起，这将对分离线或者分离剪切层产生影响，如螺旋侧板、鳍状突起、线型突起、双头螺柱、球形突起等。

②裹覆物，影响卷吸层，将流破碎成一些细小的漩涡，如穿孔、金属丝网轴向棒条和轴向板条等。

③近尾流区稳定器，防止卷吸层的相互作用，如整流罩、分隔板、导流片等。

工程上常用的为第二种方法，即在管道的外部加装涡激振动抑制装置，采用不同形式的、设在结构表面以及尾流范围内的扰流装置，以改变分离点的位置，破坏漩涡形成所必需的长度、位置及其相互作用，从而防止漩涡的形成和泻放，抑制立管结构振动。图 5.3 所示为工程上所应用的典型涡激振动抑制装置。

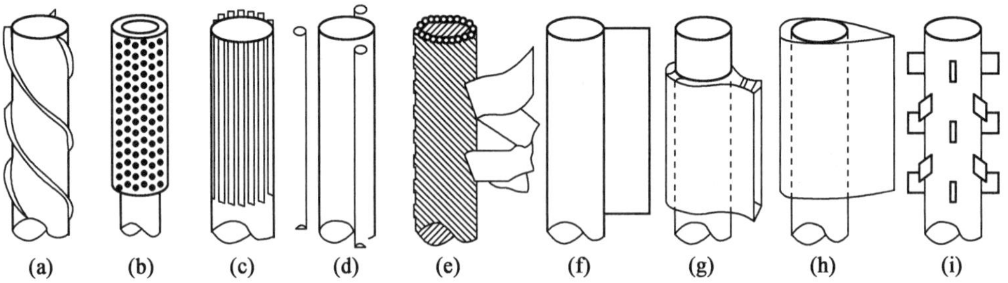


**图 5.3　几种常见的涡激振动抑制装置**

(a)螺旋条纹；(b)开孔管套；(c)轴向板条；(d)控制杆；(e)飘带；(f)分隔板；(g)导向翼；(h)整流罩；(i)短绕流板

这些措施中，螺旋列板、线条和全面裹覆是全向性措施，即它们对于各种来流方向都是有效的，而翼片、部分裹覆和近尾流稳定器是单向性措施，它们仅对某个来流方向有效。为了解决方向敏感性问题，人们将某些单向性措施安装在滚动轴承上，使其能够按照流场情况自动调整方向，从而成为全向性措施，比如导向翼和整流罩。

抑振装置的使用可以对立管的涡激振动进行有效控制，进而延长立管的使用寿命。随着人们对海洋立管涡激振动的深入了解，许多专家学者在抑振措施方面的研究也得到了很大发展，许多用于海洋工程方面的立管抑振装置也相继产生，部分成果也已在工程实际中得到了应用。下面从抑制机理角度分三部分简要回顾常见涡激振动抑制措施的研究进展。

(1)控制分离线和分离剪切层

当流体经过非流线型物体时，一般会出现下列现象：边界层在某个位置开始脱离物面，并在物面附近出现与主流方向相反的回流，这被称为边界层分离现象。边界层脱离位置称为分离点，从分离点开始分隔主流与回流的界限称为分离线。早期的学者认为涡脱落的原因主要是大范围的边界层分离，因此致力于改变分离线，控制边界层的分离。Naumann 等在圆柱体上以两种角度交替地安装短钢丝，以改变来流在圆柱表面的分离位置，并发现这种锯齿波状线条能够抑制涡脱落。Tanner、Rodriguez、Petrusma 等通过引入分段后缘来研究钝后缘机翼的减阻问题，发现该措施能使拖曳力减少到 64%。Owen 等研究了波纹形状表面对钝体流场分离线的扰动作用，以及对拖曳力和涡脱落特性(包括尾流的位错现象)的影响。发现在所有情况下波纹形状都能够减少拖曳力，当波纹形状的波陡大于某一临界值，则能够抑制涡脱落。Owen 等进一步提出了一种螺旋形排列的球状突起抑制措施，实验表明这种措施没有方向敏感性。刘晓春等提出了一种月牙肋形式的抑振装置，通过开展物理模型实验研究了该装置在不同布置形式下对柔性圆柱体涡激振动的抑制作用。

(2)影响卷吸层

卷吸层存在于圆柱绕流形成的分离剪切层中,为除有旋流体之外的漩涡成长提供必要的无旋流体;汇流点标示圆柱体两侧的卷吸层相遇和互相作用的区域。漩涡是由流动收卷过程形成的,人们认为通过干涉卷吸层,可能会抑制涡脱落,因此提出了一些影响卷吸层的抑制措施,如开孔或网格管套、控制杆、轴向板条等。

开孔管套是一个相对较薄的开孔金属圆管,用支撑杆固定在主管上。通常,其外径约为1.25$D$($D$为主管直径,下同),开孔区域占表面积的30%~40%,沿管长的覆盖范围可以取45%~55%。Allen等提出了一种新型多孔局部管套发明专利,仅在圆管局部裹覆,从而方便水下安装并且对涡激振动具有较好的抑制效果。轴向板条是开孔管套的改进形式,它的外径通常约为1.3$D$,开敞部分约占40%。Wong等开展实验对比了开孔管套、螺旋列板和轴向板条三种抑制措施的性能。结果表明,轴向板条对主管涡激振动响应振幅的抑制作用最强,且能够减小主管的拖曳力,但缺点是造价昂贵;开孔管套对振幅的抑制作用最低,但对拖曳力的消减作用最强;螺旋列板则会显著增加主管的拖曳力。Huang开展实验研究了在亚临界雷诺数范围内三重螺旋四槽对于固定圆柱体所受拖曳力以及弹性支撑圆柱体涡激振动的影响,实验结果表明该措施能够有效地抑制约64%的涡激振动横向振幅,而对于固定圆柱体也能够消减拖曳力达25%。

(3)控制尾流

随着研究的进一步深入,人们意识到涡脱落的发生是由汇流点从尾流轴线的一侧向另一侧转换来控制的,于是开始将工作的重点转向尾流区域,以阻止汇流点转换为目标,发展了飘带、分隔板、导向翼、整流罩等近尾流稳定装置。

飘带的优点是造价很低、设计简单、制作容易、安装方便;缺点是具有方向敏感性,并且在实际使用中,可能会卷绕在立管上影响其抑制性能。在单向飘带的基础上,Kwon等提出了三条120°等分布置的多向飘带抑制措施,并通过实验研究了它对圆柱体涡脱落和拖曳特性的影响。流场可视化实验表明这种抑制措施能够有效地抑制尾流场中的涡脱落,并且它可以自动调整形状以适应来流方向,从而消除了方向敏感性。

分隔板是安装在圆柱体后方的一个薄平板,它可以阻断尾流区的汇流点转换,抑制涡脱落或将其推迟至较远的下游区域,以消减圆柱体上的涡激力。和飘带抑制措施类似,分隔板的设计非常简单,成本较低,但具有明显的方向依赖性。

导向翼与整流罩的结构相似,但其尾部是非流线型。它通过调整流线,阻止汇流点转换,将涡脱落延迟至圆柱体下游较远区域,以减小圆柱体上的涡激力,有研究表明它能够在一定的雷诺数范围内完全抑制涡激振动响应。

短扰流板是一组沿柱面圆周交错排列的矩形翅片,它是一种全向性措施。位于来流场和分离点附近的扰流板能够扰动分离剪切层,而尾流场中的扰流板能够阻止汇流点转换,扰流板交错排列的目的是干扰涡脱落的展向相关性。Stansby等的研究工作表明短扰流板能够破坏漩涡的生成和脱落,减少约70%的涡激谐振响应,从而有效地抑制结构振动。除此之外,还有一些尾流稳定装置,如底排和狭缝,也被证明能够消减漩涡脱落,起到抑制涡激振动的作用。

## 5.2 基于能量平衡的简易频域预报方法

不管是刚性柱自激振动实验还是实际海底管道的受海流的涡激振动,系统本身是能量守恒的。如何基于能量平衡原理,利用水动力系数经验模型构建平衡系统方程,最终预报VIV响应幅值,是该节需要解决的问题。

当前,更多的细长海洋弹性构件的涡激振动预报模型为频域模型。流体力模型一般采用简单的刚性圆柱体的实验数据附以一定的经验假设建立。代表性的涡激振动预报软件,如SHEAR7、VIVA、VIVANA等,它们的流体力模型来源于受迫振荡实验数据,如VIVANA中将Gopalkrishnan(1993)的实验数据整合成不同振动频率下水动力系数关于振幅的曲线。由于海底悬跨管道一般受均匀流作用,且跨肩入土段不受流体作用,可利用现有的实验数据,发展一种更简易的预报程序。

### 5.2.1 水动力系数经验模型

当前海洋细长弹性结构的涡激振动预报工具的流体力模型大都来源于受迫振荡实验数据。采用什么样的实验,怎样利用实验数据,一直是涡激振动研究的重要问题。下面就详细介绍频域中水动力系数经验模型的基本原理(Gopalkrishnan,1993)。

1. 水动力线性分解及其表达

以频率 $\omega_{osc}$ 正弦振动的刚性柱运动方程为 $y(t)=y_o\sin(\omega_{osc}t)$,用 $L(t)$ 表示由于涡泻产生的升力,假定泻涡被锁定在柱体的振动频率上,则柱体所受线性化升力又可以表示为

$$L(t)=L_o\sin(\omega_{osc}t+\varphi)=L_o\cos\varphi\sin(\omega_{osc}t)+L_o\sin\varphi\cos(\omega_{osc}t) \tag{5-4}$$

式中 $L_o$——升力振动幅值;

$\varphi$——升力与位移的相位角。

将升力分解成两部分:与速度同相位部分+与加速度同相位部分,即

$$L(t)=\frac{1}{2}\rho DU^2C_{LV}\cos(\omega_{osc}t)+\frac{1}{2}\rho DU^2C_{LA}[-\sin(\omega_{osc}t)] \tag{5-5}$$

比较方程(5-4)和方程(5-5)中 $\cos(\omega_{osc}t)$、$\sin(\omega_{osc}t)$ 前的系数,可得到与速度同相升力系数分量 $C_{LV}=C_L\sin\varphi$,而与加速度同相升力系数分量 $C_{LA}=C_L(-\cos\varphi)$,式中升力系数 $C_L=\dfrac{L_o}{\left(\frac{1}{2}\rho DU^2\right)}$。系数 $C_{LV}$ 和 $C_{LA}$ 在不同类型实验中表达方式不一样,下面详细介绍它们在自激和受迫实验中的表达形式。

首先,对于受迫振动实验数据,如果测得的升力时间历程为 $L(t)$,按照Fourier级数理论表示为

$$\begin{cases} L(t) = a_0 + \sum_{n=1}^{\infty} a_n \cos(\omega_{\mathrm{osc}} t) + \sum_{n=1}^{\infty} b_n \sin(\omega_{\mathrm{osc}} t) \\ a_0 = \frac{1}{T}\int_0^T L(t)\,\mathrm{d}t \\ a_n = \frac{2}{T}\int_0^T L(t)\cos(n\omega_{\mathrm{osc}} t)\,\mathrm{d}t \\ b_n = \frac{2}{T}\int_0^T L(t)\sin(n\omega_{\mathrm{osc}} t)\,\mathrm{d}t \end{cases} \tag{5-6}$$

若取 Fourier 级数的一阶形式，即式(5-6)中 $n=1$，再与式(5-2)的分解形式对比，可以得到：

$$a_1 = \frac{2}{T}\int_0^T L(t)\cos(\omega_{\mathrm{osc}} t)\,\mathrm{d}t = L_{\mathrm{o}}\sin\varphi \tag{5-7a}$$

$$b_1 = \frac{2}{T}\int_0^T L(t)\sin(\omega_{\mathrm{osc}} t)\,\mathrm{d}t = L_{\mathrm{o}}\cos\varphi \tag{5-7b}$$

这里周期 $T=\frac{1}{f_{\mathrm{osc}}}$。因此，由三角关系可以得到

$$L_{\mathrm{o}} = \sqrt{(L_{\mathrm{o}}\cos\varphi)^2 + (L_{\mathrm{o}}\sin\varphi)^2} = \sqrt{a_1^2 + b_1^2} \tag{5-8}$$

$$\varphi = \arctan\left(\frac{a_1}{b_1}\right) \tag{5-9}$$

整理得到：

$$C_{\mathrm{LV}} = \frac{a_1}{\frac{1}{2}\rho U^2 D} = \frac{4}{\rho U^2 DT}\int_0^T L(t)\cos(\omega_{\mathrm{osc}} t)\,\mathrm{d}t \tag{5-10}$$

$$C_{\mathrm{LA}} = -\frac{b_1}{\frac{1}{2}\rho U^2 D} = -\frac{4}{\rho U^2 DT}\int_0^T L(t)\sin(\omega_{\mathrm{osc}} t)\,\mathrm{d}t \tag{5-11}$$

对于自激振动实验的流体力的表达形式，可以直接通过振动控制方程求解得到。对于自激实验中的单自由度振动方程为

$$\frac{\mathrm{d}^2 y}{\mathrm{d}t^2} + 2\omega_{\mathrm{n}}\zeta\frac{\mathrm{d}y}{\mathrm{d}t} + \omega_{\mathrm{n}}^2 y = \frac{L(t)}{m_{\mathrm{s}}} \tag{5-12}$$

式中 $\omega_{\mathrm{n}} = \sqrt{\frac{k}{m_{\mathrm{s}}}} = 2\pi f_{\mathrm{n}}$，$\zeta = \frac{c}{2m_{\mathrm{s}}\omega_{\mathrm{n}}}$。

同样，当自激振动处于锁定稳态响应状态，有

$$\begin{cases} y(t) = y_{\mathrm{o}}\sin(2\pi f_{\mathrm{v}} t) \\ L(t) = \frac{1}{2}\rho DU^2 C_{\mathrm{LV}}\cos(2\pi f_{\mathrm{v}} t) + \frac{1}{2}\rho DU^2 C_{\mathrm{LA}}[-\sin(2\pi f_{\mathrm{v}} t)] \end{cases} \tag{5-13}$$

这里泻涡锁定频率 $f_{\mathrm{v}} = f_{\mathrm{osc}}$。将式(5-13)代入式(5-12)，分解整理，且令三角函数前系数为0，得到：

$$C_{\mathrm{LV}} = 4\pi^3 m^* \zeta A^* \left(\frac{f_{\mathrm{v}}}{f_{\mathrm{n}}}\right)\left(\frac{f_{\mathrm{n}} D}{U}\right)^2 \tag{5-14}$$

$$C_{LA}=2\left[\left(\frac{f_v}{f_n}\right)^2-1\right]\pi^3 m^* A^*\left(\frac{f_n D}{U}\right)^2 \tag{5-15}$$

$$\varphi=\arctan\left(\frac{-C_{LV}}{C_{LA}}\right) \tag{5-16}$$

这里，$A^*=\frac{y_o}{D}$，$m^*=\frac{4m_s}{\pi\rho D^2}$。

2. 系数 $C_{LV}$ 与能量转换

如圆柱运动 $y(t)=y_o\sin(\omega_{osc}t)$ 且总升力为 $L=L_o\sin(\omega_{osc}t+\varphi)$，则升力做的功为

$$\begin{aligned}P(t)&=L_o\sin(\omega_{osc}t+\varphi)\cdot\frac{\mathrm{d}}{\mathrm{d}t}[y_o\sin(\omega_{osc}t)]\\&=\omega_{osc}y_oL_o\sin\varphi\cos^2(\omega_{osc}t)+\omega_o y_o L_o\cos\varphi\sin(\omega_{osc}t)\cos(\omega_{osc}t)\end{aligned} \tag{5-17}$$

$P$ 的平均值为

$$\begin{aligned}\langle P\rangle&=\omega_{osc}y_oL_o\frac{1}{nT}\int_0^{nT}[\sin\varphi\cos^2(\omega_{osc}t)+\cos\varphi\sin(\omega_{osc}t)\cos(\omega_{osc}t)]\mathrm{d}t\\&=\frac{1}{2}\omega_{osc}y_oL_o\sin\varphi\\&=\frac{1}{2}\omega_{osc}y_o\left(\frac{1}{2}\rho DU^2C_{LV}\right)\end{aligned} \tag{5-18}$$

这里响应周期 $T=\frac{2\pi}{\omega_o}$，$n$ 为积分周期数。

式(5-18)表明 $C_{LV}$ 决定了系统的能量积累与耗散。当 $C_{LV}>0$，则 $\langle P\rangle>0$，流体力表现为激励力，流体对运动柱体输送能量，即圆柱从流体吸取能量；当 $C_{LV}<0$，则 $\langle P\rangle<0$，流体力表现为阻尼力，流体耗散运动柱体对其输入的能量；而 $C_{LV}=0$ 则代表系统处于能量平衡状态。

图 5.4 所示为 Gopalkrishnan (1993) 在 MIT 的拖曳水池所做的系列实验 $C_{LV}$ 系数数据。图中横坐标 $\hat{f}_o=\frac{2\pi U}{\omega_{osc}D}$。粗实线为 $C_{LV}=0$ 的等高线，而粗实线包络的为 $C_{LV}>0$ 的激励区域，激励区基本出现在小振幅范围内，而大振幅情况下拖曳力分量系数基本都是负值，表现为阻尼形式。

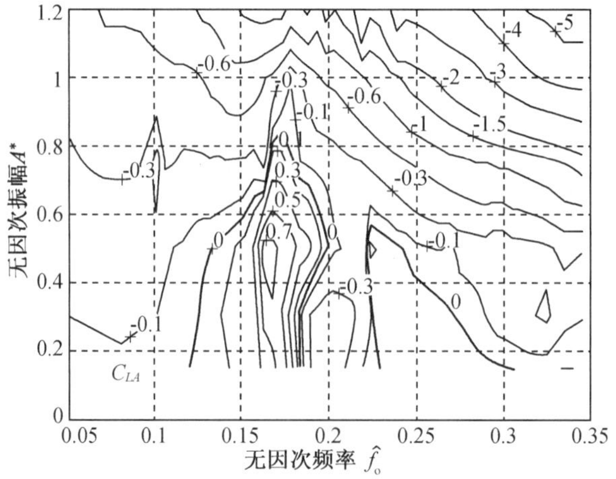


**图 5.4　速度同相升力系数云图**

3. 系数 $C_{LA}$ 与附加质量

附加质量是一个最熟悉、最不好理解和最容易迷惑的流体动力学特性。它存在于所有的关于钝体的流。然而，它和所有的质量一样，只有它加速的时候才能显示它的存在。它表示的是与加速度同相位的流体力等效影响。

相应的，圆柱加速度为 $\ddot{y}(t) = -y_o\omega_{osc}^2\sin(\omega_{osc}t)$，根据牛顿定律，升力的惯性力分量等于附加质量 $m_{AO}$ 乘以加速度，即

$$\frac{1}{2}\rho DU^2 C_{LA}\sin(\omega_{osc}t) = m_{AO}\cdot[-y_o\omega_{osc}^2\sin(\omega_{osc}t)] \tag{5-19}$$

即

$$m_{AO} = \frac{\frac{1}{2}\rho DU^2 C_{LA}}{-y_o\omega_{osc}^2} \tag{5-20}$$

则，附加质量系数为

$$C_{AO} = \frac{m_{AO}}{\rho(0.25\pi D^2)} = -\frac{2U^2}{\pi D y_o\omega_{osc}^2}C_{LA} = -\frac{1}{2\pi^3}\frac{C_{LA}}{\left(\frac{y_o}{d}\right)\hat{f}_o^2} \tag{5-21}$$

写成无因次形式为 $C_{AO} = -\frac{1}{2\pi^3}\frac{C_{LA}}{A^*\hat{f}_o^2}$，其中 $A^* = \frac{y_o}{D}$，$\hat{f}_o = \frac{2\pi U}{\omega_{osc}D}$。

图 5.5 和图 5.6 所示为 Gopalkrishnan（1993）在系列实验惯性力分量系数和附加质量系数云图。

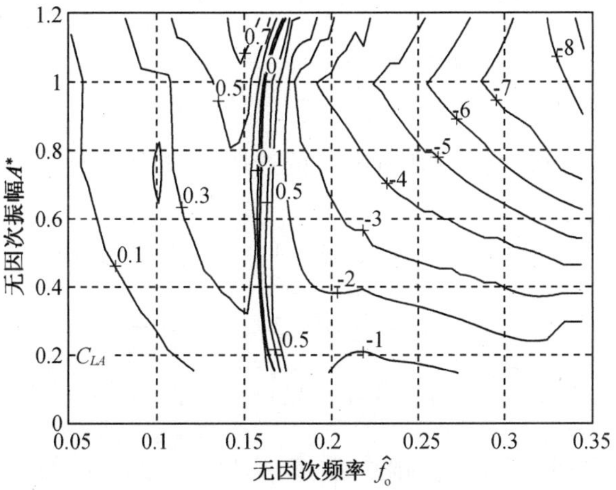


图 5.5　与加速度同相升力系数云图

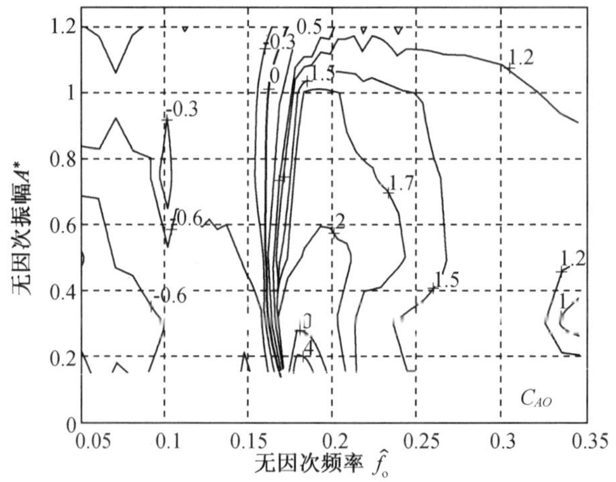


图 5.6　附件质量系数云图

### 5.2.2　响应频率预报

根据 5.2.1 节介绍的升力分解模型，锁定稳态振动刚性柱的控制方程可写成：

$$\left(m_s+\frac{\pi}{4}\rho D^2 C_{AO}\right)\ddot{y}+c\,\dot{y}+ky=\frac{1}{2}\rho D U^2 C_{LV}\cos(\omega_{osc}t) \tag{5-22}$$

代入 $y(t)=y_o\sin(\omega_{osc}t)$ 并整理，令 $\sin(\omega_{osc}t)$ 前系数为零得到

$$\omega_{osc}=\sqrt{\frac{k}{m_s+\frac{\pi}{4}\rho D^2 C_{AO}}} \tag{5-23}$$

可见，响应频率的预报关键在于附加质量的选取，一旦附加质量确定了，响应频率预报就转换成特征值求解问题。

根据公式(5-23)，静水中刚性柱的频率 $f_n$ 与振动刚性柱响应频率 $f_v$ 有以下关系：

$$f_v=f_n\sqrt{\frac{m_s+\frac{\pi}{4}\rho D^2 C_A}{m_s+\frac{\pi}{4}\rho D^2 C_{AO}}}=f_n\sqrt{\frac{m^*+1.0}{m^*+\frac{C_{AO}}{C_A}}} \tag{5-24}$$

$m_A$、$m_{AO}$表示静水和横向振动时的附加质量，$C_A$、$C_{AO}$为其相应的系数，且一般 $C_A=1.0$。可见，振动响应频率由附加质量系数 $C_{AO}$决定，然而 $C_{AO}$又是幅值和振频的函数。因此，需要一个迭代程序求解来确定振动频率。

现有的弹性柱涡激振动预报程序对振动频率的预报都采用了不同程度的简化处理，如图 5.7(a)所示为 VIVANA 程序中采用的附加质量系数经验模型，它忽略振幅的影响，仅仅采用了 Gopalkrishnan (1993)中 $y_o=0.5D$ 时的实验数据代替所有振幅下附加质量系数模型。而本文计算用到的附加质量系数经验模型来自 DNV-RP105 规范中，它仅是折合速度$\left(V_R=\dfrac{U}{f_nD}\right)$的函数，如图 5.7(b)所示。

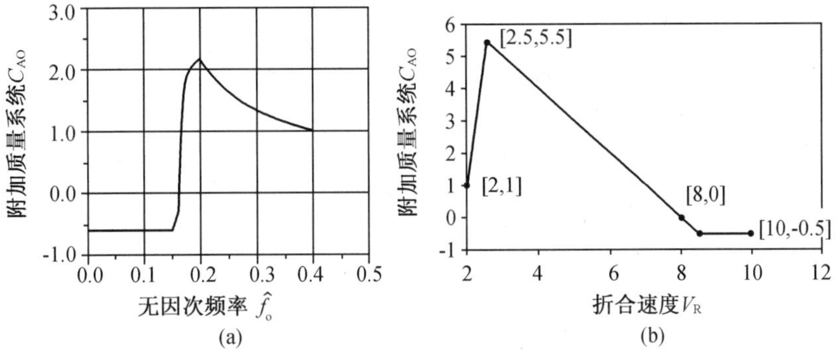


**图 5.7 附加质量经验模型**

(a) VIVANA 软件采用;(b) DNV – RP105 采用

对于以无因次频率为变量的 $C_{AO}$ 模型,需要迭代使得振动频率与 $C_{AO}$ 达到收敛。而当变量为折合速度 $U_R$ 时,在求得静水中固有频率后,根据流速和管外径得到折合频率 $U_R$,直接可从图 5.7 中得到 $C_{AO}$,即得到 VIV 响应附加质量。

式(5 – 24)即为刚性柱 VIV 响应频率的预报公式,对于弹性柱结构而言,在简单支撑边界条件下,由于其固有频率仍然与质量的开方成反比,因此公式(5 – 24)仍然成立。

对于质量非均匀分布管道情况,可采用等效简化处理,即将实际结构转化为质量均匀分布的等效柱体,且等效柱具有与实际结构相同的受流体作用的面积、模态和频率。使等效柱体的总动能与实际结构的总动能相等,可以得到单位长度上的有效平均质量为$\overline{m}$表达形式:

$$\overline{m} = \frac{\int_L m_s(z)\varphi^2(z)\,dz}{\int_L \varphi^2(z)\,dz} \tag{5-25}$$

最后利用式(5 – 24)得到悬跨涡激振动响应频率,即

$$\omega_{osc} = \omega_n \sqrt{\frac{\overline{m}^* + 1.0}{\overline{m}^* + C_{AO}(V_R)}} \tag{5-26}$$

式中$\overline{m}^* = \dfrac{4\overline{m}}{\pi\rho D^2}$。

一般对于复杂的结构以及边界条件,可以采用有限元法计算出 VIV 响应频率。有限元离散形式的特征值问题的求解方程为

$$\boldsymbol{K\varphi} = \omega_n^2 \boldsymbol{M\varphi} \tag{5-27}$$

式中 $\boldsymbol{M}$、$\boldsymbol{K}$——结构质量和刚度矩阵;

$\omega$、$\boldsymbol{\varphi}$——频率和模态(振型),是结构的固有特性。

有限元法经过几十年的发展,无论在理论上还是在算法上都日臻成熟。求解特征问题实用解法包括:子空间迭代法、截断 Lanczos 法及其改进方法、分模态综合法等。

值得注意的是,在计算涡激振动响应频率时,式(5 – 27)中质量矩阵 $\boldsymbol{M}$ 质量形式应该包含附加水质量,即

$$m_e = m_s(z) + \frac{\pi}{4}\rho D^2 C_{AO}(z) \tag{5-28}$$

### 5.2.3 单跨管道的模态扩展简化预报

对于单跨管道在均匀流下产生的单模态涡激振动，在简单边界条件（如固定或简支）下模型实验观察到同刚性柱相似的响应趋势。

Skop R. A. 等基于尾流振子模型的基础上，利用 2 维自激实验振幅数据进行模态扩展得到弹性柱的 VIV 响应位移。弹性柱振动位移为

$$y_n(z) = DA^* \gamma_n \varphi_n(z) \tag{5-29}$$

式中 $\gamma_n$——模态因子，$\gamma_n = \left( \dfrac{\int_L \varphi_n^2(z)\,\mathrm{d}z}{\int_L \varphi_n^4(z)\,\mathrm{d}z} \right)^{1/2}$；

$A^*$——相同截面属性的刚性柱的无因次最大振幅。

因此，弹性柱的 VIV 问题就简化成了求解二维 VIV 的响应幅值问题。

下面我们就详细介绍利用受迫振动实验经验水动力系数，如何快捷地预报 2 维响应幅值 $A^*$。

在锁定状态下，升力对圆柱的输入能量与结构阻尼的耗散能量将达到平衡，即

$$\int_0^T (c \cdot \dot{y}) \cdot (\dot{y})\,\mathrm{d}t = \int_0^T \left( \frac{1}{2}\rho D U^2 C_{LV} \cos(\omega_{osc} t) \right) \cdot (\dot{y})\,\mathrm{d}t \tag{5-30}$$

代入 $\dot{y} = y_o \omega_{osc} \cos(\omega_{osc} t)$，且注意到 $\int_0^T (\cos(\omega_{osc} t))^2 \mathrm{d}t = 0.5$，整理得到

$$A^* = \frac{y_o}{D} = \frac{C_{LV}}{4\pi^3 (m^* + 1.0)\zeta} \left( \frac{V_R}{f^*} \right)^2 f^* \tag{5-31}$$

式中，$f^* = \dfrac{f_v}{f_n} = \dfrac{\omega_{osc}}{\omega_n} = \sqrt{\dfrac{m^* + 1.0}{m^* + C_{AO}}}$。

定义参数 $S_G = 2\pi^3 (m^* + 1.0)\zeta \dfrac{f^*}{(V_R)^2}$，则式（5－31）可写成：

$$A^* = \frac{C_{LV}}{2S_G} \text{或者 } C_{LV} = 2A^* S_G \tag{5-32}$$

式（5－32）即为稳定锁定状态下，涡激振动的能量守恒条件。

联合系数 $C_{LV}$ 和 $C_{AO}$ 的经验模型，利用公式（5－31）能够方便地求得稳定锁定状态下柱的响应幅值。如图 5.8 所示，采用拟合的双抛物线升力经验模型，显然抛物线和直线的交点即为振动幅值。特别地，当考虑无阻尼振动时，仅当拖曳力分量 $C_{LV}$ 等于零时才能达到平衡条件，即图 5.8 中 $C_{LV}=0$ 时的位移与无因次频率 $\hat{f}_o$ 关系反映了理想锁定条件下能量平衡（图 5.8 中粗实线）。

自激实验中响应振幅经常采用静水固有频率的折合速度函数形式。根据式（5－24）折合速度 $V_R$ 与 $\hat{f}_o$ 有如下关系：

$$V_R = \frac{U}{f_n D} = \frac{U}{f_{osc} D} \sqrt{\frac{m^* + 1.0}{m^* + C_{AO}}} = \hat{f}_o \sqrt{\frac{m^* + 1.0}{m^* + C_{AO}}} \tag{5-33}$$

或者写成

$$\hat{f}_o = \frac{1}{V_R}\sqrt{\frac{m^* + 1.0}{m^* + C_{AO}}} \tag{5-34}$$

图5.9为根据图5.5和图5.6中相应 $C_{LV}=0$ 时附加质量系数 $C_{AO}$ 计算的不同质量比下折合速度-幅值比的响应关系。由图可见,锁定频率范围由质量比大小决定,质量比越小锁定范围越宽。

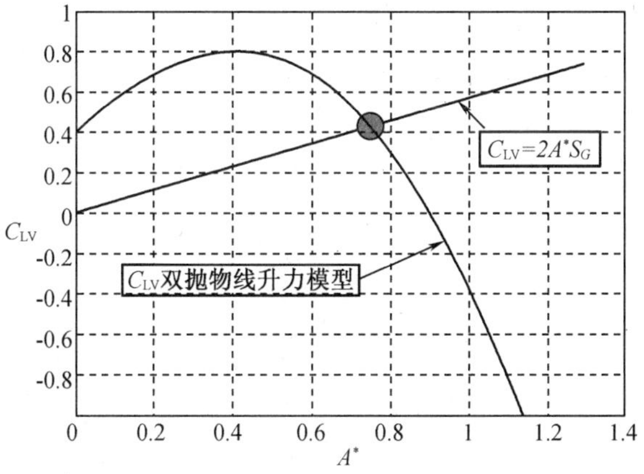


**图5.8　图解法求解单自由度VIV响应峰值**

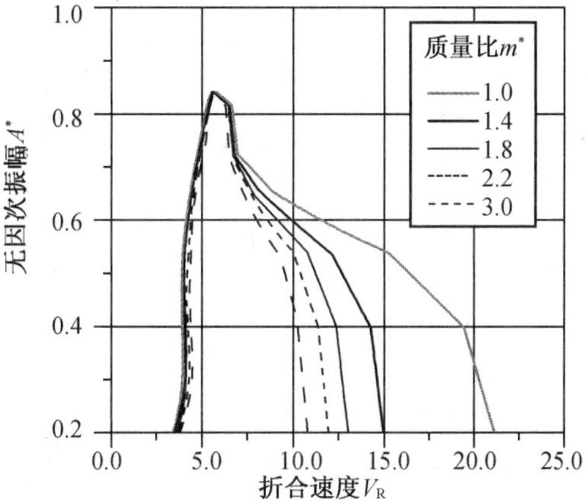


**图5.9　不同质量比的振幅与折合速度关系**

### 5.2.4　多跨管道的频域迭代预报

对于如图5.10所示考虑跨肩管土耦合边界条件的悬跨管道,假设涡激振动水动力作用范围仅限于悬空段,且忽略水动力阻尼作用,而跨肩入土段管道只作用静水附加质量。海床土壤对管道的作用等效成弹簧支撑及结构模态阻尼的贡献。根据升力分解模型,悬跨管道振动控制方程如下:

悬空部分:

$$(m_s + m_{AO})\frac{\partial^2 y}{\partial t^2} + C\frac{\partial y}{\partial t} - T\frac{\partial^2 y}{\partial z^2} + EI\frac{\partial^4 y}{\partial z^4} = f_{LV} \tag{5-35}$$

跨肩部分:

$$(m_s+m_A)\frac{\partial^2 y}{\partial t^2}+C\frac{\partial y}{\partial t}-T\frac{\partial^2 y}{\partial z^2}+EI\frac{\partial^4 y}{\partial z^4}+ky=0 \qquad (5-36)$$

其中，$m_{AO}=\frac{\pi}{4}\rho D^2 C_{AO}(V_R)$，$m_A=\frac{\pi}{4}\rho D^2$，$f_{LV}=\frac{1}{2}\rho U^2 DC_{LV}(\omega_{osc},A^*)\cos(\omega_{osc}t)$

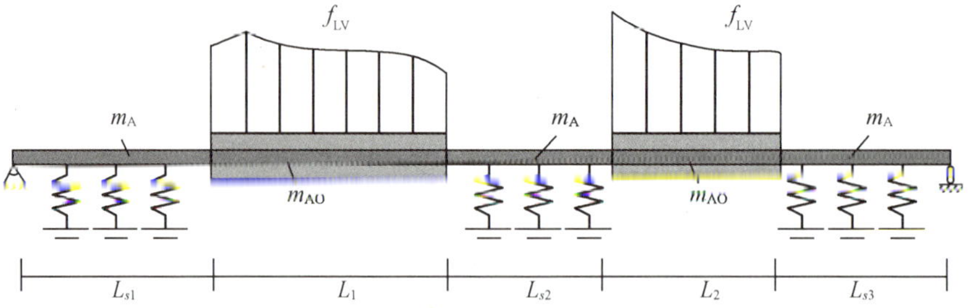


**图 5.10　多跨管道计算模型**

对于多跨管道涡激振动幅值预报，一般假设跨肩部分不受 VIV 流体力作用；而且由于多跨管道和较长的单跨管道的相邻模态的固有频率临近的特点，VIV 响应容易出现多模态的“竞争”响应，“竞争”的结果将导致振幅较单频响应时大为降低。因此，多跨管道的 VIV 与 2 维实验现象产生很大差异，2 维刚性柱模态扩展方法已不能很好地反映实际。从能量角度看，海底管道悬空部分受到激励力的作用，注入能量以维持整个系统的稳态振动；整个管道系统能量的耗散包括结构阻尼耗散和土壤阻尼耗散。下面从悬跨结构系统总体能量平衡角度出发，推导适用于一般形式的悬跨幅值预报方法。

考虑单模态稳态简谐振动响应。记 $r$ 阶振型向量为 $\varphi_r$，$A_r$ 为振动最大幅值，则位移可表示成 $y(z,t)=\varphi_r\xi_r(t)$，其中，广义位移 $\xi_r(t)=A_r\sin(\omega_{osc}t)$。由于附加质量在入土段和悬空段的不同，这里取模态平均值，即

$$\overline{M}_e=\frac{\int_{L+L_s} m_e(z)\varphi^2(z)\mathrm{d}z}{\int_L \varphi^2(z)\mathrm{d}z}=\frac{\left[\int_{L_s}(m+m_A)\cdot\varphi^2(z)\mathrm{d}z+\int_L(m+m_{AO})\cdot\varphi^2(z)\mathrm{d}z\right]}{\int_L\varphi^2(z)\mathrm{d}z} \qquad (5-37)$$

根据标准模态分析技术，广义位移 $\xi_r(t)$ 形式的统一动力平衡方程为

$$\widetilde{M}_r\ddot{\xi}_r(t)+\widetilde{C}_r\dot{\xi}_r(t)+\widetilde{K}_r\xi_r(t)=\widetilde{R}_r(t) \qquad (5-38)$$

式中　$\widetilde{M}_r$——$r$ 阶模态质量，$\widetilde{M}_r=\int_{L+L_s}\varphi_r^2\overline{M}_e\mathrm{d}z$；

$\widetilde{C}_r$——$r$ 阶模态阻尼，$\widetilde{C}_r=\int_{L+L_s}\varphi_r^2 C\mathrm{d}z$，$C=2\overline{M}_e(\zeta_s+\zeta_{psi})\omega_{osc}$，此处不考虑水动力阻尼作用；

$\zeta_s$、$\zeta_{psi}$——表示结构和管土耦合的模态阻尼比；

$\widetilde{K}_r$——$r$ 阶模态刚度，$\widetilde{K}_r=\widetilde{M}\omega_{osc}^2$；

$\widetilde{R}_r$——$r$ 阶广义模态升力，$\widetilde{R}_r(t)=\int_{L+L_s}F(z)\varphi_r\mathrm{d}z$；

$F(z)$——涡泻升力，$F(z)=\begin{cases}0.5\rho U^2 DC_{LV}(z)\cos(\omega_{osc}t), & \text{悬空部分}\\ 0, & \text{跨肩部分}\end{cases}$；

$\int_{L+L_s}(\,)\mathrm{d}z$ ——对悬空段和跨肩段整个系统积分；

$\int_{L}(\,)\mathrm{d}z$ ——对悬空段积分。

因此，模态升力一个周期 $T$ 内的时间平均输入功率为

$$
\begin{aligned}
P_{\text{in}} &= <\widetilde{R}_r(t)\dot{\xi}_r(t)> \\
&= \frac{1}{T}\int_0^T\left(\int_L \frac{1}{2}\rho U^2 D C_{\text{LV}}(z)\cos(\omega_{\text{osc}}t)\,|\varphi_r|\,\mathrm{d}z\right)\dot{\xi}_r(t)\,\mathrm{d}t \\
&= \frac{1}{4}\rho U^2 D A_r \omega_{\text{osc}}\int_L C_{\text{LV}}\,|\varphi_r|\,\mathrm{d}z
\end{aligned}
$$

而，模态阻尼力一个周期 $T$ 内的时间平均耗散能量为

$$
\begin{aligned}
P_{\text{out}} &= <[\widetilde{C}_r(t)\cdot\dot{\xi}_r(t)]\cdot\dot{\xi}_r(t)> \\
&= \frac{1}{T}\int_0^T\left[\int_{L+Ls} C\varphi_r^2\mathrm{d}z)\right][\dot{\xi}_r(t)]^2\mathrm{d}t = \frac{1}{2}A_r^2\omega_{\text{osc}}^2 C\int_{L+L_s}\varphi_r^2\mathrm{d}z \\
&= A_r^2\,\overline{M}_{\text{e}}(\zeta_{\text{s}}+\zeta_{\text{psi}})\omega_{\text{osc}}^3\int_{L+Ls}\varphi_r^2\mathrm{d}z
\end{aligned}
$$

由模态能量平衡 $P_{\text{in}}=P_{\text{out}}$，得到

$$
A_r = \frac{\rho U^2 D}{4\,\overline{M}_{\text{e}}(\zeta_{\text{s}}+\zeta_{\text{psi}})\omega_{\text{osc}}^2}\,\frac{\int_L C_{\text{LV}}(z)\,|\varphi_r|\,\mathrm{d}x}{\int_{L+L_s}\varphi_r^2\mathrm{d}x} \tag{5-39}
$$

由于升力系数是振幅的函数，所以必须进行迭代求解。

对于多模态缩减，学术界至今也没有一个普遍承认的评估方法。在 DNV 规范中规定，所有激励模态中单模态振幅最大的主导模态缩减系数取成 1.0，其他模态取为 0.5。要对深水悬跨管道的疲劳寿命做出准确的预报，首要的问题是建立一个合理、可靠的 VIV 响应预报模型，在此基础上，寻求一个合理且适合工程应用的疲劳损伤计算方法。

以上方法有其局限性，对于理想的自由管跨 VIV 模型，必须能够全面考虑下面因素的影响：

- 正确地给定管道张力、海床耦合接触和三维管道属性，从而正确地模拟静力条件下同向和横向特征频率；
- 正确地描述海流作用下近壁管道的水动力系数（包括附加质量、升力、曳力和阻尼）；正确地描述局部流势，包括临近海床边界层的影响；正确地处理相对管跨任何方向海流情况和波流联合导致的水动力；
- 正确地预报在给定海流条件下同向和横向响应的主导模态；正确地描述同向和横向涡激振动之间的相互影响效应；
- 用非线性刚度和阻尼形式描述管和海床耦合，包括管道同向振动和海床的摩擦；考虑变化张力对刚度的影响，即对特征频率的影响；
- 能分析临近跨，以及相邻跨间的动力耦合。

## 5.3 DNV 规范 VIV 响应模型

从避免涡激振动角度，DNV 1981 海底管道系统规范采用以下计算管道自由悬跨允许的长度：

$$L_{cr}=\sqrt{\frac{B\cdot D\cdot V_R}{U}} \tag{5-40}$$

式中 $L_{cr}$——临界自由悬跨长度；

$U$——流速；

$V_R$——折合流速，$V_R=U_c/(f_nD)$；其中 $f_n$ 为静水固有频率。

系数 $B$ 由边界条件和稳定系数（$K_s=2\cdot M_c\cdot\delta/\rho/D^2$）确定，式中 $\delta$ 为结构阻尼的对数衰减率，$\rho$ 为管道周围水的密度。对于管道悬空段，自由跨度的长度不能超过 $L_{cr}$，否则应采用相应的工程措施。

近年来，DNV－RP105 针对 1981 年规范推荐方法进行了较大的改进，从涡激振动疲劳评估的角度开展校核。本节介绍 DNV－RP105 涡激振动响应模型，此处仅限于海流流速占主导情况，即流速比 $\alpha=\dfrac{U_c}{U_c+U_w}\geqslant 0.8$ 的情况。$U_c$ 为垂直于管道的流速；$U_w$ 为垂直于管道的波浪引起的流速。

DNV－RP105(2006)规范针对悬跨涡激振动，分别针对 VIV 的响应频率和响应幅值两方面提出简化模型。悬跨管道 VIV 响应包括两个方向：横向(cross－flow)VIV 和流向(in－line)VIV 响应。长跨和多跨情况还会激起多模态响应。在预报出悬跨管道的 VIV 响应(包括振动频率和振动幅值)前提下，如何合理确定疲劳损伤评估公式中的应力范围和跨零率很重要，尤其是合理地处理多阶激发模态的 VIV 的共同响应对多跨疲劳损伤的评估至关重要。

响应频率 $f_v$ 简化计算按如下规律评估：

(1)流向 VIV 的响应频率等于静水流向固有频率，即 $f_{v,IL}=f_{n,IL}$；

(2)垂向 VIV 的响应频率 $f_{v,CF}=f_{n,CF}\sqrt{\dfrac{m^*+1.0}{m^*+C_{AO}}}$，$C_{AO}$ 为水动力附加质量系数；垂向 VIV 振动导致的流向运动的响应频率等于 2 倍垂向响应频率，即 $f_{v,IL\_CF}=2f_{v,CF}$。

下面重点介绍悬跨流向和垂向涡激振动响应幅值模型。

### 5.3.1 流向 VIV 响应幅值模型

流向 VIV 的幅值响应模型主要取决于四个因数：折合速度($V_R$)、稳定参数($K_s$)、湍流强度($I_c$)和流向角(海流方向与悬跨轴线方向的夹角，$\theta$)。计算 $A_X^*$ 的公式如下：

$$A_X^* = \begin{cases} \dfrac{A_{X,1}^*}{V_{R,1}^{IL} - V_{R,onset}^{IL}}(V_R - V_{R,onset}^{IL}), V_{R,onset}^{IL} < V_R \leqslant V_{R,1}^{IL} \\ \dfrac{A_{X,2}^* - A_{X,1}^*}{V_{R,2}^{IL} - V_{R,1}^{IL}}(V_R - V_{R,1}^{IL}) + A_{X,1}^*, V_{R,1}^{IL} < V_R \leqslant V_{R,2}^{IL} \\ \dfrac{A_{X,2}^*}{V_{R,2}^{IL} - V_{R,end}^{IL}}(V_R - V_{R,end}^{IL}), V_{R,2}^{IL} < V_R \leqslant V_{R,end}^{IL} \end{cases} \tag{5-41}$$

式中 $V_{R,onset}^{IL} = \begin{cases} 1.0, & K_s < 0.4 \\ 0.6 + K_s, & 0.4 \leqslant K_s < 1.6 \\ 2.2, & K_s \geqslant 1.6 \end{cases}$

$$V_{R,end}^{IL} = \begin{cases} 4.5 - 0.8K_s & K_s < 1.0 \\ 3.7 & K_s \geqslant 1.0 \end{cases}$$

$$A_{X,1}^* = \max\left[0.18\left(1 - \frac{K_s}{1.2}\right)R_{I\theta,1}; A_{X,2}^*\right]$$

$$A_{X,2}^* = 0.13\left(1 - \frac{K_s}{1.8}\right)R_{I\theta,2}$$

$$V_{R,1}^{IL} = 10 \cdot A_{X,1}^* + V_{R,onset}^{IL}$$

$$V_{R,1}^{IL} = V_{R,end}^{IL} - 2 \cdot A_{X,2}^*$$

$$\begin{cases} R_{I\theta,1} = 1.0 - \pi^2\left(\dfrac{\pi}{2} - \sqrt{2}\theta\right)(I_c - 0.03), & 0 \leqslant R_{I\theta,1} \leqslant 1.0 \\ R_{I\theta,2} = 1.0 - \dfrac{(I_c - 0.03)}{0.17}, & 0 \leqslant R_{I\theta,2} \leqslant 1.0 \end{cases}$$

其中 $I_c = \dfrac{\sigma_c}{U_c}$,其中 $\sigma_c$ 为流速的标准差,$U_c$ 为流速的均值。流向响应幅值 $A_X^*$ 与折合速度 $V_R^{IL}$ 的关系如图 5.11 所示。

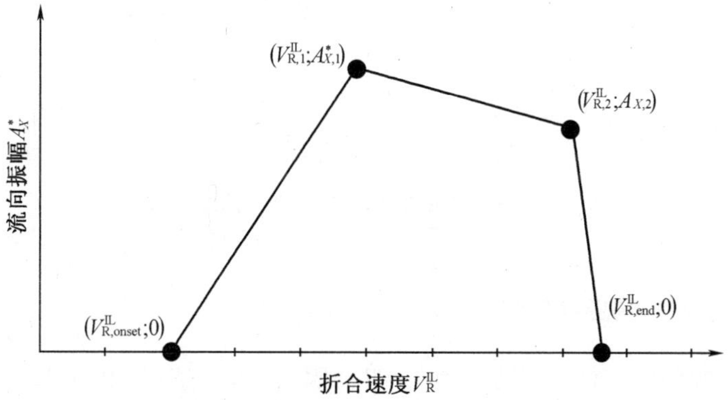


**图 5.11 流向 VIV 响应模型**

代入不同的 $K_s$ 值,且假定 $R_{I\theta,1} = R_{I\theta,2} = 1.0$,响应模型如图 5.12 所示,分析上述经验响应模型,我们可以得到以下结论:稳定参数影响流向 VIV 的锁定范围,以及响应振动幅值大小。当稳定参数很小时,流向 VIV 的锁定范围为[1.0,4.5],而 $K_s > 1.6$ 时,锁定范围为

[2.2,3.7]。而最大响应幅值为0.18,出现在 $K_s=0.0$,响应幅值随着稳定参数增大而减小。

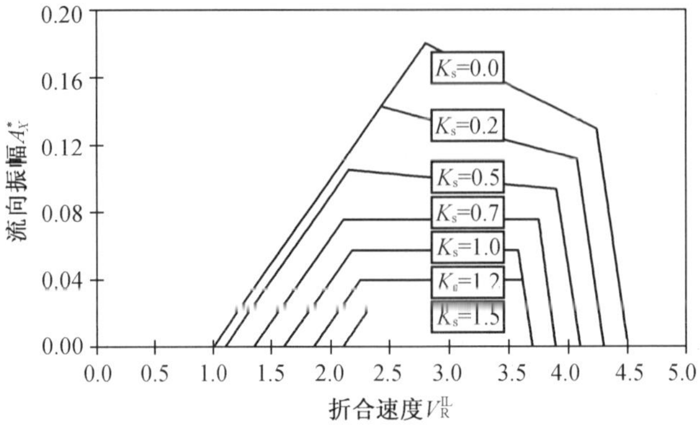


图 5.12　$K_s$ 对响应模型的影响

图 5.13 中所示为 $\theta=0°$、30°、45°、60°时缩减因子 $R_{I\theta}$ 与湍流强度关系。从图中可以得到:

(1)当 $I_c>0.003$ 后,流向角 $\theta$ 和湍流强度对流向 VIV 响应幅值起到缩减作用。

(2)流向角 $\theta$ 仅对缩减因子 $R_{I\theta,1}$ 产生影响。在相同湍流强度条件下,流向角越大,缩减因子 $R_{I\theta,1}$ 越大,即振幅越大。当 $\theta>\frac{\pi}{2\sqrt{2}}=63.64°$ 后,缩减因子 $R_{I\theta,1}=1.0$,即湍流强度和流向角的影响可以忽略;

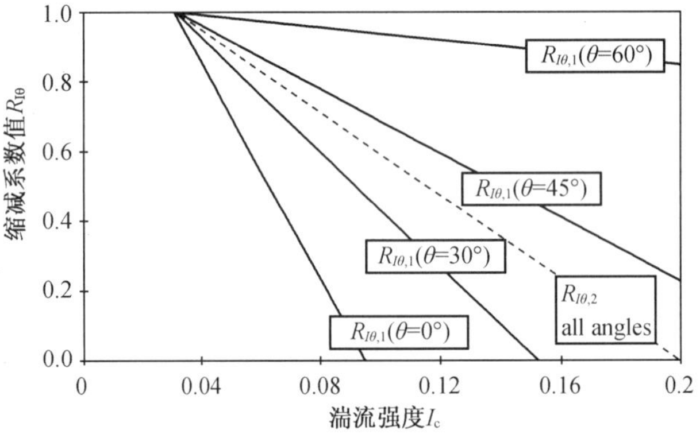


图 5.13　流向角和湍流强度的缩减系数

### 5.3.2　横向 VIV 响应幅值模型

横向 VIV 的幅值响应模型主要取决于四个因数:折合速度($V_R$)、稳定参数($K_s$)、海床间隙比$\left(\frac{e}{D}\right)$和沟渠深度比$\left(\frac{\Delta}{D}\right)$。其中 $e$ 为管道与海底的间隙,$d$ 为壕沟深度,其定义如图 5.14 所示。

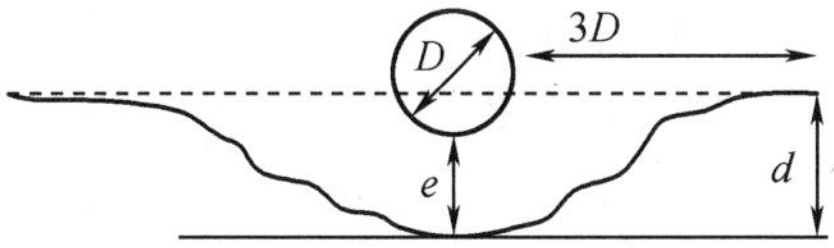


图 5.14 壕沟定义参数示意图

稳定参数对振幅的缩减作用,缩减因子 $R_k$ 定义如下

$$R_k=\begin{cases}1-0.15K_s, & K_s\leqslant 4\\ 3.2K_s^{-1.5}, & K_s>4\end{cases} \tag{5-42}$$

缩减后的 VIV 响应幅值模型计算式如下:

$$A_{Y,R}^*=R_kA_Y^*$$

$$A_Y^*=\begin{cases}0.15\dfrac{V_R^{CF}-2.0}{V_{R,onset}^{CF}-2.0}, & 2.0\leqslant V_R^{CF}<V_{R,onset}^{CF}\\ 0.15+\dfrac{A_{Y,1}^*-0.15}{V_{R,1}^{CF}-V_{R,onset}^{CF}}(V_R^{CF}-V_{R,onset}^{CF}), & V_{R,onset}^{CF}\leqslant V_R^{CF}<V_{R,1}^{CF}\\ A_{Y,1}^*, & V_{R,1}^{CF}\leqslant V_R^{CF}<V_{R,2}^{CF}\\ \dfrac{A_{Y,1}^*(V_R^{CF}-V_{R,end}^{CF})}{V_{R,2}^{CF}-V_{R,end}^{CF}}, & V_{R,2}^{CF}\leqslant V_R^{CF}\leqslant V_{R,end}^{CF}\end{cases} \tag{5-43}$$

式中 $V_{R,onset}^{CF}=3.0\cdot\psi_e\cdot\psi_\Delta$;

$V_{R,1}^{CF}=7.0-\dfrac{7-V_{R,onset}^{CF}}{1.15}\cdot(1.3-A_{Y,1}^*)$;

$V_{R,2}^{CF}=V_{R,end}^{CF}-\dfrac{7}{1.3}A_{Y,1}^*$;

$V_{R,end}^{CF}=16.0$;

$$A_{Y,1}^*=A_{Y,2}^*=\begin{cases}0.9, & \left(\dfrac{f_{n+1}^{CF}}{f_n^{CF}}\right)<1.5\\ 0.9+0.5\cdot\left(\dfrac{f_{n+1,CF}}{f_{n,CF}}-1.5\right), & 1.5\leqslant\left(\dfrac{f_{n+1}^{CF}}{f_n^{CF}}\right)\leqslant 2.3;\\ 1.3, & \left(\dfrac{f_{n+1}^{CF}}{f_n^{CF}}\right)>2.3\end{cases}$$

$\dfrac{f_{n+1}^{CF}}{f_n^{CF}}$——悬跨管道的垂向振动相邻模态的振动频率比;

$$\psi_e=\begin{cases}\dfrac{1}{5}\left(4+1.25\dfrac{e}{D}\right), & \dfrac{e}{D}<0.8\\ 1.0, & 其他\end{cases}。$$

$\psi_\Delta=1+0.5\dfrac{\Delta}{D}$,这里$\dfrac{\Delta}{D}=\dfrac{1.25d-e}{D}$且$0\leqslant\dfrac{\Delta}{D}\leqslant 1$。垂向响应幅值 $A_Y^*$ 与折合速度 $V_R^{CF}$ 的关系如图 5.15 所示。

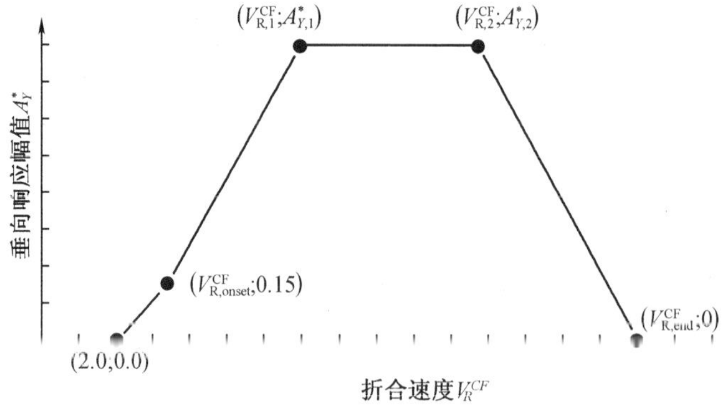


**图 5.15　横向 VIV 响应模型**

### 5.3.3　跨肩管土等效形式

真实的悬空段管道的边界条件并不是简单的支撑或者固定，悬跨管道的动力分析的关键在于合理地选择跨端边界条件。对于铺设在平坦海床面的单跨管道，跨肩长度的选取主要取决于海床土壤刚度。

工程上，常常采用跨肩管土耦合作用等效形式来考虑，等效形式主要有两类：一是等效成弹簧支撑边界形式；二是等效成固定或者简支边界下的有效长度的形式。

1. 等效弹簧支撑边界形式

将跨肩两端简化成弹性地基梁来处理，直接求解得到等效集总弹簧刚度，跨肩管土耦合的作用就可简化成悬空段的弹簧边界，如图 5.16 所示。

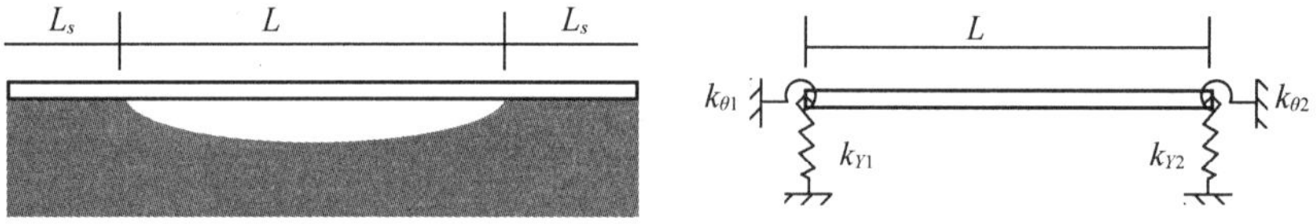


**图 5.16　跨肩管土耦合作用等效形式**

弹性地基上梁解法中较为典型的计算方法是假定地基为 Winkler 地基上梁的计算方法，也叫基床系数法。Winkler 地基上梁的挠曲微分方程为

$$EI\frac{\mathrm{d}^4w}{\mathrm{d}z^4}+k\cdot w=0 \tag{5-44}$$

令 $\lambda=\sqrt[4]{\dfrac{k}{4EI}}$，称为柔度指标，则通解为

$$w(z)=\mathrm{e}^{\lambda z}(C_1\cos\lambda z+C_2\sin\lambda z)+\mathrm{e}^{-\lambda z}(C_3\cos\lambda z+C_4\sin\lambda z) \tag{5-45}$$

式中　$C_1$、$C_2$、$C_3$、$C_4$——根据边界条件确定的待定常数。

$\lambda z$ 是无量纲数，当 $z=L_s$（$L_s$ 为跨肩长度），$\lambda L_s$ 称为弹性指数，反映了相对刚度对内力分布的影响。

按 $\lambda L_s$ 值的大小，可将跨肩上梁分为下面三种：

(1) $\lambda L_s\leqslant\dfrac{\pi}{4}$，称作短梁（或刚性梁）。相邻悬跨相互影响，此时可视该段跨肩基础梁为绝对刚性，可假定地基反力线性分布来计算短梁的内力。

(2) $\frac{\pi}{4} < \lambda L_s \leqslant \pi$，称为有限长梁。这时载荷作用对两端的影响不可忽略，相邻悬跨相互影响。

(3) $\lambda L_s > \pi$，称作半无限长梁。这时跨肩两端的悬跨互不相关。

现在考察右端入土段，假定土反力均布，反力系数为 $K$，将土中管线视为弹性地基上的半无限长梁。如在梁端作用有集中力 $P_0$ 和集中力偶 $M_0$，坐标原点取在受力端，当 $z \to \infty$，$w = 0$，式(5-45)中系数 $C_1 = C_2 = 0$；而且当 $z = 0$ 时，则有 $M_0 = -EI\frac{\mathrm{d}^2 w}{\mathrm{d}z^2}$，$-P_0 = -EI\frac{\mathrm{d}^3 w}{\mathrm{d}z^3}$，可求得

$$C_3 = \frac{2\lambda}{k}P_0 - \frac{2\lambda^2}{k}M_0, C_4 = \frac{2\lambda^2}{k}M_0 \tag{5-46}$$

可得到跨肩梁的变形和内力公式

$$\begin{cases} y = \frac{2\lambda}{k}(P_0 D_x - M_0 \lambda C_x) \\ \theta \approx \frac{\mathrm{d}y}{\mathrm{d}z} = -\frac{2\lambda^2}{k}(P_0 A_x - 2M_0 \lambda D_x) \\ M = -EI\frac{\mathrm{d}^2 y}{\mathrm{d}z^2} = -\frac{1}{\lambda}(P_0 B_x - M_0 \lambda A_x) \\ Q = -EI\frac{\mathrm{d}^3 y}{\mathrm{d}z^3} = -(P_0 C_x + 2M_0 \lambda B_x) \end{cases} \tag{5-47}$$

式中，$A_x = \mathrm{e}^{-\lambda z}(\cos\lambda z + \sin\lambda z)$，$B_x = \mathrm{e}^{-\lambda z}\sin\lambda z$，$C_x = \mathrm{e}^{-\lambda z}(\cos\lambda z - \sin\lambda z)$，$D_x = \mathrm{e}^{-\lambda z}\cos\lambda z$。

单独作用弯矩 $M_0 = 1$ 和剪力 $P_0 = 1$ 时，在 $z = 0$ 处的位移 $w_0$ 和转角位 $\theta_0$ 为

$$w_0 = 2\lambda/k, \theta_0 = 4\lambda^3/k \tag{5-48}$$

这样，我们就可以用一个转角刚度 $k_\theta$ 和垂向的位移刚度 $k_Y$ 来处理单跨的边界条件，

$$k_\theta = 0.25k/\lambda^3, k_Y = 0.5k/\lambda \tag{5-49}$$

2. 等效跨长形式

为了计算简便，工程上常将跨肩管土耦合作用等效简化成简单的支撑或者固定边界的管道结构。此时等效跨长 $L_e$ 与悬空段长度 $L$ 一般不相同。图5.17所示为Hobbs (1986)将跨肩边界等效为两端简支时，等效跨长 $\frac{L_e}{L}$ 与土壤中间参数的关系曲线。$\beta$ 为中间参数，是土壤刚度的函数，$\beta = \lg\left(\frac{KL^4}{EI}\right)$，$K$ 为相关土壤线性刚度。

而 DNV-RP105 规范中将裸露搁置在平坦海床上的非埋设管道根据不同的海床土壤刚度等效成跨长为 $L_e$ 的两端固定边界的悬跨，有效长度按照下式计算：

$$L_e = \begin{cases} \frac{4.73L}{0.036\beta^2 + 0.61\beta + 1.0}, & \beta < 2.7 \\ \frac{4.73L}{-0.066\beta^2 + 1.02\beta + 0.63}, & \beta \geqslant 2.7 \end{cases} \tag{5-50}$$

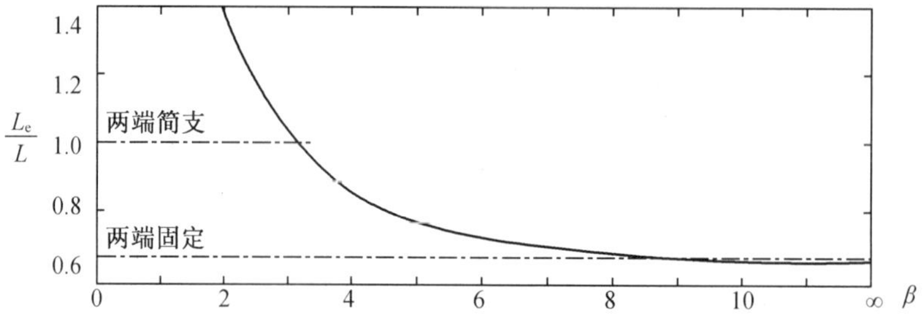


**图 5.17　等效跨长与 $\beta$ 关系曲线**

3. 小应变情况下刚度计算

对于小应变情形下，基于方形地基的半空间理论，假设管长为管土接触跨度 $B$ 的 10 倍，能方便地确定垂向刚度 $K_v$、轴向刚度 $K_L$。这里直接给出公式为

$$K_v = 0.88 \cdot G/(1-\nu) \tag{5-51a}$$

$$K_L = 0.76 \cdot G(1+\nu) \tag{5-51b}$$

式中　$\nu$——泊松比；

$G$——剪切模量。

对于小应变情况，悬跨管道常常采用跨肩处土体的等效平均应力来表征 $G$。例如 Tura F. 等(1994)提出剪切刚度的经验公式为

$$G=\begin{cases}\dfrac{1955\cdot(2.97-e_s)^2}{1+e_s}\sqrt{\sigma_s} & \text{砂土}\\[2ex] \dfrac{1300\cdot(2.97-e_s)^2}{1+e_s}(\mathrm{ORC})^{k_s}\sqrt{\sigma_s} & \text{黏土}\end{cases} \tag{5-52}$$

式中　$\sigma_s$——土壤平均有效应力，$\sigma_s = 0.75\gamma'\sqrt{(D-v)\cdot v}$；

ORC——黏土的超固结比，沙土取为 1.0；

$e_s$——孔隙比；

$k_s$——实验系数，与塑性指数相关；

$\gamma'$——单位体积水下土壤重力；

$v$——埋深。

在 DNV RP－105 规范中，跨肩土壤的平均有效应力采用距离管道深等于接触跨度 $B$ 处应力值计算，即

$$\sigma_s = \frac{1}{2}(1+K_0)B\gamma' + \frac{q}{3B}\left(1+\frac{L}{2L_{sh}}\right) \tag{5-53}$$

式中　$K_0$——地表压力系数，通常取为 0.5；对于大的超固结比黏土，$K_0$ 也可能大于 1.0；

$q$——单位长度管的水下重力；

$L_{sh}$——悬跨支撑单肩长度(传递悬跨一半重力)，取决于跨长、跨肩土壤刚度、土类型、跨肩几何形状以及管道的重力和刚度；

$L$——悬空段长度。

对于管道铺设于黏土中，产生固化阶段，用 $\sigma_s$ 公式缩减成：

$$\sigma_s = \frac{1}{2}(1+K_0)B\gamma' \tag{5-54}$$

可见,对于小变形情况,管土耦合刚度的计算关键在于土壤等效应力的分析;然而对于大位移的情况,则复杂得多,不仅与土壤属性有关,还与管道的埋设情况、管道运动方式等有关。

## 5.4 基于应力范围 Reyleigh 分布的 VIV 疲劳损伤预报

管道的断裂往往是各种交变应力引起的,交变应力会使钢管内部或表面的缺陷发生扩展,最终造成管线的疲劳断裂。输气管道的交变载荷主要来自两方面:①由于内压变化而引起的应力变化在一般情况下,管道的输送压力变化不大,但不可能为恒定值,总有波动,一般的波动范围为 15% ~20%;有些管道在投产初期,由于输油量不足,采用间歇输送或正反输的办法,使管道输送压力发生变化;还有管道在检修时或一些意外情况(如断电等)下都会产生压力变化。②由于外压变化而引起的应力变化,例如,本章讨论的管道在流载荷的作用下引起的随机振动。

疲劳研究领域包括高周疲劳和低周疲劳。高周疲劳材料处在弹性范围内,应力与应变是成正比的。低周疲劳多少带有塑性变形,材料进入了弹塑性状态,应力和应变不成正比。为了便于疲劳分析的工程应用,可以用数学方法对有关疲劳行为做定量描述,但无论是高周疲劳还是低周疲劳,对管道运行压力的循环计数都是必需的。结构在交变应力作用下的疲劳损伤是一个累积过程。

本节针对涡激振动诱发的高周疲劳问题,考虑不同流速分布的组合情况下悬跨管道 VIV 疲劳损伤预报。

### 5.4.1 基于 N – S 曲线疲劳损伤评估简述

线性累积损伤理论是工程上广泛采用的一种疲劳寿命计算方法。它的基本假设是:各级交变应力引起的疲劳损伤可以分别计算,然后再线性叠加起来。而某级应力水平造成的疲劳损伤分量($D_i$)在总损伤度($D_t$)中占的比例等于该应力水平所施加的循环数($n_i$)与在同一应力水平下直到发生破坏时所需的循环数 $N_i$ 之比,即

$$\frac{D_i}{D_\mathrm{t}} = \frac{n_i}{N_i} \tag{5-55}$$

比值 $n_i/N_i$ 一般称为循环比或损伤比。很显然,如果是单级加载,循环比等于 1 时即出现破坏。如果是多级加载,则认为总损伤等于各循环比(或损伤比)的总和,且当循环比总和等于 1 时发生破坏。用公式来表示,即

$$D_f = \sum_k \frac{n_i}{N_i} = 1 \tag{5-56}$$

式(5 –56)是多级循环加载下的破坏条件,也是线性累积损伤理论的计算公式。线性累积损伤理论没有考虑在一个较复杂的载荷谱中各级载荷之间的迟滞效应,它是以各级载荷循环作用次数的多少来计算其损伤的大小,同时认为各级载荷循环造成的损伤可以线性叠加。

如果将 VIV 长期分布载荷视为确定性载荷处理,即采用一年的平均流速对悬跨进行涡

激振动疲劳寿命分析。设平均流速下 VIV 稳态响应频率为$f_v$，应力循环范围为$S$，则一年中应力循环次数可表示为

$$n(S) = T_D \cdot f_v \tag{5-57}$$

其中$T_D = 365 \times 24 \times 3\,600$秒。由 S－N 曲线得到：$\bar{a} = S^m N(S)$，根据 Miner 线性累积损伤准则，容易得到该流速下悬跨涡激振动疲劳损伤度公式：

$$D_f = \frac{n(S)}{N(S)} = \frac{f_v \times T_D}{\bar{a}} S^m \tag{5-58}$$

式(5－58)是在满足振幅恒定的谐响应假设的基础上建立的，而在实际过程中，悬跨管道在长期作业期间，可能遭遇不同来流影响；而且，即使是在同一流速激振下，实际 VIV 响应过程中出现纯简谐且恒定幅值的情况很少。

根据管道的工程设计标准，输油管道的强度设计系数一般取 0.72，因此除管道上的缺陷、凹坑等应力集中部位外，绝大部分管道的应力处在弹性范围，其疲劳寿命由管道材料的疲劳曲线和疲劳极限决定。疲劳曲线建立的是外载荷与寿命之间的关系，也称为 S－N 曲线。如果材料在某一应力水平下经受$10^7$循环仍不破坏，则它可以承受无限次的循环而不破坏，所以，把$10^7$循环数所对应的最大应力$\sigma_m$叫作“疲劳极限”，它是结构疲劳强度设计的基本依据。

### 5.4.2 基于应力范围 Reyleigh 分布的 VIV 疲劳评估

将涡激振动引起的交变应力进程$x(t)$看作零均值的窄带的平稳正态随机进程，那么涡激振动引起的交变应力进程的长期应力范围分布可以用 Rayleigh 分布来描述，对应的概率密度函数如下：

$$f_s(S) = \frac{S}{4\sigma_x^2} \exp\left(-\frac{S^2}{8\sigma_x^2}\right) \tag{5-59}$$

其中，$S$表示应力范围；$\sigma_x$表示交变应力进程的标准差。当长期应力范围分布服从 Rayleigh 分布时

$$D_i = \frac{f_0 T_D}{a} (2\sqrt{2m_0})^m \Gamma\left(1 + \frac{m}{2}\right) \tag{5-60}$$

式中 $f_0$——交变应力进程的长期平均跨零频率；

$T_D$——管跨的设计寿命；

$m_0$——交变应力进程的零阶谱矩；

$m$ 和 $a$——选择的 S－N 曲线常数；

$\Gamma$——完全伽马函数。

当交变应力进程是平稳正态随机进程时，自相关函数$R_x(\tau)$仅和时间间隔$\tau$有关。根据自相关函数和零阶谱矩的定义，用自功率谱密度形式表示成

$$R_x(\tau) = \int_{-\infty}^{+\infty} G_x(\bar{\omega}) e^{i\pi\tau} d\bar{\omega} \tag{5-61}$$

$$m_0 = \int_{-\infty}^{+\infty} \bar{\omega}^0 G_x(\bar{\omega}) d\bar{\omega} = \int_{-\infty}^{+\infty} G_x(\bar{\omega}) d\bar{\omega} \tag{5-62}$$

式中 $G(\bar{\omega})$——$x(t)$的自功率谱密度；

$\bar{\omega}$——圆频率。

可见 $m_0 = R_x(0)$。

考虑随机过程均方差 $\varphi_x$、方差 $\sigma_x$(标准差)和平均值 $\mu_x$ 之间的关系,有 $\sigma_x^2 = \varphi_x^2 - \mu_x^2$。而涡激振动引起的平稳正态随机进程的均值为零,方差等于均方差,即 $\sigma_x^2 = \varphi_x^2$。当时间间隔 $\tau = 0$ 时,自相关函数变为均方差

$$R_x(0) = R_x(t, t+0) = E[x^2(t)] = \varphi_x^2(t) \tag{5-63}$$

因此,零阶谱矩 $m_0 = \sigma_x^2 = \varphi_x^2$,则

$$D_i = \frac{f_0 T_D}{a}(2\sqrt{2}\sigma_x)^m \Gamma\left(1 + \frac{m}{2}\right) \tag{5-64}$$

对于交变应力过程为窄带时,跨零率等于峰值率,应力每跨越零均值一次就出现一个峰值(即 $f_0 = f_v$),$f_v$ 为涡激振动响应频率。对于涡激振动稳态应力响应 $\sigma = \sigma_0 \sin(2\pi f_v t)$,应力范围 $S = 2 \times \sigma_0$,$\sigma_0$ 为振动应力响应幅值。根据定义得到:

$$\sigma_x^2 = \lim_{T \to \infty} \frac{1}{T}\int_0^T x^2(t)\,\mathrm{d}t = \frac{1}{2}\sigma_{0,\mathrm{RMS}} \tag{5-65}$$

其中 $\sigma_{0,\mathrm{RMS}}$ 为应力均方根值(RMS),将式(5-64)和(5-65)代入方程(5-60),得到

$$D_i = \frac{f_v T_D}{a}(\sqrt{2}\sigma_{0,\mathrm{RMS}})^m \Gamma\left(1 + \frac{m}{2}\right) \tag{5-66}$$

### 5.4.3 海流长期 Weibull 分布

当水深超过 100 m 时,作用于深水悬跨管道的海流成因主要有三种:(1)潮汐现象引起的潮流;(2)作用于海面上的风力,使海面产生漂流,又称风海流;(3)海面受热或冷,蒸发或降水不均匀而引起海水温度、盐度乃至密度的分布不匀而形成的密度流。形成海流的原因多种多样,近岸地区的海岸线及地形又变化多端,致使海流的理论研究与其在工程中的应用存在诸多困难。目前,在实际工程中流速沿水深的分布通常可以采用声学多普勒流速剖面仪(Acoustic Doppler Current Profiler, ADCP)进行测量。

当前国内外学者对悬跨遭遇海流的长期 VIV 分布载荷处理主要有两类:一类是确定性载荷,即采用回复周期为一年的海流流速分布对悬跨涡激振动疲劳寿命分析;另一类是采用海流的概率分布模型。由于涡激振动属于复杂的非线性现象,响应幅值及其诱发的疲劳交变载荷对流速相当敏感。在管道长期作业期间,实际海洋环境并非一成不变的,悬跨管道可能遭遇不同大小、不同方向的来流;而疲劳损伤本身又是一个历时相对较长的累积过程,采用确定性的单一计算工况进行分析可能导致较大的误差。

根据流速的大量测量和统计资料,DNV 推荐作用于悬跨海流流速的长期分布可以视为 3 参数 Weibull 分布(DNV RP-105 2006),概率分布函数 $P_U$ 以及概率密度函数 $f_U$ 可表示为

$$P_U(U) = 1 - \exp\left(-\left(\frac{U-\gamma}{\alpha}\right)^{\beta}\right) \tag{5-67}$$

$$f_U(U) = \frac{\mathrm{d}P_U(U)}{\mathrm{d}U} = \frac{\beta}{\alpha}\left(\frac{U-\gamma}{\alpha}\right)^{\beta-1} \exp\left(-\left(\frac{U-\gamma}{\alpha}\right)^{\beta}\right) \tag{5-68}$$

其中 $\alpha$ 为尺度参数,$\beta$ 为形状参数,$\gamma$ 为位置参数。当 $\beta = 2$ 时,即为 Rayleigh 分布;当 $\beta = 1$ 时为指数分布。Weibull 分布参数可以用统计动差(statistical moments)之间的关系表示为

$$\begin{cases}\mu_U=\alpha\Gamma\left(1+\dfrac{1}{\beta}\right)+\gamma\\ \sigma_U=\alpha\sqrt{\Gamma\left(1+\dfrac{2}{\beta}\right)-\Gamma\left(1+\dfrac{1}{\beta}\right)^2}\\ \delta_U=\left(\dfrac{\alpha}{\sigma}\right)\cdot\left(\Gamma\left(1+\dfrac{3}{\beta}\right)-3\Gamma\left(1+\dfrac{1}{\beta}\right)\Gamma\left(1+\dfrac{2}{\beta}\right)+2\Gamma\left(1+\dfrac{1}{\beta}\right)^3\right)\end{cases} \tag{5-69}$$

根据“一生中一遇”的最大流速概念，可得到：

$$\begin{aligned}P(U>U_L)&=\int_{U_L}^{+\infty}f_U(U)\mathrm{d}U=P_U(+\infty)-P_U(U_L)\\&=1-\left(1-\exp\left(-\left(\frac{U_L-\gamma}{\alpha}\right)^{\beta}\right)\right)\\&=\exp\left(-\left(\frac{U_L-\gamma}{\alpha}\right)^{\beta}\right)\end{aligned} \tag{5-70}$$

其中 $U_L$ 表示回复周期为 $L$ 的最大流速，$N_L$ 即为总的观测次数。这样则得到

$$\alpha=\frac{U_L-\gamma}{(\ln N_L)^{1/\beta}}\text{或者 }U_L=\alpha(\ln N_L)^{1/\beta}+\gamma \tag{5-71}$$

而实际设计过程中，可根据 1 年一遇、10 年一遇和 100 年一遇的最大流速 $U_{1\text{year}}$、$U_{10\text{year}}$ 和 $U_{100\text{year}}$ 来确定 $\alpha$、$\beta$ 和 $\gamma$，从而表征流速的长期 Weibull 分布。

### 5.4.4 离散流速 VIV 疲劳损伤预报流程

长期流速分布疲劳累积损伤为

$$D_f=\int_0^{\infty}\frac{(f_0\cdot S^m)}{\bar{a}}\mathrm{d}P_U \tag{5-72}$$

积分 $\int_0^{\infty}(\quad)\mathrm{d}P_U$ 表示对 Weibull 形式的流速在整个长期分布上积分，这里我们将积分写成级数求和的形式，即将流速离散成 $N$ 等份，则

$$\begin{cases}D_f=\sum\limits_{i=1}^{N}D_i\\ D_i=\dfrac{(f_{0,i}S_i^m)}{\bar{a}}\times P_U(U_i)\end{cases} \tag{5-73}$$

式中 $f_i$、$S_i$——第 $i$ 级流速下涡激振动频率和应力范围；

$P_U(U_i)$——流速出现的概率。

1. 单模态下应力范围和跨零率

假设悬跨管道的 VIV 单模态响应频率、最大幅值和响应正则模态为 $f_v$、$A$ 和 $\varphi(z)$，根据梁理论，共振下悬跨管道任意截面位置 $z$ 处的单位幅值最大弯矩为

$$M(z)=-EI\kappa(z) \tag{5-74}$$

单位幅值下管道壳体中面最大弯曲应力为

$$\sigma_{\max}(z)=\frac{M(z)}{I}\frac{D-t}{2} \tag{5-75}$$

其中曲率 $\kappa(z)=\frac{\partial^2\varphi}{\partial z^2}\left(1+\left(\frac{\partial\varphi}{\partial z}\right)^2\right)^{-3/2}$,若应力集中系数为 SCF,则弯曲应力范围为 2 倍的弯曲应力峰值,即

$$S=2\times\mathrm{SCF}\times A\cdot\sigma_{\max}(x)=\mathrm{SCF}\times A\cdot E\cdot(D-t)\cdot|\kappa| \tag{5-76}$$

在单模态响应时,循环计数频率即跨零率等于 VIV 响应频率,即

$$f_0=f_v \tag{5-77}$$

2. 横向多模态下应力范围和跨零率

对于单模态,根据垂向 VIV 响应模型可以得到各个离散频率下 VIV 响应的幅值 $A_n^{\mathrm{CF}}$ 和频率 $f_{v,n}^{CF}$。利用公式(5-76)和(5-77)能得到离散频率下的循环应力范围 $S_n^{CF}$ 和计数频率 $f_{0,n}^{\mathrm{CF}}$。

由于多跨管道和较长的单跨管道的相邻模态的固有频率临近的特点,VIV 响应容易出现多模态的"竞争"响应。实验显示:"竞争"的结果导致振幅较单频响应时的情况振幅大为降低。而且由于各阶模态的振型不同,导致了沿悬跨管道方向的疲劳交变应力分布也有所差异,合理的处理各阶模态对疲劳损伤的贡献对多模态 VIV 疲劳评估至关重要。

多模态 VIV 的循环应力范围和计数频率计算主要采用单频响应等效组合的方法。假设多模态响应幅值可以根据参与各模态单频时的幅值分别乘上折减系数 $\beta$ 来表征;而且多模态联合交变应力范围可用各单频响应的"平方和方根(SRSS)"形式等效,并取"加权平方和方根频率"作为平均跨零率,即

$$S_{\mathrm{comb}}^{\mathrm{CF}}(z_i)=\sqrt{\sum_{n=1}^{M}(\beta_n S_n^{\mathrm{CF}})^2} \tag{5-78}$$

$$f_0(z_i)=\sqrt{\sum_{n=1}^{M}\left(f_{v,n}^{\mathrm{CF}}\frac{\beta_n S_n^{\mathrm{CF}}}{S_{\mathrm{comb}}^{\mathrm{CF}}}\right)^2} \tag{5-79}$$

式中 $S$——应力范围;

$\beta$——多模态响应相对单模态时的折减系数;

$M$——参加涡激振动响应的模态总数。

折减系数 $\beta$ 选取尚无理论依据可寻,这里取成振动幅值权重的形式,即

$$\beta_n=\frac{A_n}{\left(\sum_{n=1}^{M}A_n\right)} \tag{5-80}$$

而在 DNV 规范中,折减系数 $\beta$ 将激振模态分为主导模态和弱模态区别对待,主导模态缩减系数取为 1.0,其他弱模态取为 0.5。

例如对图 5.18 所示的一多跨管道的任意截面位置 $y_i$ 的应力范围和跨零率进行评估,首先按照单模态响应模型评估出各个截面每阶模态的横向 VIV 响应振幅。然后,比较悬跨管道横截面 $z_i$ 位置处振幅,其中最大振幅的模态称为主导模态,其他模态的振幅如果大于 10% 主导模态振幅的称为弱模态,剩余小于 10% 最大振幅的模态被忽略。这样,在 $z_1$ 截面主导模态为 mode 2,弱模态为 mode 3,而在截面 $z_2$ 位置 mode 1 和 mode 3 为激励模态,mode 1 的缩减系数为 0.5,而主导模态 mode 3 的缩减系数为 1.0。

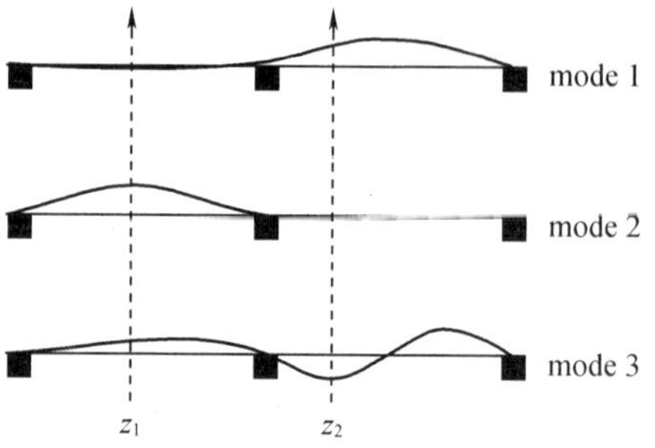


图 5.18　横向激励多模态的定义

3. 流向多模态的情况

流向 VIV 由于锁定流速更低，因此，相比垂向振动有更多的模态被激励。流向 VIV 除了纯粹由于流向锁定引起的纯流向 VIV，还包括由于垂向 VIV 导致的流向运动。同样地，首先根据流向 VIV 响应模型可以得到各个离散频率下 VIV 响应幅值 $A_n^{IL}$、频率 $f_{v,n}^{IL}$。同样利用公式(5-76)和(5-77)能得到离散频率下的循环应力范围 $S_n^{IL}$ 和计数频率 $f_{0,n}^{IL}$。

沿跨向截面 $z_i$ 位置上，低于最大流向单模态振幅 10% 的模态被忽略。大于最大振幅 10% 的模态由低阶向高阶模态重新编号。如果满足$\frac{f_{n+1}}{f_n}<2$，则 $n+1$ 和 $n$ 阶模态“竞争”，幅值大的为主导模态，缩减系数取 1.0，而另一个弱模态取为 0.5；如果激励模态不参与“竞争”，则系数都取 1.0。例如，mode 1 和 mode 2“竞争”，mode 1 占主导；mode 2 和 mode 3“竞争”，mode 2 占主导；mode 3 和 mode 4“竞争”，mode 4 占主导。则根据以上规定，缩减系数定义见表 5.1。其中 mode 3 由于和 mode 4、mode 2“竞争”都处于“弱模态”地位，因此缩减系数为 0.25 。

表 5.1　模态缩减系数选取

| 模态 | mode 1 | mode 2 | mode 3 | mode 4 |
|---|---|---|---|---|
| 缩减系数 | 1.0 | 0.5 | 0.5×0.5=0.25 | 1.0 |

当流向 VIV 振动模态响应频率接近 2 倍主导垂向 VIV 响应频率时，流向振动幅值受垂向振动的影响，流向振动轨迹呈“8”字形或者“半月”形运动。流向应力范围放大，根据实验观察，DNV 规范取为主导垂向振动幅值的 40%，即

$$S_n^{IL-CF}(z_i)=0.4\cdot S_n^{CF}(z_i) \tag{5-81}$$

循环应力取纯流向应力范围和垂向导致的流向运动应力范围的最大值，即

$$S_n^{IL-CF}(z_i)=\max[S_n^{IL},S_n^{IL-CF}] \tag{5-82}$$

这样，多模态流向 VIV 的循环应力范围和计数频率为

$$S_{comb}^{IL}(z_i)=\sqrt{\sum_{n=1}^{M}(\beta_n S_n^{IL})^2} \tag{5-83}$$

$$f_0(z_i)=\sqrt{\sum_{n=1}^{M}\left(f_{v,n}^{IL}\frac{\beta_n S_n^{IL}}{S_{comb}^{CF}}\right)^2} \tag{5-84}$$

基于海流流速长期 Weibull 分布的悬跨 VIV 疲劳损伤预报可按图 5.19 流程进行。

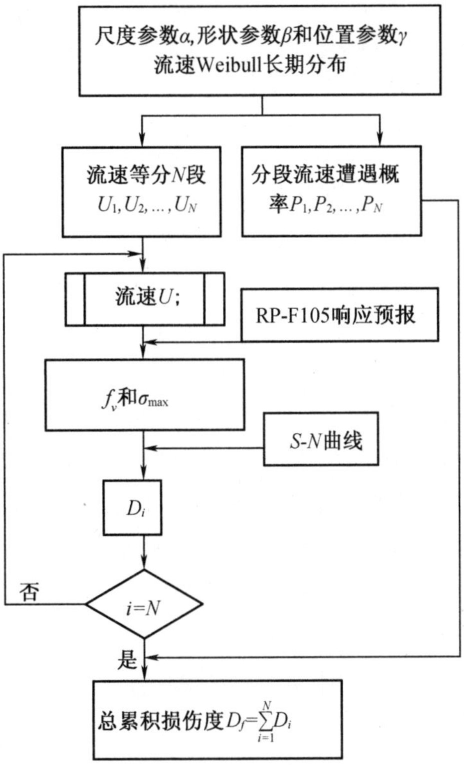


图 5.19　疲劳累积损伤评估的流程

# 第 6 章　海底管道在位稳定性设计与防护

海底管道的稳定性包括两方面的含意:一方面是指强度,如管道的局部或整体的稳定性,用屈曲强度来进行分析;另一方面是指位置的稳定性,即海底管道铺设时和铺设以后,在海底所处位置的稳定性。海底管道稳定性设计是海底管道整体设计的起始部分,也是海底管道设计的重要部分,该部分直接决定海管的选择形式。对海底管道稳定性分析的合理性直接影响着海管在整个运营周期内的安全和经济效益。

海底管道受到复杂的不良地质条件等环境因素影响,管土间的相互作用也更加复杂,波浪流的作用严重影响着海底管道的稳定性,会造成海底管道的失效等重大灾难性事故,带来无法估量的损失。另外,海底管道在高温、高压作用下容易发生整体屈曲,埋设海底管道可能引起竖向隆起,而裸铺海底管道则易发生水平屈曲。随着海洋油气资源的开发,特别是深水和边际油田的开采,越来越多高温、高压海底管道应用于工程实际,海底管道在温度应力下的整体屈曲变形问题成为管道设计的关键性问题。

本章详细地介绍波流中管道座底稳定性及其影响因素,主要内容包括以下 4 部分:

- 座底稳定性;
- 膨胀分析;
- 高温高压管道整体屈曲;
- 稳定性防护措施。

## 6.1　座底稳定性

海底管道铺设于较大波高的浅水海域时,如果海底地基土所提供的阻力不能平衡波浪力,管道会从原位滑出而发生在位失稳现象。在波浪作用下,海底管道稳定性与管道重力、环境载荷和海底土层产生的阻力等多种因素相关,波浪力视为影响海底管道座底稳定性的主要环境载荷。为防止管道失稳,必须提高管道的水下重力,或者采取锚固、压块等固定措施,或者在海床上开设沟槽进行埋设。以上措施均会增加投资。管道水下重力的提高一般是通过增加管道的混凝土覆盖层的厚度实现的,然而过大的管道设计重力又会对铺管设施和方法提出更高的要求。

影响海底管道所处位置的稳定性的几个因素主要有:波浪、海流的作用力;泻涡激发的振动,管道的地基土壤性能以及埋地管道的上浮或下沉等,其在海底的受力如图 6.1 所示。

座底稳定性分析主要有静态分析、动态分析和半动态分析三种方法。静态分析是一种传统的分析方法,是管道在自身重力、波浪和海流产生的升力、拖曳力、惯性力以及土体摩阻力作用下达到静态平衡的一种方法。即管道在水下的有效重力所产生的与土体之间的摩阻力要能够平衡波流作用于管道上的拖曳力与惯性力之和。动态分析是考虑波浪 - 管道 - 土体之间的相互作用,其中水动力、管道下沉量和土体阻力均是时间的函数。基本步骤为:根据波浪条件计算出波浪谱;用波浪谱计算出力谱;用力谱结合土体参数计算出管道的动力响应。半动态分析时忽略了动态分析中的次要因素,采用静态分析公式的形式对管道的稳定性进行分析。由于实际工程中难以取得足够精确的环境和工程地质等数据,故目前半动态的方法得到了广泛应用。

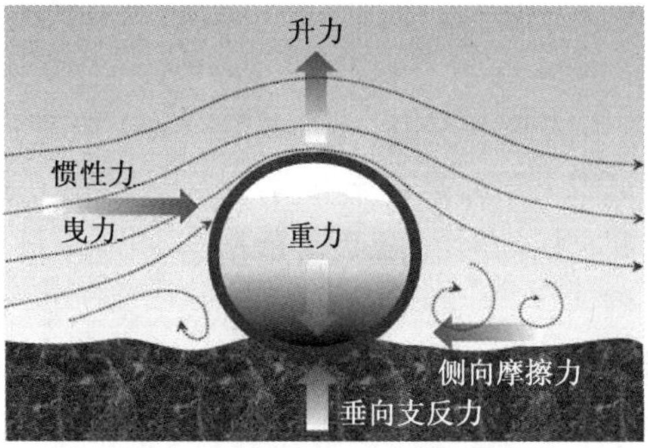


图 6.1 海平面管道受力示意图

### 6.1.1 准静态简化分析方法

该方法是一种准静态方法。管道受力采用 Morison 方程求解,并假定管道与海床之间的阻力系数为常数。最具有代表性的是挪威船级社 1988 年颁布的海底管线设计企业标准。该规范具有较强的完整性,它对管道设计、试验、验收和维护都有较详细的规定,实用性强,被广泛采用。当前我国在海底输油管道工程领域也采用了该规范作为企业标准。该设计规范适用于海底管道在使用寿命内或者在采取其他辅助稳定性措施之前的稳定性分析。

1. 总则

(1)管道在海底位置的稳定性分析,要进行运行期和安装期两种载荷工况的分析,对应不同设计条件要按照标准取用不同的设计环境载荷条件。

(2)管道在海底位置的稳定性分析,对非埋设状态管道要做水平横移稳定性分析,而对埋设状态管道要进行垂直稳定性分析。

(3)在做水平横向稳定性分析时,波高值用有效波高 $H_{1/3}$。

(4)对于未知重现期波浪要素的推定。

当已知 $R$ 年一遇的波浪要素(波高 $H$ 和周期 $T$),需要推算 $N$ 年等重现期的波浪要素时,可按以下方法推导。对波高 $H$,用下式计算:

$$H_n = H_r\left(\frac{n}{r}\right)^k \tag{6-1}$$

式中 $n = 6.7 + \lg N$;

$r = 6.7 + \lg R$;

$H_n$——对应重现期 $N$ 年的波高值;

$H_t$——对应重现期 $R$ 年的波高值;

$k$——参数。

计算时,先利用已知的 $H_n$、$H_r$ 和 $N$、$R$ 求出 $k$,再利用 $H_n$、$R$ 或 $H_r$、$R$ 即可求出需要重现期的波高值。

对周期 $T$,用

$$T=\frac{2\pi L}{g} \tag{6-2}$$

式中 $T$——周期,认为相同重现期的最大波和有效波的周期相同;

$L$——波长,一般可取 $L=15H_{max}$,$H_{max}$ 为最大波高($=1.86H_{1/3}$);

$g$——重力加速度。

(5)管道的稳定性与管道的水下重力、环境载荷以及土壤对管道的约束有关系。稳定性分析的目的就是确认管道水下重力是否能够满足稳定性要求,是否需要在管道的外部增加混凝土配重层以及确定配重层的厚度、密度等数据。

2. 垂向沉浮稳定性分析

(1)对于埋设管道,需要校核在运行期管道下沉或者漂浮的可能性,无论是输送液体还是输送气体的管道,其下沉均按管子充满水考虑,而漂浮则按管子充满气体或空气考虑。校核方法,可参照 OTC-2277《在很软的黏土中管道稳定性的试验研究》一文的建议:

对下沉,只有当 $\gamma_{se}\geqslant\gamma_p-R_V$ 才满足稳定性要求;

对上浮,只有当 $\gamma_{se}\leqslant\gamma_p+R_V$ 才能满足稳定性要求。

式中 $\gamma_{se}$——单位管体所受的浮力:

$$\gamma_{se}=\gamma_s=\frac{G\cdot\gamma_w(1+w)}{1+G\cdot w} \tag{6-3}$$

式中 $\gamma_s$——土壤的饱和容重;

$G$——固体土壤颗粒的相对密度;

$\gamma_w$——水的相对密度;

$w$——土壤的含水量;

$\gamma_p$——管子的容重;

$R_V$——管子单位体积沉浮时的土壤阻力:

$$R_V=\frac{2C}{D_t} \tag{6-4}$$

式中 $C$——重塑土的黏着力剪切强度;

$D_t$——管道总外径。

(2)对软黏土海底,在安装期(见图6.2),管道可能沉入海底深度 $\delta$ 的估算一般可按下式试算确定:

$$W_{sub}=5.14\cdot C\cdot B \tag{6-5}$$

$$B=2\delta\sqrt{\left(\frac{D_t}{\delta}\right)-1}$$

或者

$$W_{sub}=10.28\cdot\delta\cdot C\cdot\sqrt{\left(\frac{D_t}{\delta}\right)-1} \tag{6-6}$$

式中 $C$——土壤设计剪切强度,$t/m^2$;

$\delta$——管道沉入泥面下深度,m;

$D_t$——管道总外径,m。

3. 水平横移稳定性分析

管道在海底水平横移稳定力的平衡关系如图 6.3 所示。水平横移稳定判别式如下:

$$(W_{sub}-F_L)\cdot\mu\geq(F_D+F_m)\cdot S \tag{6-7}$$

式中　$W_{sub}$——管道单位长度水下管重;

$F_L$——管道单位长度受到的流体升力;

$F_D$——管道单位长度受到的流体拖曳力;

$F_m$——管道单位长度的流体惯性力;

$S$——横移稳定安全系数(DNV 规范要求不小于 1.1,不允许动准则);

$\mu$——管道和海底之间的摩擦系数:当海底为黏土时,如果没有实测数据,通常取 $\mu=0.3$;当海底为砂土时,如果没有实测数据,通常取 $\mu=0.5$。

$F_L$、$F_D$ 和 $F_m$ 的计算公式见波浪和流载荷计算公式。

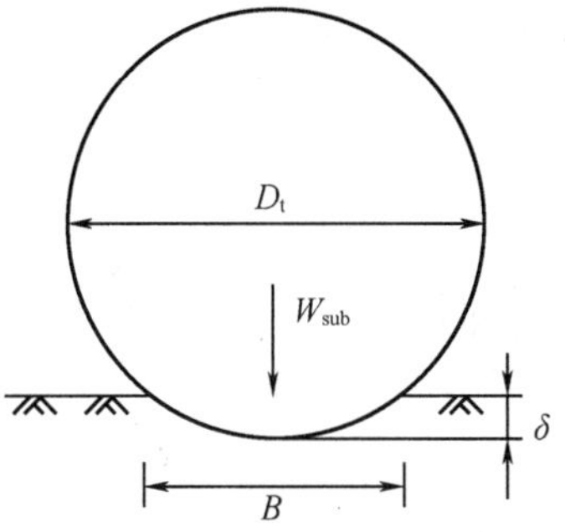


**图 6.2　海平面管道位置示意图**

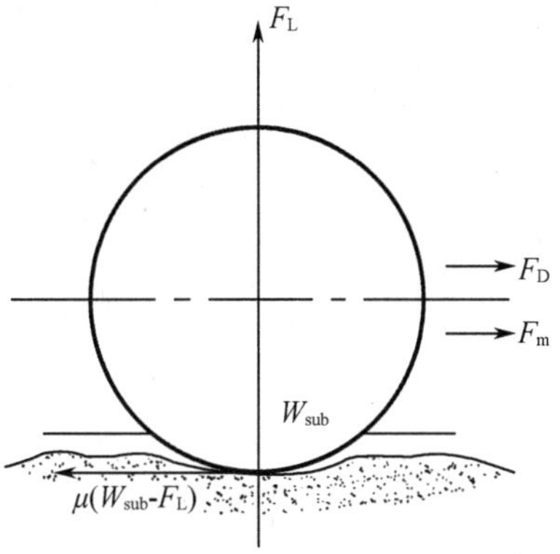


**图 6.3　海平面管道受力示意图**

### 6.1.2　海底管道的重力调节

为了保持海底管道在铺设过程中和铺设以后的稳定性,要求管道在预定位置上有足够的重力,不上浮、下沉和移动位置,这就需要通过对管道的重力调节来实现。同样,在管道施工时需要有一个管道从海面下沉到海底的过程,在此过程中管道受波浪海流等作用受力复杂,也需要通过调节管道的重力来改善受力情况,保证安全。下面介绍重力调节方法及其设计。

1. 重力调节方法

调节管道单位长度的重力,具体有以下做法。

(1)调节管体负浮力

负浮力是管体扣除浮力后的水下实际重力,因其作用方向与浮力相反,故称负浮力。它主要是通过调节管外防护层的重力来实现。

(2)增加管壁的厚度

此法因耗费钢材,故除非迫不得已一般不采用。

(3)管道上加盖压块

一般是加混凝土压块,特殊情况局部加铸铁块。

(4)调节管中充水量

此法常用于施工时控制管线的下沉。

总之,相对密度调节法大多采用上述方法(1),并适当配合方法(3)和(4);至于方法(2)很少采用。

2. 重量调节方法的设计

(1)比率的设计

比率$\rho_p$是指单位长度管道在空气中的重力$W_p$与其单位长浮力$B_p$之比,即$\rho_p = W_p/B_p$。

管道的比率$\rho_p$与管道所处水深、底质、波浪、海流等自然环境因素,以及管道的铺设方法、输送流体的性质等多种因素有关。因此,需要从管道铺设的难易程度和安全性、可靠性、经济性等方面综合考虑确定。下面给出国外的建议做参考。

①日本对海底管道设计的比率公式:

$$\begin{cases} 管内输气时:\rho_p = \dfrac{W_p + W_G}{B_p} \geqslant 1.03 \\ 管内输油时:\rho_p = \dfrac{W_p + W_O}{B_p} \geqslant 1.50 \\ 管内输水时:\rho_p = \dfrac{W_p + W_W}{B_p} \geqslant 1.80 \end{cases}$$

式中　$W_G$、$W_O$、$W_W$——管内单位长度内的气体、油和水的重力。

②美国土木工程学会对比率的推荐值。

海底输气管道$\rho_p = 1.06 \sim 1.80$;

海底输油管道$\rho_p = 1.50 \sim 2.50$。

(2)管道配重设计

管道的比率设计一经确定,即可根据管道的设计负浮力$N_{BP \cdot D}$来计算管道外包混凝土防护加重层的重力$W_c$及$t_c$:

$$W_c = \frac{N_{BP \cdot D} - N'_{BP}}{\dfrac{\gamma_c - \gamma_w}{\gamma_c}}$$

式中　$\gamma_c$、$\gamma_w$——分别为防护加重层混凝土及海水的容重;

$N'_{BP}$——管道单位长度在不加混凝土防护加重层时的负浮力。

又由于

$$W_c = \pi(D_e + 2t_c)t_c\gamma_c \tag{6-8}$$

于是

$$2t_c^2 + D_e t_c - \frac{W_c}{\pi\gamma_c} = 0 \tag{6-9}$$

管外包保护加重层的厚度可通过上式解出。

### 6.1.3　波-管-土耦合作用模型

以上稳定性分析方法是将海洋环境载荷下的管道受力分析和管土相互作用分析两者分开进行处理的;用于管道稳定性分析的管-土相互作用模型是基于机械加载试验结果

的。管－土相互作用模型考虑了被动土压力和加载历史等因素对管道稳定性的影响，与库仑滑动摩擦模型相比有了较大改进，但未能体现波－管－土三者之间的动力耦合作用。

由于波浪作用下海底直铺管道与海床的动力相互作用的复杂性，国际上许多研究机构已经投入大量资金进行了研究，如美国天然气协会（AGA）、丹麦水工所（DHI）、挪威水力试验室（NHL）、SINTEF 和 Exxon Production Research Co.（挪威）等，并相继提出了管土相互作用模型和基于能量的管土相互作用模型。以上管土相互作用试验均是利用拖动装置直接对管道施加力的机械加载方法进行的，即对放置在砂床上的试验管道施加水平载荷以模拟波浪作用在管道上的水平拖曳力和惯性力，同时施加一定比例的垂直向上的载荷以模拟波浪作用在管道上的升力，如图 6.4（a）所示。机械加载试验中，施加力的周期与实际情况接近；为了使土样在试验过程中处于饱和状态，即防止干裂，土样上面有很薄的水层。

机械加载试验存在以下不足之处：①机械加载试验只注重了管道的受力，忽视了波浪对海床的作用。实际上，波浪同时对管道和海床产生作用。②机械加载试验中，研究加载历史的方法是，利用拖动装置首先对管道施加不同周次的小幅值简谐位移（或小幅值简谐力），然后突然增加位移（或力）使管道失稳。实际风暴引起的海浪波高的增长是个渐进过程，所以机械加载采用突然增加大位移或力的试验方法与实际情况相差较大。③管－土相互作用模型不能很好体现波浪参数变化的影响，也不能很好揭示海床特性对管道稳定性的影响规律。

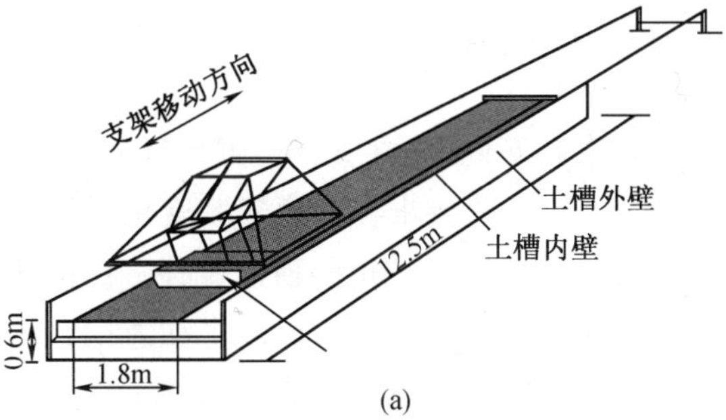


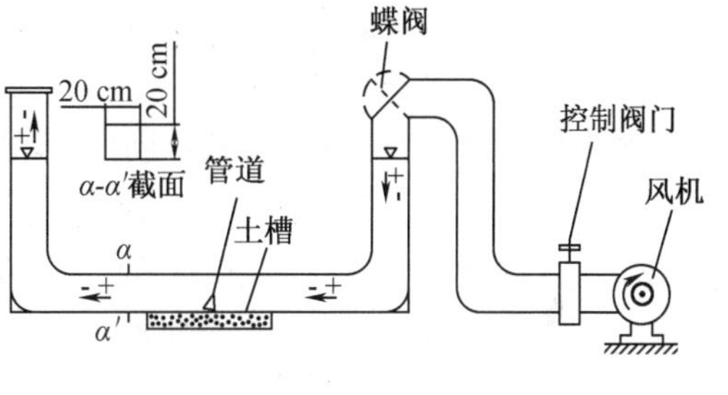


**图 6.4 管道在位稳定性研究试验设备**

（a）机械加载设备；（b）振荡流水动力加载设备

为从波－管－土三者之间的动力耦合角度探索管道失稳的物理机制，图 6.4（b）中采取 U 形振荡流水槽水动力加载研究方法对管道稳定性进行了系统研究。对于浅水重力波，接近海底处的水质点主要沿水平向做周期振荡运动，铺设在浅水海底的管道在波浪作用下主要受水平振荡流的影响。因此，利用振荡水流可以模拟波浪作用下海底管道周围的流场。U 形振荡流水槽装置由 U 形管本体和驱动装置两部分组成。通过阀门控制系统，可实现水体的等幅振荡以及水体在一定振幅内的连续变化。试验管道置于 U 形水槽底部中间部位的土槽内饱和砂床上，振荡水流的运动方向垂直于管道轴向，模拟二维平面应变状态。U 形水槽便于控制水质点运动幅值的优点，也使研究不同加载历史下的管道稳定性成为可能。可见，与机械加载相比，振荡流水动力加载在对管道产生作用的同时，也同时对土层产生影响，可模拟管道结构、海底土层和波浪环境载荷三者之间的动力相互作用。

量纲分析理论和系统的试验研究表明：管道失稳时的临界 Froude 数（$Fr_{\mathrm{b}}$）与管道重力

无量纲参数 $G_b$ 之间呈线性关系，如图 6.5 所示，在管道两端自由和防止滚动两种约束条件下 $Fr_b$ 与 $G_b$ 有不同的线性关系；对于两端自由的管道，海床特性不同，如中砂和细砂，也对管道的稳定性产生影响。另外，加载历史同样会影响管道的稳定性。在图 6.5 中，$Fr_b$ 和 $G_b$ 的含义分别为

$$Fr_b = \frac{U_m}{\sqrt{gD}} \tag{6-10}$$

$$G_b = \frac{W_s}{\gamma' D^2} \tag{6-11}$$

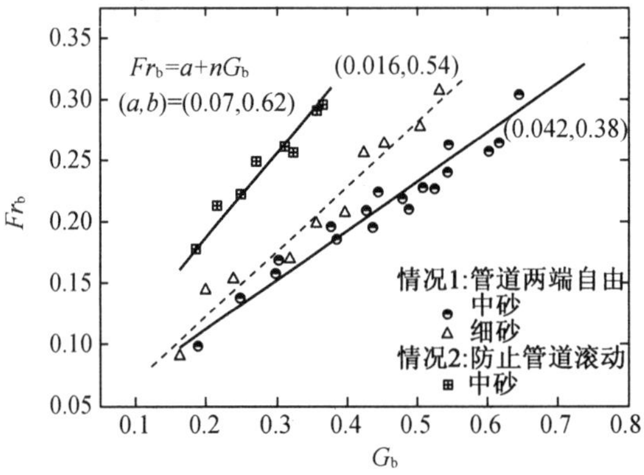


**图 6.5　管道在不同端部约束条件和海床特性下的在位稳定性**

对于长距离铺设的管道，其不同位置的安全度要求是不同的：在关键位置附近，如安装阀门连接件的位置、管道交叉处和管道与立管交叉处等，一般要求在管道安装就位后和运营期间不允许产生位移；而在管道的一般位置，可以允许管道有一定的横向位移。在特殊位置处，水平铺设的管道在不受端部约束下须保证侧向稳定性，因此可以用水动力耦合试验中两端自由的管道失稳临界线来估算对稳定性要求高的特殊位置处管道的稳定性。防止管道滚动约束下得到的管道临界失稳线则可考虑用来估算管道一般位置的稳定性，图 6.6 中给出的是中砂的试验结果，对于不同海床必须进行粒径效应等土性参数修正。

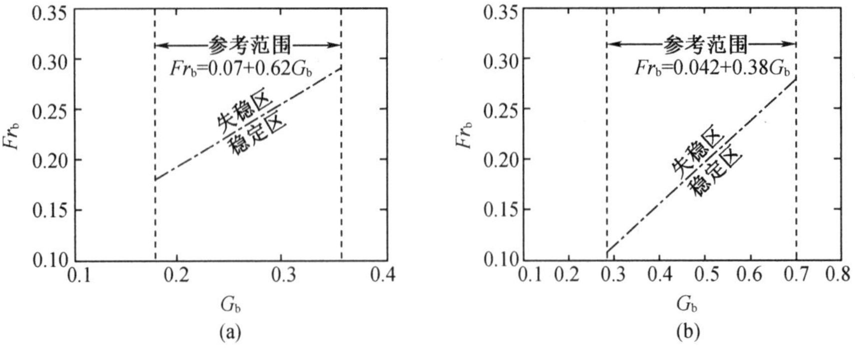


**图 6.6　管道的在位稳定性判据(中砂海床)**

高福平等(2005)以水动力加载试验得到的描述管道在位稳定性的波浪环境参数、管道参数和海床土性参数之间的无量纲耦合关系为基础，提出了一种考虑波－管－土动力耦合

作用的海底管道在位稳定性分析方法,其分析流程见图6.7。

在管道稳定性设计中,需要根据给出的设计水深、波浪周期和波高,计算波浪引起的海底管道附近水质点运动速度 $U_m$。在框图中,$Fr_b$ 利用式(6-10)计算,将试算管径 $D'$ 代替式中的 $D$;查出管道无量纲管道水下重力 $G_b$ 后,利用式(6-11)计算 $W_s$;在检查管径的相对变化时,利用下式求出管道的计算管径 $D$:

$$D^2 = \frac{1}{\rho_c - \rho_w}\left[\frac{W_s}{0.25\pi g} + D_i^2(\rho_{st} - \rho_i) + D_{st}^2(\rho_{cc} - \rho_{st}) + D_{cc}^2(\rho_c - \rho_{cc})\right] \tag{6-12}$$

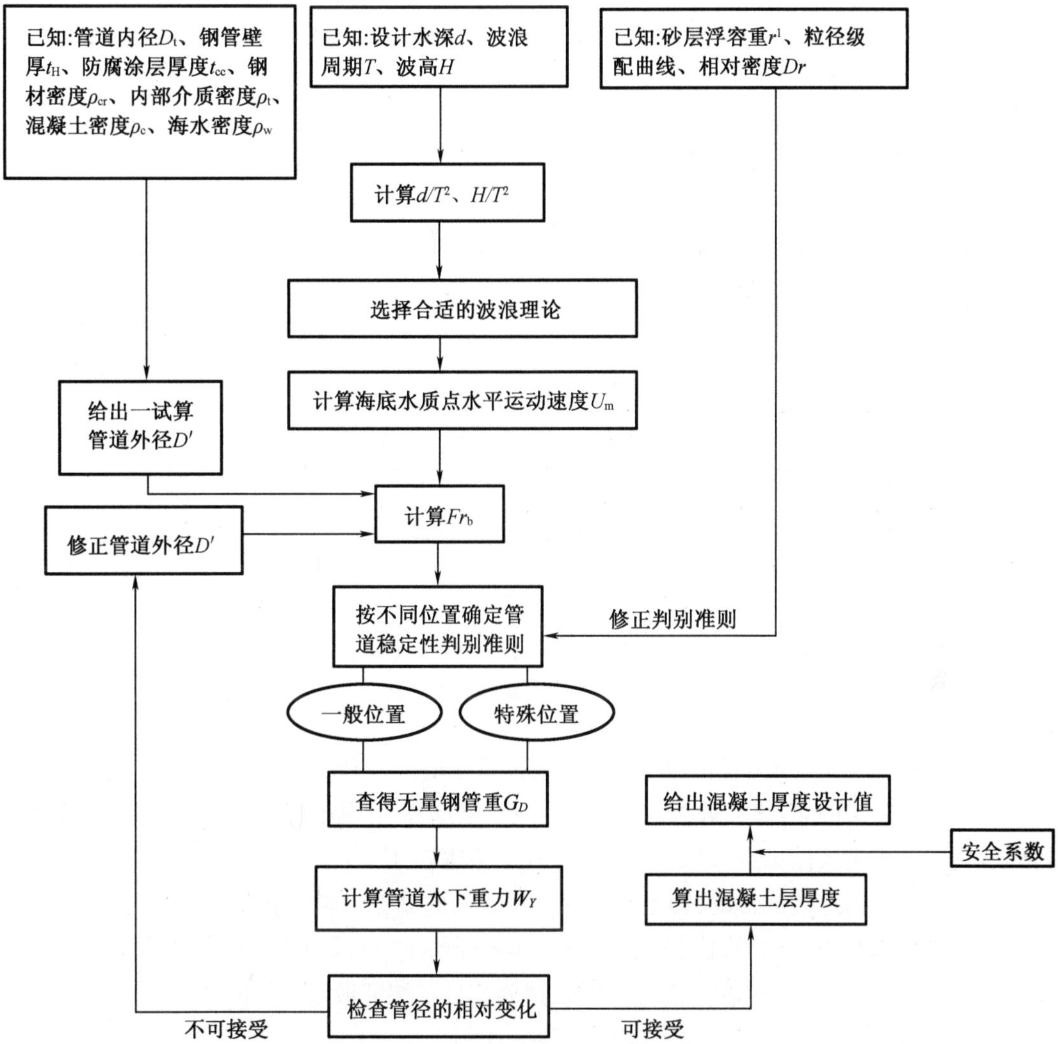


**图6.7 基于波-管-土耦合模型的管道在位稳定性分析框图**

## 6.2 膨胀分析

海底管道内部碳水化合物的温度可能远超过周围环境海水的温度,因此,当其流过管线时,管线材料的两端会产生较大的热膨胀位移,而膨胀位移量的大小直接影响管道的受力状态。

热膨胀分析时，需要对整个计算过程做如下几种前提假设：①管线保持线弹性；②管线视为直薄壁圆管（无弯曲）；③沿着管线长度方向移动，管线与海床之间的有限轴向摩擦力连续分布；④忽略整个管道由于轴向压力梯度引起的压力差；⑤忽略立管系统的刚度对平管的影响。如图 6.8 所示，水平段管线（假设为直管）受到：压力膨胀引起的作用力 $F_p(=E\varepsilon_p)$；热膨胀引起的作用力 $F_T(=E\varepsilon_T)$；土壤作用在管线上的轴向摩擦力 $F_f$ 的共同作用。土壤摩擦阻力按下式计算：

$$F_f = \mu \cdot (2 \cdot \rho_{soil} \cdot H \cdot D_t \cdot g + W_s + W_{pro} - W_{soil}) \tag{6-13}$$

式中 $\mu$——土壤与管道之间的轴向摩擦系数；

$\gamma$——土壤浮重度；

$H$——管道埋设深度；

$\rho_{soil}$——土壤密度；

$D_t$——管道外径；

$W_s$——空管水下重力；

$W_{pro}$——输送产品重力；

$W_{soil}$——相同钢管体积的土壤重力，$W_{soil}=0.25\pi\rho_{soil}D^2g$。

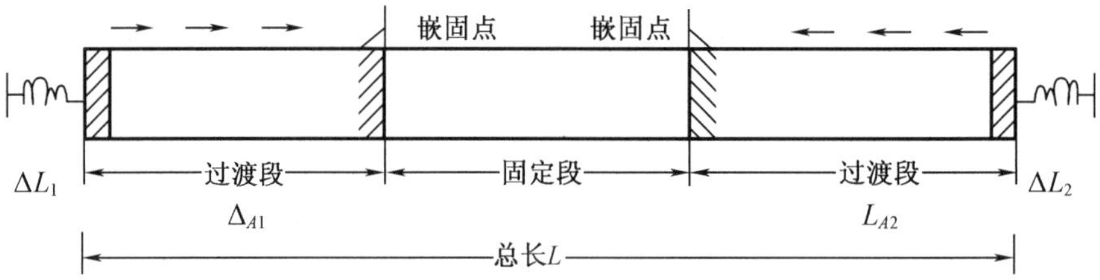


**图 6.8 水平管段膨胀示意图**

从管道自由端向管道中点的方向，摩擦阻抗不断增加，当摩擦阻抗增加到一定值时，沿着管道有一个特定的点，该点处外管净应变为零，该点称为“锚固点”（注：这里不是指人为对管线施加的固定式抛锚点），嵌固点之间的区域被固定住，不发生热膨胀。管道自由端到嵌固点的距离称为过渡段长度，管道和海床土壤之间的摩擦力阻碍着管道沿轴向的应变。

计算管线热膨胀产生的位移前，须先求出管线的“锚固点”距端部的长度（Anchor Length）。根据锚固点定义，在该点处膨胀位移为零且距端部最近，可得

$$L_A = \frac{(\varepsilon_p + \varepsilon_T)}{F_f} \cdot A_s E \tag{6-14}$$

其中 $A_s$ 为钢管横截面面积，压力膨胀引起应变 $\varepsilon_p$ 和温差引起的应变 $\varepsilon_T$ 分别为

$$\varepsilon_p = \frac{0.5\sigma_y - \nu \cdot \sigma_y}{E}, \sigma_y = (P_i - P_e) \cdot \frac{D}{2t} \tag{6-15}$$

$$\varepsilon_T = \alpha(T_2 - T_1) \tag{6-16}$$

式中，$\alpha$ 为热膨胀系数。

求得管线的锚固点长度后，可以根据下式得到管线两端的膨胀位移：

$$\begin{cases}\Delta L_1 = \dfrac{1}{EA_s}\displaystyle\int_0^{L_{A1}}(F_{p1} + F_{T1} - F_{f1})\,dx_1 \\ \Delta L_2 = \dfrac{1}{EA_s}\displaystyle\int_0^{L_{A2}}(F_{p2} + F_{T2} - F_{f2})\,dx_2\end{cases} \tag{6-17}$$

## 6.3　高温高压管道整体屈曲

在高温高压作用下,管道在轴向有膨胀的趋势,但受到土壤摩擦力的约束。离开管道端部一定距离后,土壤对于管道的摩擦作用达到峰值,若因土壤性质影响导致轴向摩擦力较小,管道将会在轴向发生蠕动;若轴向的摩擦力足够大,则管道在轴向的位移会被完全约束,随着管道的延伸,轴向应力会持续增大,当轴向应力超过管道的欧拉应力或临界应力时,将会发生整体屈曲,或称欧拉屈曲。海底管道整体屈曲的形式主要分为两种:侧向屈曲和垂向隆起。影响因素主要包括管道及输送介质的水下有效重力、海床约束力、管道随海床起伏变化的初始构形、管道的抗弯刚度、管道内介质、温度及管道的边界条件等。

### 6.3.1　埋设管道的隆起屈曲

对于埋设在海床以下的管道,受管沟不平整度及海床土壤约束的影响,管线无法自由变形,应力不断累积,当应力值超过上覆盖土体抗力时,管线将发生竖直方向的弯曲大变形,拱出泥面,最终发生失效而破坏(见图6.9)。

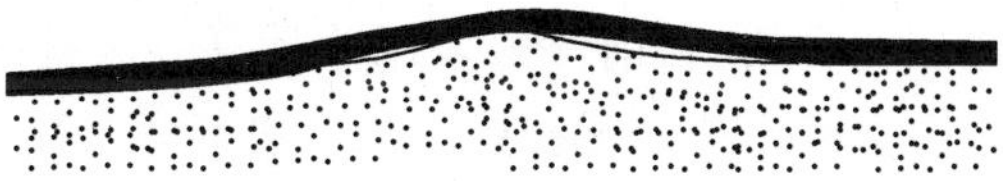

(a)

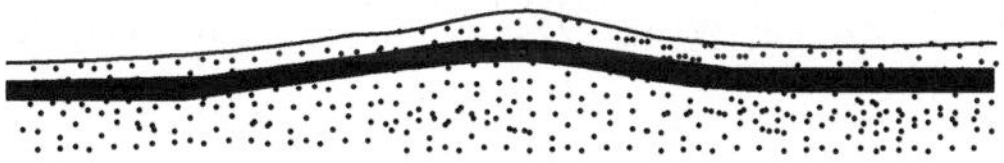

(b)

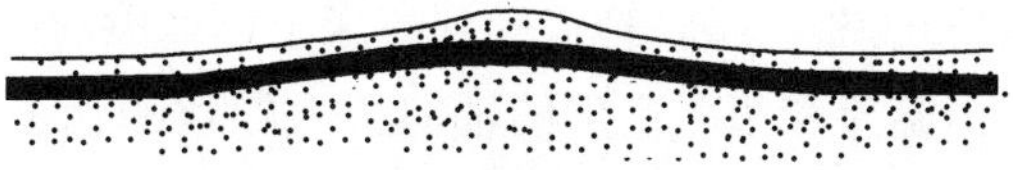

(c)

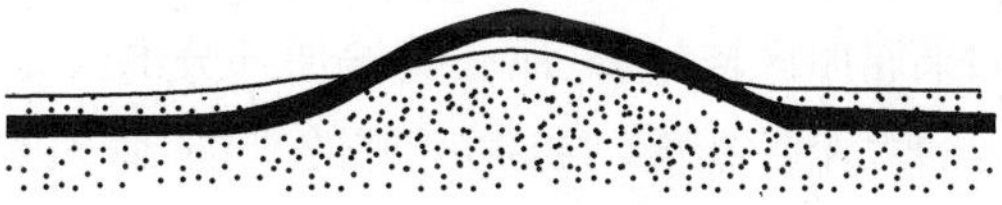

(d)

**图6.9　埋设管道隆起屈曲现象**

(a)下放;(b)挖沟及掩埋;(c)隆起起始阶段;(d)隆起

由于海床的不平坦和管道铺设过程中复杂的地质条件,运营前的海底管道会存在竖向或水平向的几何初始缺陷(图6.10)。引起初始几何缺陷的原因主要有:海床上的小缺陷(如海床上的石块);整体缺陷(如崎岖海床);管道安装引起的水平面内的弯曲。对于发生竖向热屈曲的管道,其几何初始缺陷的形态主要有以下三种:独立支撑模式、相关模式和填充模式。

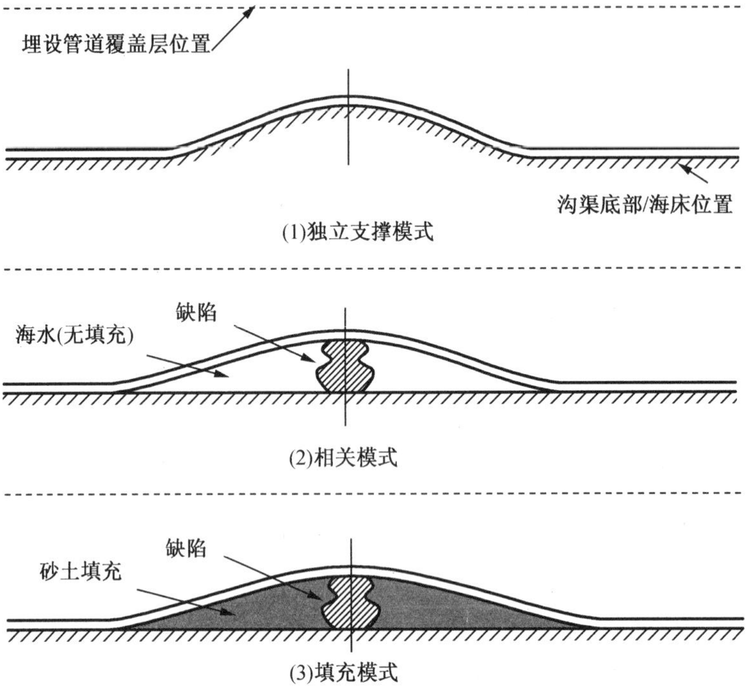


**图 6.10　竖向管道初始缺陷形态**

对于埋设管道的隆起屈曲分析,目前一般采用的计算方法有两类,即无初始缺陷方法(Level 1)和有初始缺陷方法(Level 2)。无初始缺陷方法不考虑管道的初始缺陷,有一定的局限性;有初始缺陷方法考虑了管道铺设时的地基不平的影响,同时采用半解析的方法,在精度允许的范围内,求得一个较为精确的结果。下面详细介绍屈曲分析中涉及的内容。

1)轴向压力计算

海底管道高温隆起稳定性分析可以分为三部分:完全约束段、屈曲区域、滑动长度区域(见图 6.11),仅在滑动段和屈曲段海底管道受到海床土体摩擦的作用。

对于屈曲区域来说,由温差和压差产生的轴向压力导致的管道位移增加可用传统梁弯曲分析方法来研究。工程中感兴趣的是隆起位移发生的位置,这直接和管子的特性及管子和土壤摩擦特性有关。如果屈曲区域扩展,那么其增加部分的大小依赖于在滑动长度区域内因滑动而产生的摩擦力的大小。在滑动长度区域的末端,管道是完全被约束住的(也就是没有轴向的位移),由温度和压力产生的轴向压力由下式计算:

$$N_0 = EA_s\alpha_s T + A_s p(0.5-\nu)\frac{D_e - t}{2t} - N_{lay} \tag{6-18}$$

式中　$E$——钢弹性模量;

$A_s$——管横截面中钢的面积;

$D_e$——钢管外径;

$p$——内外压差;

$\alpha_s$——热膨胀系数;

$T$——操作温度与环境水温的温差；

$\nu$——泊松比；

$t$ ——钢管公称壁厚；

$N_{lay}$——剩余安装轴力。

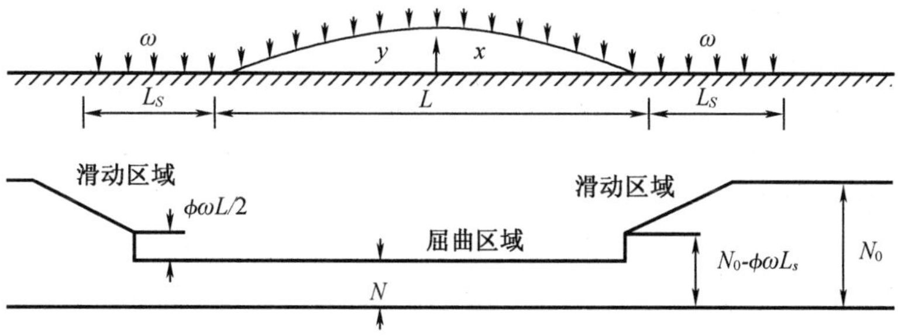


**图6.11 隆起屈曲受力分析简图(上面为屈曲模式,下面为轴向力分布)**

$\phi$—摩擦系数;$\omega$—管道单位长度的水下重力

2. 土壤阻力模型及设计准则

典型的管道上覆土层的力和位移关系分3种状态：

状态1:表示了施加温度和压力之前的状态,由管道水下重力和管道上土体重力直接产生的隆起阻力。

状态2:施加温度和压力后,管道向上的位移由隆起阻力的增加来限制。

状态3:隆起阻力增加达到顶峰之后开始迅速下降。隆起阻力最大处的竖向位移由下式计算:

$$W_{\max} = \left(0.02 + \frac{0.08H}{D}\right)D \leqslant 0.1D \tag{6-19}$$

式中 $H$——管道埋深(管道中心线至土顶)；

$D$——管道外径。

海底管道高温隆起设计的准则就是管道产生的向上的位移不能超过式(6－19)中的 $W_{\max}$。

3. 屈曲区域挖沟和上覆土模型

通过采用倾斜的失效平面和忽略由土壤剪切抗力分布而产生的偏差,认为管道的上覆土(或别的物质)对管道施加的是连续载荷。

在屈曲区域所有载荷由下式计算:

$$q = q_{\text{pipe}} + q_s \tag{6-20}$$

式中 $q_{\text{pipe}}$——管道水下重力；

$q_s$——楔形覆土的水下重力。

4. 管/土摩擦模型

无初始缺陷方法(Level 1)中一般使用的管/土摩擦模型是完全可动的摩擦模型,而有初始缺陷方法(Level 2)常用指数关系的摩擦模型。

5. 滑动长度区域摩擦分布模型

假设:(1)管道的滑动是相对于基础和上覆土之间截面的;(2)基础和上覆土有不同的

摩擦系数(但在非线性模型中有相同的移动变形)。为了计算轴向摩擦抗力,覆土/管子界面处的等效载荷由下式计算:

$$q_c = \gamma_c\left(HD - \frac{\pi D^2}{8}\right) \tag{6-21}$$

式中 $H$——管道埋设深度。

海床/管子界面处的等效载荷由下式计算:

$$q_b = \gamma_c\left(HD - \frac{\pi D^2}{8}\right) + q_{pipe} \tag{6-22}$$

式中 $\gamma_c$——覆土单位水下重力。

6. 无初始缺陷分析方法(Level 1)

(1)屈曲区域的分析

对于铺设在无限海床上无缺陷的管道来说,其屈曲区域变形的微分方程如下:

$$\frac{d^4\omega}{dx^4} + n^2\frac{d^2\omega}{dx^2} + m = 0 \tag{6-23}$$

式中,$\omega$ 为管道位移函数;$n^2 = N/EI$;$m = q/EI$。其中 $q$ 为管道屈曲区域自重和土壤抗力产生的有效载荷,$N$ 为管道屈曲区域轴向力。

根据不同情况下的初始条件可计算出管道位移函数。

(2)滑动长度区域的分析

当屈曲扩展时,屈曲区域的长度增加。在升起脱离点,轴向位移由下式计算:

$$u_{sb} = \frac{(N_0 - N)L}{A_s E} - \frac{1}{2}\int_0^L\left(\frac{d\omega}{dx}\right)^2 dx \tag{6-24}$$

在完全可动的摩擦模型基础上得到的滑动长度区域变形由下式计算:

$$u_{ss} = \frac{1}{2}\frac{[N_0 - N - (\Phi_c q_c + \Phi_b q_b)L]^2}{(\Phi_c q_c + \Phi_b q_b)EA_s} \tag{6-25}$$

式中 $\Phi_c$——覆盖层与管道间的摩擦系数;

$\Phi_b$——基础与管道的摩擦系数。

位移一致性要求 $u_{sb} = u_{ss}$,因此管端处轴向压缩力 $N_0$ 由下式给出:

$$N_0 = N + \sqrt{(\Phi_c q_c + \Phi_b q_b)EA_s\int_0^L\left(\frac{d\omega}{dx}\right)^2 dx - [(\Phi_c q_c + \Phi_b q_b)L]^2} \tag{6-26}$$

7. 有初始缺陷分析方法(Level 2)

(1)屈曲区域的分析

在 $x - w$ 坐标系中应用线性梁理论,其竖向平衡微分方程如下:

$$EI = \frac{d^4}{dx^4}(\omega - \omega_p) + N\frac{d^2\omega}{dx^2} + q = 0 \tag{6-27}$$

式中 $q$——管道自重和覆土重力;

$\omega$——管道位移函数;

$\omega_p$——管道本身缺陷位移函数;

$N$——管道屈曲段轴向力(根据不同情况下的初始条件计算)。

(2)滑动长度区域的分析

在隆起段和滑动段的接口处，因为屈曲而引起的端部减少量由下式计算：

$$u_{sb} = \int_0^L \left\{ \frac{1}{2}\left[ \left(\frac{d\omega}{dx}\right)^2 - \left(\frac{d\omega_f}{dx}\right)^2 \right] - \frac{N_0 - N}{A_s E} \right\} dx \tag{6-28}$$

式中 $\omega_f$——基础形状函数。

在指数关系的摩擦模型基础上得到的滑动长度区域隆起处的轴向变形由下式得到：

$$2AE\left[\frac{u_m}{25}\left(e^{25u_{ss}/u_m - 1}\right) - u_{ss}\right][\Phi_c q_c + \Phi_b q_b] - [N_0 - N - (\Phi_c q_c + \Phi_b q_b)L(1 - e^{25u_{ss}/u_m})]^2 = 0 \tag{6-29}$$

式中 $u_m$——管道完全摩擦移动位移。

位移一致性要求 $u_{sb} = u_{ss}$，因此可得到轴向压缩力 $N_0$ 及温度压力和位移之间的关系。

### 6.3.2 不埋管道的侧向屈曲

深海海底管道受水动力作用较小，基本不会受到意外撞击的威胁，并且埋设管道的难度和费用较高，一般将管道裸置于海床表面，或者部分埋设于土壤之中，土壤对于管道的约束作用有限。深海海底管道裸置或部分埋设，总体屈曲的一般形式是侧向屈曲。对于发生侧向整体屈曲的高温高压管道，其屈曲模态主要为前4阶（见图6.12）。1阶屈曲形式是最重要的对称屈曲模态，2阶模式则是反对称屈曲模态，3阶和4阶屈曲形式分别为1阶和2阶模态的附属形式。

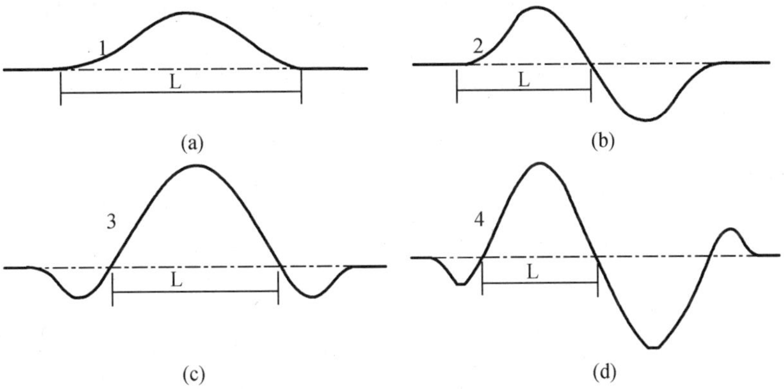


**图6.12 管道侧向整体屈曲的经典模态**

(a)屈曲模式1；(b)屈曲模式2；(c)屈曲模式3；(d)屈曲模式4

Hobbs(1984)给出了前四种屈曲模式通用的临界轴向力计算公式：

$$\begin{cases} P_{cr} = k_1 \dfrac{EI}{L^2} \\ P_0 = P_{cr} + k_3 \mu W L\left[\left(1.0 + k_2 \dfrac{AE\mu W L^5}{EI}\right)^{1/2} - 1.0\right] \end{cases} \tag{6-30}$$

式中 $P_{cr}$——管道屈曲段的临界载荷；

$P_0$——完全约束段管道轴向载荷；

$\mu$——管道与海床之间的摩擦系数；

$W$——单位长度管道的有效重力；

$L$——屈曲段长度；

$I$——管道截面惯性矩；

参数 $k$ 的取值见表 6.1。

**表 6.1　侧向屈曲系数**

| 模式 | 常数 | | | | |
|---|---|---|---|---|---|
| | $k_1$ | $k_2$ | $k_3$ | $k_4$ | $k_5$ |
| 1 | 80.76 | $6.301\times10^{-5}$ | 0.5 | $2.407\times10^{-3}$ | 0.069 38 |
| 2 | $4\pi^2$ | $1.743\times10^{-4}$ | 1.0 | $5.532\times10^{-3}$ | 0.108 8 |
| 3 | 34.06 | $1.688\times10^{-4}$ | 1.294 | $1.032\times10^{-2}$ | 0.143 4 |
| 4 | 28.20 | $2.144\times10^{-4}$ | 1.608 | $1.407\times10^{-2}$ | 0.148 3 |

例如，假设管道外直径为 0.325 m，壁厚为 0.015 m，管道单位长度有效重力为 3 800 N/m，摩擦系数取为 0.3～0.7，温度线膨胀系数为 $1.1\times10^{-5}$，从计算结果（图 6.13）可以看出：管道与海床之间的摩擦系数、屈曲段长度均会影响管道临界屈曲温差。当屈曲段长度相对较小时，摩擦系数对管道屈曲时温差的影响很小，随着屈曲段长度的增加，摩擦系数对管道屈曲时温差的影响越来越大。摩擦系数越小，越易发生整体屈曲。当屈曲段长度相对较小时，四种屈曲模式对应的温差的关系为：Mode 1 > Mode 2 > Mode 3 > Mode 4；但当屈曲段长度相对较大时，四种屈曲模式对应的温差关系为：Mode 4 > Mode 3 > Mode 2 > Mode 1，且 Mode 3 与 Mode 4 对应曲线差值很小。

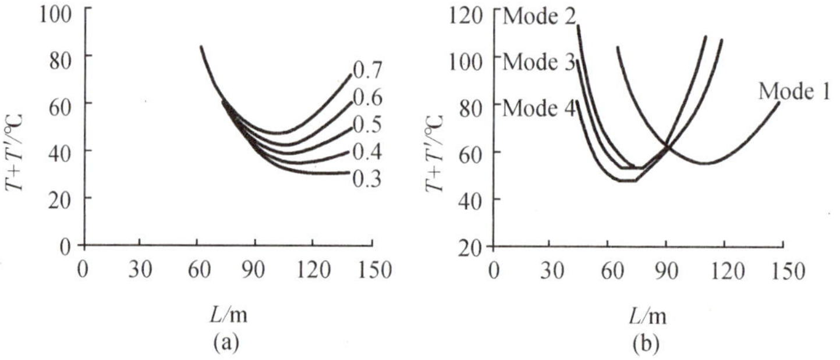


**图 6.13　影响分析结果图**

（a）不同摩擦系数 Mode 1 对应的温差 - 屈曲段长度曲线；（b）不同屈曲模式对应的温差 - 屈曲段长度曲线

侧向屈曲理论研究公式仅可用于判断管道屈曲的临界载荷，无法用于判断管道后屈曲的变形、应变及弯矩。对于管道后屈曲的研究通常可采用有限元数值模拟。模型需要同时考虑初始几何缺陷、管道的材料非线性及土体的非线性本构模型。工程上，对于管道的有限元数值分析，可以使用壳单元、体单元和管单元进行模拟；建立的管道模型长度过长时，通常选择管单元进行模拟。由于土体的高度非线性及管道极易变形，管 - 土之间的相互作用极为复杂，土体一般采用弹簧单元模拟。

# 6.4　稳定性防护措施

## 6.4.1　挖沟埋设

由于风浪、潮流、海床滑移和沉积物的迁移及海底地貌凹凸不平等原因，海底管线的稳定性往往不能满足设计要求。同时，为了防止船舶锚具及渔船拖网等对海底管线造成巨大的损害，通常海底管线的设计都要求对其进行挖沟埋设（图6.14）。通常将管顶埋深1.0～1.5 m，如为防止抛锚对管道的损伤，则需使埋深大于锚的贯入度。挖沟方法可以分为预挖沟法、同时挖沟法和后挖沟法三种。预挖沟法就是在管线铺设之前预先挖出一条沟来，然后再将管线铺设到沟里的方法。预挖沟法多用于较浅水域的短距离管线。同时挖沟法是在海底管线铺设的同时进行挖沟作业的方法。后挖沟法是在管线铺设之后再沿管线进行挖沟作业的方法。本节主要对采用后挖沟法的管道进行力学分析。

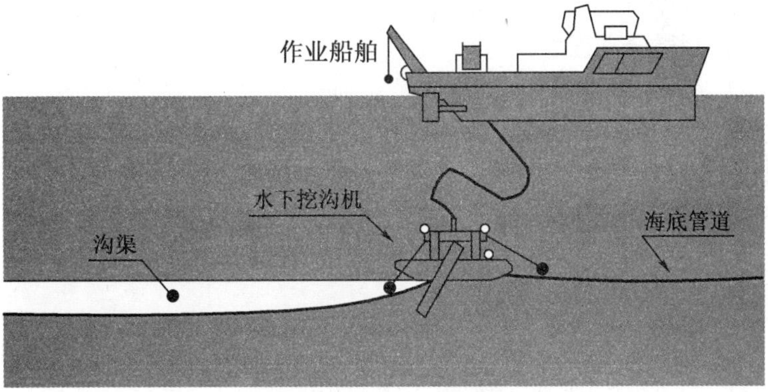


图6.14　管道挖沟示意图

挖沟时会引起海底不平，这时会引起如图6.15所示情况出现。将海底的不平程度用一个高度为$\delta$的台阶表示，由于有一个台阶升高，管道在台阶以下和以上分别被抬起$L_1$和$L_2$两部分。$L_1$和$L_2$的值是待定的，因此这是一个动边界问题。

管道微元的内力和挠度如图6.16所示。管道截面上的任一点的应变、应力以及截面的弯矩分别为

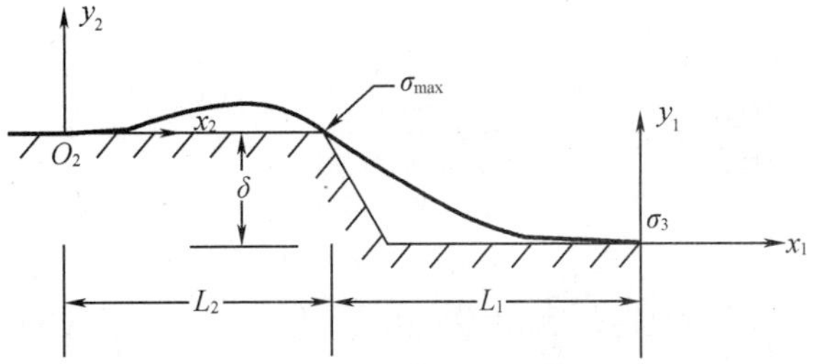


图6.15　挖沟状态下的管道模型

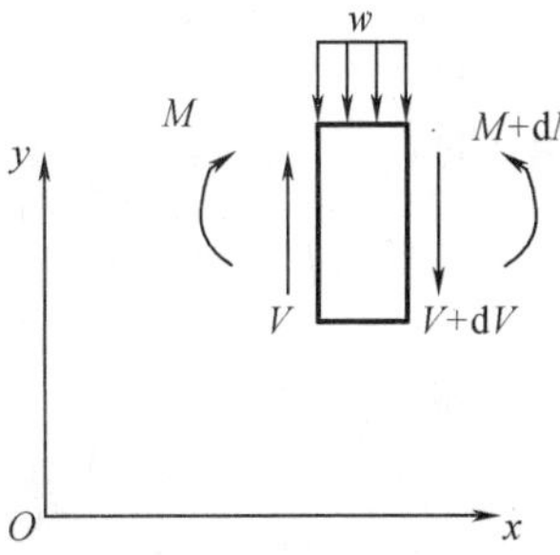


图6.16　管道微元体受力图

$$\varepsilon = -y \cdot \frac{d^2 v}{dx^2} \tag{6-31}$$

$$\sigma = -E \cdot y \cdot \frac{d^2 v}{dx^2} \tag{6-32}$$

$$-M = \int \sigma \cdot y \cdot dA \tag{6-33}$$

式中 $y$——管截面上任一点距中面的距离；

$v$——管线的挠度；

$E$——弹性模量；

$A$——截面积。

考虑到：

$$w = -\frac{dv}{dx}, \quad V = \frac{dM}{dx}, \quad I = \int y^2 dA$$

式中 $A$——单位长度管道的管重；

$I$——管道截面的惯性矩。

得到的管线控制微分方程为：

$$\frac{d^4 v}{dx^4} = -\frac{w}{EI} \tag{6-34}$$

为了方便，首先把有关变量无量纲化。定义管道的特征长度 $L_C$ 为

$$L_C^3 = \frac{EI}{w} \tag{6-35}$$

将有关变量做无量纲变换：

$$y_1^* = \frac{y_1}{L_C}, \quad y_2^* = \frac{y_2}{L_C}, \quad x_2^* = \frac{x_2}{L_C} \tag{6-36}$$

将管道的微分方程(6-34)做无量纲变换可得：

$$\frac{d^4 y_1^*}{dx^{*4}} = -1, \quad i = 1, 2 \tag{6-37}$$

方程(6-37)的解为以下形式：

$$y_1^* = -\frac{x_1^{*4}}{24} + k_3 x_1^{*3} + k_2 x_1^{*2} + k_1 x_1^* + k_0 \tag{6-38}$$

$$y_2^* = -\frac{x_1^{*4}}{24} + d_3 x_1^{*3} + d_2 x_1^{*2} + d_1 x_1^* + d_0 \tag{6-39}$$

边界条件为：

$x_1^* = 0$ 时，

$$y_1^* = 0, \quad \frac{dy_1^*}{dx_1^*} = 0, \quad \frac{d^2 y_1^*}{dx_1^{*2}} = 0 \tag{6-40}$$

$x_2^* = 0$ 时，

$$y_2^* = 0, \quad \frac{dy_2^*}{dx_2^*} = 0, \quad \frac{d^2 y_2^*}{dx_2^{*2}} = 0 \tag{6-41}$$

$x_1^* = -\frac{L_1}{L_C}$ 时，

$$y_1^* = \frac{\delta}{L_C}, \quad \frac{dy_1^*}{dx_1^*} = \theta, \quad \frac{d^2y_1^*}{dx_1^{*2}} = \kappa \tag{6-42}$$

$x_2^* = \frac{L_2}{L_C}$时，

$$y_2^* = 0, \quad \frac{dy_2^*}{dx_2^*} = \theta, \quad \frac{d^2y_2^*}{dx_2^{*2}} = \kappa \tag{6-43}$$

式(6-38)和式(6-39)中有8个未知数，另外$L_1$,$L_2$也是未知的，因此共有10个未知数。式(6-40)至式(6-43)共提供10个边界条件，因此正好可以确定10个未知数。在$k_i$、$d_i(i=0,1,2,3)$、离地长度$L_1$、$L_2$求出以后，就可以得到第一段和第二段被抬起管道的挠曲线形状$y_1^*$和$y_2^*$，进而可以得到每个截面弯曲应力$\sigma$沿管道长度方向的分布：

$$\sigma_{max} = \frac{EIR}{I}\frac{d^2y_1}{dx_1^2} \tag{6-44}$$

式中 $R$——管道外径。

用无量纲表示则有

$$\sigma_{max} = \frac{ER}{L_C}\frac{d^2y_1^*}{dx_1^{*2}} \tag{6-45}$$

### 6.4.2 高温高压管防护

对于高温/高压管道整体屈曲的设计通常存在两种设计目标：第一种设计目标是限制管道发生整体屈曲；第二种设计目标是允许管道发生整体屈曲，但是管道后屈曲的弯矩与应变均应在允许的范围内，即管道在控制下屈曲。

高温高压海底管道的热屈曲问题已成为管道稳定性设计的重点问题，直接制约了海上油气资源的开发，由于管道输送着大量油气，一旦破坏或发生泄漏，将会给国家经济和环境带来巨大的破坏，因此实际工程中管道热屈曲的防护成了设计和施工的重点问题。表6.2列举了工程中常见的深水高温管道的屈曲防护措施的作用、缺点和造价。

**表6.2 抗屈曲设计技术措施比较**

| 措施 | 方法 | 作用 | 缺点 | 造价 |
|---|---|---|---|---|
| 1 | 预冷 | 降低热荷载 | 需要原油冷却装置 | 低 |
| 2 | 双层管 | 增加弯曲刚度 | 增加造价和建造难度 | 高 |
| 3 | 预拉力 | 降低轴向压力 | 使用前需要高温预热 | 低 |
| 4 | 增加约束 | 提升临界载荷 | 成本高，实施受限制 | 高 |
| 5 | 屈曲初始化 | 释放轴力 | 管道施工复杂 | 中 |
| 6 | 其他措施 | 热补偿器 | 安装困难，增加造价 | |

措施1是通过降低管道温度载荷，使其小于热屈曲的临界载荷来防止管道的热屈曲，对管道自身没有影响，实际工程中管道温度载荷的设定是由输送路由长度和输送介质等因素影响的，当输送介质和输送长度确定后，温度载荷的下限值为定值，因此只有当原有的温度

载荷高于输送要求时，措施1才适用。措施2、3和措施4是工程上常用的屈曲防护措施。措施5是比较新的防止海底管道热屈曲的措施，其主要内容包括蛇形铺管法、枕木法和分布浮力法，相比于以上措施其施工成本较低，但需要较高的设计要求。从长远看来，在铺设难度接近极限的深水水域，利用控制范围内的屈曲变形释放高温引发的轴力，几乎是解决深水长距离高温输送的唯一途径。

对于限制管道发生整体屈曲的设计目标，通常采用挖沟埋设或堆石的方法来限制管道发生整体屈曲。对于埋地管道，管道的埋深是设计的控制因素，只有在埋设深度满足要求的情况下才能限制管道发生隆起屈曲。通过挖沟埋设或堆石以限制管道发生整体屈曲的方法在浅海施工中常采用(图6.17)。使用堆石或刚性约束可以提高隆起屈曲或横向屈曲模式的安全温度。我国的实际工程，关于压块保护的应用较广泛，该方法是在海底管道上间隔地或连续地铺设压块，利用压块的自身重力抵制海底管道的竖向屈曲。

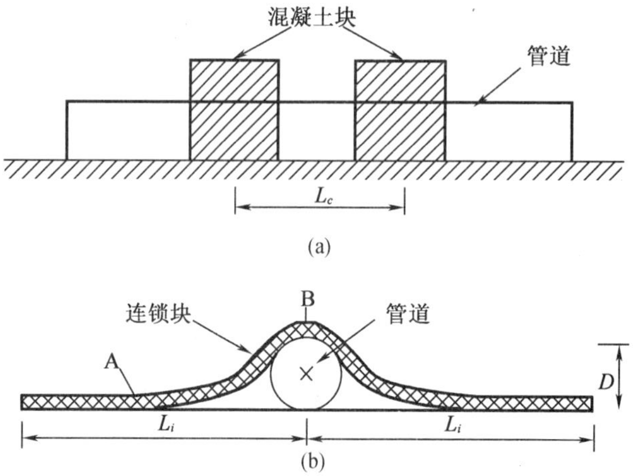


**图6.17　压块保护措施的主要形式**

(a)单块体保护措施;(b)连锁块保护措施

对于允许管道发生整体屈曲的设计目标，管道能否在预设位置发生整体屈曲非常重要，因此管道整体屈曲的临界载荷是第二种设计目标的关键因素。这种下屈曲的目标正成为深水边际油田开发中控制管道屈曲设计的唯一可行方法。在此设计目标中通常采用枕木法、蛇形铺设法及分布浮力法来激发管道的整体屈曲，如图6.18所示。枕木法通过在管道下铺设枕木引入垂直几何缺陷来激发管道横向屈曲，然而对于仅引入垂直缺陷的枕木对应的管道屈曲的临界载荷很大，将有可能导致没有在预设位置发生整体屈曲。蛇形铺设法通过控制铺管半径和铺管管段长度来控制管道屈曲的临界载荷及后屈曲的弯矩及变形，若铺管半径及铺管段长度选择不当，将有可能导致整体屈曲没有在预设位置发生。分布浮力法通过在管道上引入浮力漂来降低管道单位长度的有效重力，以降低管道与海床之间的摩擦力。

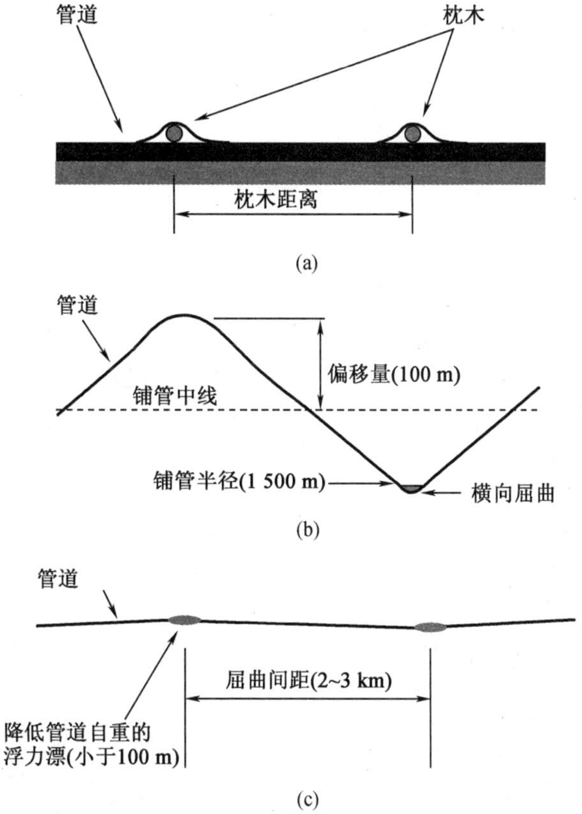


**图 6.18 激发管道整体屈曲措施**

(a)枕木扰动法;(b)蛇形铺管法;(c)分布浮力法

### 6.4.3 海底滑坡的影响

海底管道在位稳定性可能遭遇的不良地质条件的威胁主要包括海底滑坡(图 6.19)对管道造成的冲击和海床冲刷。海底管道因海床运动而发生破坏实际上是海床 - 管道 - 外力三方面相互作用的结果。砂质海床在地震和波浪作用下会发生液化现象,淤泥质海床也存在很大的流变性,当海底管道铺设在这些性质不稳定的海床上时很可能由于海床塌陷、冲蚀而发生强度或变形破坏。美国 MMS(Minerals Management Service)对墨西哥湾 20 世纪 70 年代至 90 年代二十年间的海底管道失效事故原因进行了统计发现:海底淤泥滑动是造成海底管道事故的原因之一,比例超过了 10%。

海底滑坡最普遍的类型是失稳岩土体的块体滑动。海底边坡土体失稳后,许多未固结沉积物在滑移过程中逐渐崩解演变为碎屑流和泥流。碎屑流和泥流在流动过程中,其较粗的碎屑都是由间隙流体和细粒沉积物的混合体所支撑。它们的区别在于基质成分不一样:碎屑流基质中粗颗粒物质含量一定大于一半,而泥流基质中细颗粒物质占绝大比例。典型的海底滑坡系统通常包含三大部分:①上部的滑坡源区,发育裂隙带,构成许多阶梯状张裂隙断层和断壁陡坎。②中部滑坡沉积物的输送区。③下部滑坡体的堆积区,受到挤压作用形成褶皱,表面呈现出挤压迹象;滑坡体的边缘形成上凸的陡缘;滑动体的外表面常有从滑坡体上分离出来的块体、次级剪切面和变形的碎屑流动构造。

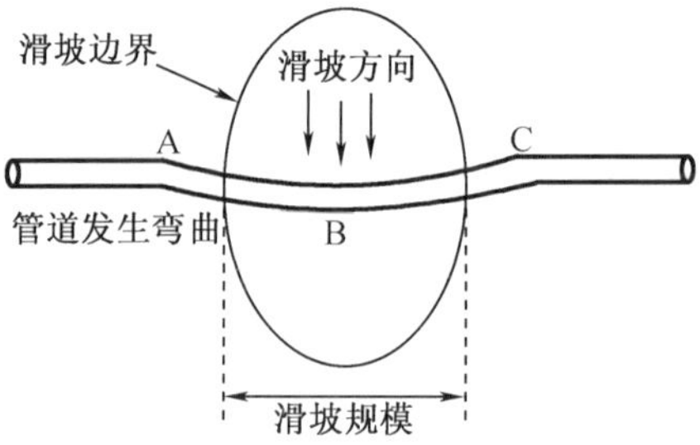


图 6.19　滑坡失稳现象

大多数海底斜坡稳定性评价可以归为 3 类:极限平衡法、数值分析法和概率统计法。极限平衡分析法的理论要点是当斜坡沉积物的抗剪强度降低以后,坡体内存在一达到极限平衡状态的滑面,滑体处于临界失稳状态。处于极限平衡状态的滑动面满足摩尔 - 库仑准则。数值分析法是以描述滑坡体内部应力、应变特征的本构模型为基础来分析给定海底斜坡的变形和稳定问题。较常用的数值分析法包括有限差分法、有限元法、半解析元法和离散元法等。这类方法能够得出斜坡各点、各部位的稳定状态,能描述应变 - 应力的发展过程,有助于认识海底滑坡的机理。与传统的用确定值来表达土体特性的方法相反,概率法考虑土体性质的不确定性,采用均值和标准偏差值来表示,将不确定的因素(如沉积物层面及边界条件的不确定、土体性质的变异性、载荷及分布的不确定性和计算模型的不确定性,斜坡稳定性系数等)考虑为一系列不确定的或随机的变量函数。

### 6.4.4　海底冲刷及防护

海底管道所处的海底环境通常非常恶劣,在波、流的联合作用下,管道底部的土体可能发生侵蚀和转移,使管道悬空失稳,引起管道的破坏。当海底管道裸置于海床上时,在波浪的作用下,管道与土体接触的部分会产生压力差,导致其下部海床内发生渗流作用,且渗流随着两侧压力差的增加而增加。管道下方的渗流会造成下游土体发生液化,管涌现象发生,冲刷开始,继而管道底部被掏空,冲刷坑逐步形成,则会使埋置的管道重新暴露,失去支承,或管道底部被冲刷淘空,在外力作用下出现管道移位、上浮、振动,丧失稳定性,乃至破坏。

海底管线的冲蚀淘空,会对它的安全运营构成很大的威胁,在管线安装之前,需要对涉及的海域的海底地质、水动力条件等进行详细的调查,并对该海域做出正确的冲刷稳定性评价,以选择合适的管道路由。路由确定之后,还要根据具体工程,在管道施工中采用有针对性的冲刷防治对策,以尽可能保证海底管线的稳定性。

对于浅水区,土壤的不冲刷可用允许流速[$v$]来确定。这个允许流速与管道地基土壤的物理力学性质有关,对于一般土壤(包括卵石、碎石、块石)可参考表 6.3 确定。

**表 6.3 土壤的不冲刷允许流速**

| 土壤类别 | 颗粒直径/mm | 允许流速 $[v]/(\mathrm{m/s})$ | 土壤类别 | 颗粒直径/mm | 允许流速 $[v]/(\mathrm{m/s})$ | 备注 |
|---|---|---|---|---|---|---|
| 非黏性土 | $d \geqslant 3.03$<br>$1.18 \leqslant d \leqslant 3.03$<br>$5.65 \times 10^{-1} \leqslant d \leqslant 1.18$<br>$6.5 \times 10^{-3} \leqslant d \leqslant 5.65 \times 10^{-1}$ | $\sqrt{0.809d}$<br>$\sqrt{1.34d^{31/32}}$<br>$\sqrt{0.56d}$<br>$\sqrt{0.08541d^{11/32}}$ | 碎砾石 | $d=10$<br>$d=50$<br>$d=100$ | 0.5<br>1.0<br>1.5 | 指浅水区底流速 $u_b$ |
| 黏性土 | 黏土和硬质黏性土 | 可不考虑冲刷 | | | | |
| | 含有机质淤泥 | 0.017~0.022 | 石块 | $d=200$<br>$d=400$<br>$d=600$ | 2.0<br>3.0<br>4.0 | |

设波浪与海流联合作用的速度为 $u_b$，则为了不发生管道底部的地基冲刷，必须满足条件

$$u_b < [v]$$

目前，国内外工程上常用的保护措施主要有以下几种：

1. 挖沟埋设

采用这种措施保护海底管道，关键的问题是确定埋置深度。设计时需考虑波浪、潮流、底质特性、海床液化势等多种因素。回填物质一般可利用挖出来的土，但是为了抵抗液化可能性，往往选择比原先土颗粒粒径稍大的土，此时渗透性较大，孔压消散比较快，从而降低液化风险。

海底管道挖沟埋设，能避开、减轻或防止管道损伤或使损伤的危险减至最少，因而世界各国都对管道埋设有一定要求。在近岸浅水区，管道必须埋设覆盖，以防复杂的波流作用。

2. 水下抛石覆盖层保护

在管道挖沟埋设回填之后，可以在顶部使用水下抛石覆盖以增强管道抗冲刷。对于那些无法埋置至设计深度之下的管道，可以允许其有一定的出露，然后用石块覆盖。这种措施在设计时，需要考虑覆盖层的稳定性，但若直接将石块抛至海床面，由于浪、流的作用，块体可能会下沉，从而失去保护作用导致管线遭受更严重的损坏。因此，往往采用成层铺设的方式，在最下层铺设细颗粒，在最上层铺设块体等粗颗粒。

3. 水下垫层保护

类似于水下抛石覆盖层，这种措施通过在管道上部铺设各种垫层来提供其在位稳定性。常见的垫层有混凝土块体垫层、水下沙包垫层、土工织物垫层等。采用这种方式保护管道时，要注意垫层的刚性边缘引起的海床冲刷，因为如果在垫层与海床之间产生了很小的通道，那么由前文所述，这种小通道会在垫层底部引起很大的冲深，从而可能造成管道的破坏。

4. 砂被保护

砂被，类似于羽绒被形式，采用高强度机织土工布，内填细粉砂。它的主要优点是砂被具有一定的柔性，与管道、海床吻合较好。我国东海平湖油气田上海芦潮港海域和浙江岱

山海域采用了此技术，施工效果良好，为管线保护积累了宝贵的经验。

砂被的制作中，必须注意应使其具有足够的柔性，并且厚度适中，若厚度过大将会在边缘处引起新的冲刷。土工布要满足施工起吊中的抗拉强度，砂被内充填的细砂需具备抗冲刷能力并满足吊机的起吊重量要求。

5. 仿生防护技术

水下抛石、垫层、砂被等防冲刷措施的主导思想是希望通过一些抗冲刷能力强的物质来保护管道，阻止冲刷发生，这类方法虽具有一定的防冲刷效果，但是如果处理不当，这些块体的存在可能会导致海床"二次冲刷"。仿生防护技术是借鉴沙漠地区防风固沙的原理，模仿我国东南沿海的红树林防护带，采用耐海水浸泡、抗长期冲刷的新型材料加工成仿生海草，利用仿生海草安装基垫以及专门的锚固装置，依照一定的规律布置在海底，从而控制冲刷。

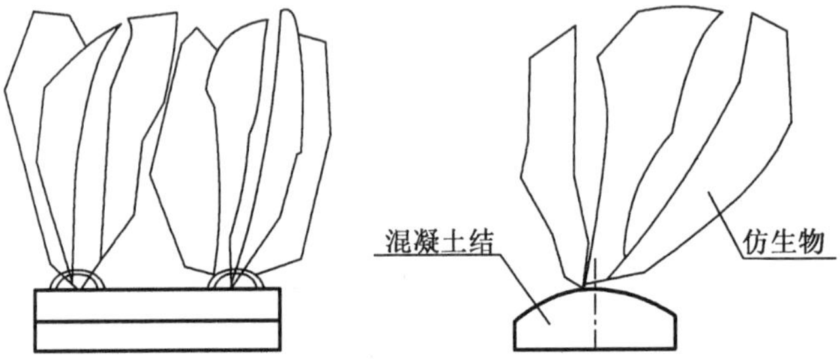


**图 6.20　重块式仿生物示意图**

这一技术的作用机理是，依靠仿生海草的柔性黏滞阻尼作用，使得海底水流经过这一区域时，流速得到降低，减弱了流体对海底的冲刷，同时，流速的降低也造成水流挟沙力的减小，那么，水流中夹带的泥沙便会由于自身重力的作用不断沉积，沉积下来的泥沙由于仿生物的来回摆动，会形成相当密实的泥沙层，有效控制冲刷。

6. 利用导流装置(spoiler)方式

导流方式适用于水流流速较急的海域。如果施工海域冲淤幅度大，传统的挖沟埋设方法无法达到设计埋深时，也可以考虑采用技术促使管道自埋来保护管道。导流技术通过加快管线周围冲刷速度，加大冲刷幅度，并促使管线自埋来避免管道冲刷。阻流器装置类似于固定在管道上的"鳍"，它利用水动力学原理，使"鳍"周围的水流产生涡流，冲刷管线底部。该技术相比于传统的人工挖沟埋设，不仅费用较低，而且在设计运营期内，避免了由于海床冲刷变化而导致管线悬空而带来的稳定性威胁，减少了悬空管线的抢修工作。同时，通过设置在管道表面及尾流范围内的各种不同形式的绕流器具，还可以破坏漩涡的形成和强化，从而控制涡激振动，加长管道寿命期。该技术于 1988 年首次应用于英国北海的海底管道铺设，取得了良好效果。我国于 2003 年在甬 - 沪 - 宁管道杭州湾铺设工程中首次应用了这项技术，铺管完成 3 个月后，经过潜水检验，管道达到了预期埋深。

使用上述措施来避免或减少海底管道的冲刷影响时，必须定时监测相应区段是否有冲刷现象发生以及保护措施是否起到了作用，以便及时发现情况，并尽快采取补救措施。海底管线冲刷悬空之后，为保持它的稳定性，工程上采用了以下治理方法：

(1)水下支撑桩法。在悬空段打入支撑桩撑起管道，桩顶需高出管道顶，桩间距要小于允许悬空长度，支撑桩沿悬空管道两侧交替设置。该法施工简单，便于实施，同时它不影响管道的生产运营。该法可以有效固定海底管道,减小悬空长度,防治管道横向振动,保证其安全运营。

(2)回填悬空段法。当管道底部悬空不大时,采用水下支撑桩法成本过高,因此可以利用砂袋、灰浆袋、砾石等材料,来回填管道底部的冲刷坑,防治悬空的继续恶化以及漩涡的冲刷,并抑制悬空管道的摆动。

(3)柔性管法。使用柔性管在一定程度上是适应冲刷的手段。悬空的管道由于自身重力以及底流的作用,会发生变形,柔性管可以顺应变形,减小受力。柔性管主要有两种金属软管和带钢丝网夹层的橡胶软管。

除此之外,还有增重法、压载法、锚杆固定法、锚桩固定法、减冲法、减振法,等等。

# 第7章　海底管道铺设力学

在管道铺设中悬垂段管道跨度大，受力复杂，管道变形问题是管道铺设中最为关键的问题，且管线也易发生屈曲。为了保证管线在铺设过程中的安全，在施工过程中需要考虑环境参数和管线参数的变化，及时对整个铺设系统进行分析，调整施工参数，以保证管线的安全。目前，出现了非线性有限元法、细长杆元法、集中质量法等数值分析方法，很多的商业软件均可进行类似分析，如 Offpipe、Sesam、HydroStar、AQWA、OrcaFlex 等。

铺管船运动响应分析时可采用频域分析方法或时域分析方法进行，两种方法有着各自的优缺点。频域方法由于自身特点，只能处理稳态运动情况，运动和受力均为简谐量。通过把等效载荷分解成与垂荡或纵摇相关的简谐量，加入频域运动方程中一起求解，进而考虑托管架、张紧器和管线的影响。该方法的优点是方法简单，计算速度快，但无法考虑非线性问题。时域方法优点明显，处理非线性问题方法简单，但是计算时间也较长。

全面考虑铺管船－管线相互作用时，分析方法与处理平台和锚泊缆/立管动力响应耦合求解方法类似。平台和锚泊缆/立管动力响应耦合求解需满足两者在连接处位移和受力一致的边界条件，目前常用的数值模型是在平台和系泊系统连接处设置弹簧、阻尼器等连接元件，从而使得两者间连接作用力与相对位移、相对速度有关，两者动力学方程通过弹簧反力（矩）、阻尼力（矩）耦合在一起，从而形成一个浮体和柔性体动力学系统同时求解的多自由度方程组。类似地，铺管作业时域分析采用相同的耦合方法，差别在于悬垂管线与铺管船的连接通过托管架、张紧器接触来实现。

本章仅从简化铺管分析理论入手，介绍铺管过程中管线的静力和动力分析方法，主要内容包括以下4部分：

- 悬垂管线理论；
- 简化静力分析；
- S形铺设管线的动力分析；
- 集束管道复合式拖航问题。

## 7.1　悬垂管线理论

### 7.1.1　自然悬链线理论

悬链线是指一种具有均质、完全柔性而无延伸的链或索自由悬挂于两点上时所形成的曲线。如图7.1所示为一悬链线形态管道，设垂向高度为 $h$，悬链线的下端与 $x$ 轴相切于 $O$ 点，顶端 $A$ 受到张力 $T$，其水平分力与垂直分力分别为 $T_O$ 和 $T_V$。$l$ 为管道长度，$X$ 为管道的水平投影长度，$\theta$ 为悬链线顶端切线方向与水平面的夹角，$\alpha$ 为悬挂角（$\alpha = 90° - \theta$）。

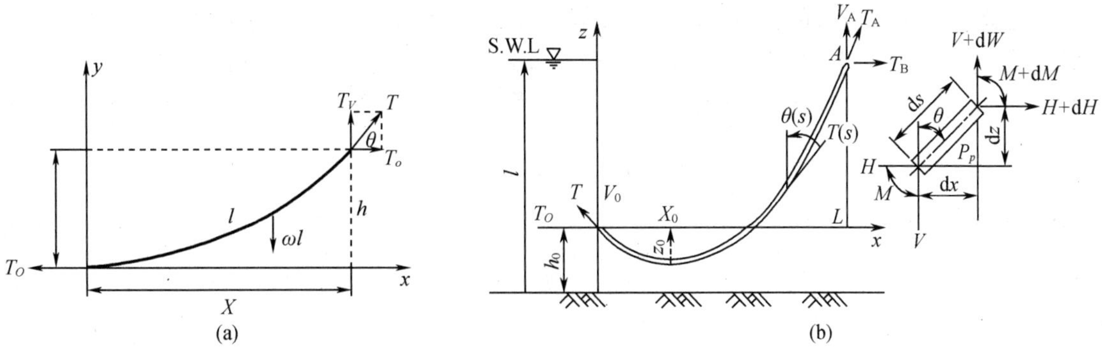


**图 7.1　悬链线形态管道受力图**

(a)自然悬链线受力图;(b)加强悬链线受力图

因 $T_V$ 等于管道水下总重量,而 $T_O$ 等于底端水平张力,在悬链线各点为常值,故有:

$$\begin{cases} T_T\sin\theta = T_T\cos\alpha = \omega l = T_V \\ T_T\cos\theta = T_T\sin\alpha = T_O \end{cases} \tag{7-1}$$

式中　$\omega$——管道在水中单位长度的重力。

取悬链线一微元段 $\mathrm{d}l$,则有

$$\mathrm{d}T_V = \omega\mathrm{d}l \tag{7-2}$$

及

$$T_V = T_O\frac{\mathrm{d}h}{\mathrm{d}x} \tag{7-3}$$

将上式对 $x$ 微分,则得

$$T_O\frac{\mathrm{d}^2h}{\mathrm{d}x^2} = \omega\frac{\mathrm{d}l}{\mathrm{d}x} = \omega\sqrt{1+\left(\frac{\mathrm{d}h}{\mathrm{d}x}\right)^2} \tag{7-4}$$

或

$$\frac{\left(\dfrac{\mathrm{d}^2h}{\mathrm{d}x^2}\right)}{\sqrt{1+\left(\dfrac{\mathrm{d}h}{\mathrm{d}x}\right)^2}} = \frac{\omega}{T_O} \tag{7-5}$$

将式(7-4)积分两次可得到悬链线曲线方程:

$$h = a\left(\mathrm{ch}\frac{x}{a}-1\right) \tag{7-6}$$

式中　$a$——悬链线参数,

$$a = \frac{T_O}{\omega} \tag{7-7}$$

根据式(7-6),并通过力的平衡分析和演算可得到给定状态下悬链线各状态参数之间的关系式:

$$l = a\mathrm{sh}\frac{x}{a} = h\sqrt{1+\frac{2a}{h}} = \sqrt{h^2+2ah} \tag{7-8}$$

$$x = a\mathrm{ch}^{-1}\left(1+\frac{h}{a}\right) = a\ln\left(\frac{h}{a}+\sqrt{\left(\frac{l}{a}\right)^2+1}\right) \tag{7-9}$$

在水深 $h$ 和悬链线的单位长度重力 $\omega$ 给定下，给出悬链线参数 $a$ 便可决定全部悬链线状态参数。为了对管道的强度进行校核，需要推导出悬链线的其他相关参数。根据式(7－1)和式(7－7)可得悬挂角为

$$\alpha = \arctan\left(\frac{a}{l}\right) \tag{7-10}$$

顶端张力为

$$T_T = \sqrt{T_O^2 + T_V^2} \tag{7-11}$$

呈悬链线状管道内部弯矩为

$$M_b = \frac{EI}{\rho} \tag{7-12}$$

式中 $I$——管道横截面的惯性矩；

$\rho$——管道各点的曲率半径；

$EI$——管道抗弯刚度。

曲率公式为

$$K = \frac{y''}{(1 + y'^2)^{\frac{3}{2}}} \tag{7-13}$$

曲率半径公式为

$$\rho = \frac{1}{K} \tag{7-14}$$

式(7－13)中：

$$y' = \frac{\mathrm{d}h}{\mathrm{d}x} \tag{7-15}$$

$$y'' = \frac{\mathrm{d}^2 h}{\mathrm{d}x^2} \tag{7-16}$$

将式(7－6)分别代入式(7－15)和式(7－16)得

$$\frac{\mathrm{d}h}{\mathrm{d}x} = a \times \frac{1}{a} \times \mathrm{sh}\,\frac{x}{a} = \mathrm{sh}\,\frac{x}{a} \tag{7-17}$$

$$\frac{\mathrm{d}^2 h}{\mathrm{d}x^2} = \frac{1}{a} \times \mathrm{ch}\,\frac{x}{a} = \frac{1}{a}\mathrm{ch}\,\frac{x}{a} \tag{7-18}$$

当 $x=0$ 时(即管道中点位置)，由式(7－17)和式(7－18)得到：

$$\frac{\mathrm{d}h}{\mathrm{d}x} = 0 \tag{7-19}$$

$$\frac{\mathrm{d}^2 h}{\mathrm{d}x^2} = \frac{1}{a} \tag{7-20}$$

将以上两式分别代入式(7－13)和式(7－14)得

$$\rho = a \tag{7-21}$$

将式(7－21)代入式(7－12)得

$$M_b = \frac{EI}{a} \tag{7-22}$$

根据式(7－12)至式(7－16)可以求得呈悬链线状管道的内部弯矩分布，利用式

(7－8)可获得拖缆在不考虑海流作用力下的形态以及长度。

需要说明的是,自然悬链线法在平衡方程中忽略了管道的刚度从而使计算大大简化。管道较短时,其刚度对变形形态影响较大,这种简化因为忽略了刚度会产生较大的误差,计算结果偏于保守。管道较长时,管道类似于钢索,其弯曲刚度可以忽略,用自然悬链线法计算不会产生太大的误差。

### 7.1.2 加强悬链线理论

自然悬链线理论忽略了管道的弯曲刚度,结果偏于保守。当管道长度较短,必须考虑弯曲刚度时,需要采用刚悬链线理论。刚悬链线理论考虑了管道的弯曲刚度,其计算精度较高但计算过程比较烦琐。加强悬链线管道平衡方程为

$$EI\frac{\mathrm{d}^2\theta}{\mathrm{d}s^2}+H\cos\theta-V\sin\theta=0 \tag{7-23}$$

$$\frac{\mathrm{d}H}{\mathrm{d}s}=0 \tag{7-24}$$

$$\frac{\mathrm{d}V}{\mathrm{d}s}=0 \tag{7-25}$$

$$\frac{\mathrm{d}z}{\mathrm{d}s}=\cos\theta,\frac{\mathrm{d}x}{\mathrm{d}s}=\sin\theta \tag{7-26}$$

由梁理论的弯矩公式可得

$$M=-EI\frac{\mathrm{d}\theta}{\mathrm{d}s} \tag{7-27}$$

引进以下无因次参数:

$$y=s/S-V_0/wS,\quad y_0\leqslant y\leqslant y_A \tag{7-28}$$

$$h=H/wS,\alpha^2=EI/wS^3 \tag{7-29}$$

式中 $\alpha^2$——小参数,表示刚度强弱,利用上述无因次量,式(7－23)可改写为

$$\alpha^2\frac{\mathrm{d}^2\theta}{\mathrm{d}y^2}+h\cos\theta-y\sin\theta=0 \tag{7-30}$$

当$\alpha\neq0$时,上式为一非线性微分方程。它的求解可用奇异摄动中的匹配渐近展开法在给定的边界条件下进行。如果设柔性管道两端的弯矩均为零,则按匹配渐近展开法得出转角的解为:

$$\theta(y)=\tan^{-1}\left(\frac{h}{y}\right)-\frac{ah}{(h^2+y_0^2)^{\frac{5}{4}}}\exp[-\sigma(y-y_0)q_1(y)]+\frac{ah}{(h^2+y_A^2)^{\frac{5}{4}}}\exp[-\sigma(y_A-y)q_2(y)] \tag{7-31}$$

式中 $\sigma=\dfrac{1}{a}$;

$q_1(y)=\dfrac{1}{y-y_0}\displaystyle\int_{y_0}^{y}(s^2+h^2)^{\frac{1}{4}}\mathrm{d}s$;

$q_2(y)=\dfrac{1}{y_A-y}\displaystyle\int_{y}^{y_A}(s^2+h^2)^{\frac{1}{4}}\mathrm{d}s$。

事实上，式(7－31)右端第一项就是自然悬链线解，余下两项则表示了管道两个端部附近的刚度影响。管道的弯矩以无因次变量可表达为

$$M=\frac{EI}{S}\left(-\frac{\mathrm{d}\theta}{\mathrm{d}y}\right) \tag{7-32}$$

悬链线的形状可按下式给出：

$$z(y)/S=\{(h^2+y^2)^{\frac{1}{2}}-(h^2+y_0^2)^{\frac{1}{2}}\}+\frac{a^2h^2}{(h^2+y_0^2)^2}\{1-\exp[-\sigma(y-y_0)q_1(y)]\}\quad(y_0\leqslant y\leqslant 0) \tag{7-33a}$$

$$z(y)/S=\{(h^2+y^2)^{\frac{1}{2}}-(h^2+y_0^2)^{\frac{1}{2}}\}+\frac{a^2h^2}{(h^2+y_A^2)^2}\{1-\exp[-\sigma(y_A-y)q_2(y)]\}\quad(0\leqslant y\leqslant y_A) \tag{7-33b}$$

在给定管道长度 $S$ 时，上述加强悬链线解可用来决定 $y_0$、$y_A$ 和 $h$。换算成有因次量，即可得出管道静平衡时的各种要素（包括管道弯矩）。

### 7.1.3 拖缆二维定常理论

悬链线理论是建立在与拖缆重力相比作用在拖缆上的流体作用力可以忽略的基础上的，如果流体作用力不能忽略的话，需要采用以下的拖缆二维定常理论。

假定缆索是均质的，在船舶拖带下，以定常水平速度移动，缆索完全处于由水平运动和垂直方向构成的平面内。因此，无论缆索或管道，在缆索平面外均不产生力，是二维问题。认为缆索是完全挠性的，除张力外，没有其他内力。作用于缆索某一单元的水动作用力仅取决于该缆索单元对流的角度，不受相邻缆索单元的影响。

如图7.2所示，在缆索上截取某一长度为 d$s$ 的微元。在微元中心处，缆索与运动方向所构成的倾角为 $\varphi$，称为缆索角，该处张力为 $T$。作用于微元上的外力有水动作用力和重力，单位长度上它们合力的切向和垂向分量分别为 $P(\varphi)$ 和 $Q(\varphi)$。这些外力必须与微元两端所受的内部张力平衡。容易看出，外力沿缆索的切向分量的作用是增加张力，而垂直分量则引起缆索弯曲，改变张力的作用线。

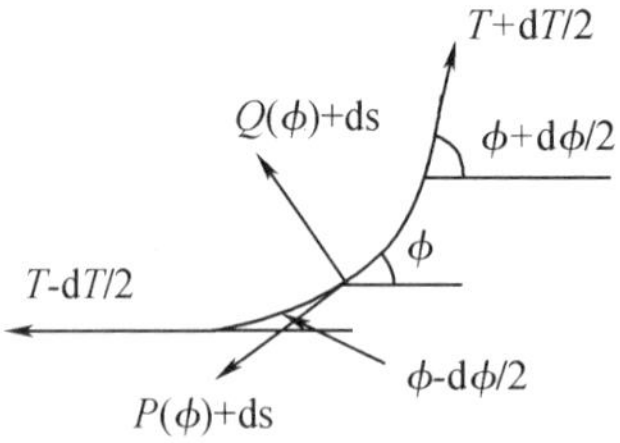


**图7.2 缆索微元的受力图**

由力的平衡关系，容易得到沿索单元长度缆索角和张力的变化分别为

$$T\mathrm{d}\varphi=-Q(\varphi)\mathrm{d}s \tag{7-34}$$

$$\mathrm{d}T=-P(\varphi)\mathrm{d}s \tag{7-35}$$

以上两式为描述缆索定常状态的基本微分方程。

当缆索在自由端没有被拖物体往下拖曳时，若忽略任何端部效应，则缆索的定常状态

将是一条直线,与水平运动方向成某一角度 $\varphi_c$。若拖缆下端连接有被拖物体,那么除开作用于物体上外力之合力与运动方向成 $\varphi_c$ 角的特殊情况外,物体将把缆索的下端部拉离直线状态。

为方便计,选坐标系如图 7.3 所示。原点位于缆索或其假想延伸线之缆索角为 90°的点上,$x$ 轴正向定义为运动方向,$oz$ 轴垂直向上。设被拖物体在该坐标系中的位置坐标为 $(x_0, z_0)$,该处张力为 $T_0$,缆索角为 $\varphi_0$;水面在 $z = z_1$ 处,缆索入水点的坐标为 $(x_1, z_1)$,该点处张力为 $T_1$,缆索角为 $\varphi_1$。缆长为 $s' = s_1 - s_0$,其中 $s_1$ 和 $s_0$ 分别为原点至入水点和被拖物体处沿缆索的曲线弧长。从图可知,拖缆的水平伸距为 $x' = x_1 - x_0$,拖体沉深为 $z' = x_1 - x_0$。

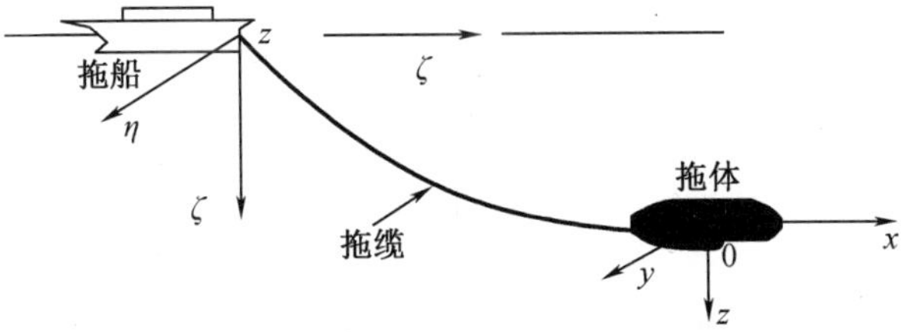


**图 7.3 拖缆系统的坐标系**

缆索上任意一点的张力可由某一参考点(该点上张力和缆索角已知)开始沿缆索将式(7-35)积分得到。实际的做法是从原点开始积分较为方便,原点上的缆索角已知为 90°,设该处的张力为 $\Delta_1$($\Delta_1$ 将在后面确定)。

将式(7-35)除以式(7-34),得到

$$\frac{dT}{T} = \frac{P(\varphi)}{Q(\varphi)} d\varphi \tag{7-36}$$

由原点至缆索的任一点积分易得

$$T = \Delta_1 \exp\left[\int_{\frac{\pi}{2}}^{\varphi} \frac{P(\varphi)}{Q(\varphi)} d\varphi\right] \tag{7-37}$$

将式(7-34)变形为

$$ds = -\frac{T}{Q(\varphi)} d\varphi \tag{7-38}$$

积分上式即得原点至缆索上某一点的缆索长度

$$s = \int_{\frac{\pi}{2}}^{\varphi} \frac{\Delta_1}{-Q(\varphi)} \exp\left[\int_{\frac{\pi}{2}}^{\varphi} \frac{P(\varphi)}{Q(\varphi)} d\varphi\right] d\varphi \tag{7-39}$$

因为沿缆长有

$$ds = \cos \varphi ds \tag{7-40}$$

$$dz = \sin \theta ds \tag{7-41}$$

缆索上任一点的坐标可由等价的积分计作

$$x = \int_{\frac{\pi}{2}}^{\varphi} \frac{\Delta_1}{-Q(\varphi)} \exp\left[\int_{\frac{\pi}{2}}^{\varphi} \frac{P(\varphi)}{Q(\varphi)} d\varphi\right] \cos \varphi d\varphi \tag{7-42}$$

$$z = \int_{\frac{\pi}{2}}^{\varphi} \frac{\Delta_1}{-Q(\varphi)} \exp\left[\int_{\frac{\pi}{2}}^{\varphi} \frac{P(\varphi)}{Q(\varphi)} d\varphi\right] \sin \varphi d\varphi \tag{7-43}$$

设拖缆的一些特征量是已知的,如直径 $d$,单位长度拖缆的水中重力 $W$,垂向阻力系数

$C_R$ 及单位长度拖缆垂直于流时的阻力 $R$ 等。在给定的拖速下，被拖集束管道的垂向力 $\Delta$ 和阻力 $D$ 也应是已知的。这样，缆索的端部条件容易计为

$$T_0^2 = \Delta^2 + D^2 \tag{7-44}$$

$$\cot \varphi_0 = \frac{D}{\Delta} \tag{7-45}$$

确定 $\varphi$ 后，在某一 $P(\varphi)$ 及 $Q(\varphi)$ 分布下，可求得与物体相连的点上缆索函数值 $\tau_0$，于是原点处的张力为

$$\Lambda_1 = \frac{T_0}{\tau_0} \tag{7-46}$$

将求得的 $\Delta_1$ 代入以上各式，即可得到拖缆的各点处张力和水下形态。

## 7.2　简化静力分析

铺管船法已经广泛应用于从浅海到深海的各种水深的海洋管道铺设，且已经成为深海中管道铺设的主要方式，见图7.4。在该方法中，管道被分为多个部分：部分搁置在铺管船，一部分悬于水中，另外一部分铺设于海床上；各个部分在连接点处的连续性使管道成为一个连续的整体。

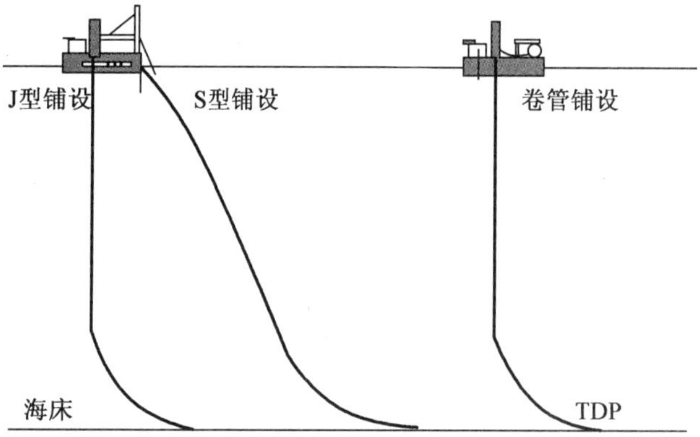


图7.4　铺管船法的三种管线构型

为了阐述铺管船法的静力分析，做出以下假设：(1)对于水中段，忽略管道的弯曲刚度；(2)铺设于海床的管道拉力假定为常量，忽略土体摩擦力对管道拉力的影响；(3)忽略管道的轴向变形，因为其对实际应用的影响很小；(4)假设铺设过程是一个平面问题。

### 7.2.1　卷管过程应变控制

卷管式铺管法主要分为上卷和退卷两个阶段。首先，在陆地上焊接好的管道被卷入一个大直径的卷筒上，然后将卷筒运输到铺管船上，完成上卷工作。其次，在管道铺设阶段，卷筒上的管道进行退卷，依次经过校准器、拉直器和张紧器，进而被铺设到海床上，完成退卷工作，见图7.5。校直器由上位履带组和下位履带组组成，退卷时下位履带组抱紧管道，上位履带组下压从而对行进中的管道进行校直。然而在上卷和退卷过程中，管道会发生数次的弯曲，产生往复的塑性变形，这会导致管道产生很大的截面椭圆度损伤，大大降低其屈

曲承载能力。DNV 规范推荐截面椭圆度公式为

$$f_{\text{reel}}=0.03\left(1+\frac{D}{120t}\right)\left(2\varepsilon_{\text{reel}}\frac{D}{t}\right) \tag{7-47}$$

式中　$\varepsilon_{\text{reel}}$——卷管最大应变。

当管道被卷至滚筒时，可以通过分析其弯曲时的曲率来分析管道的应力应变状态。

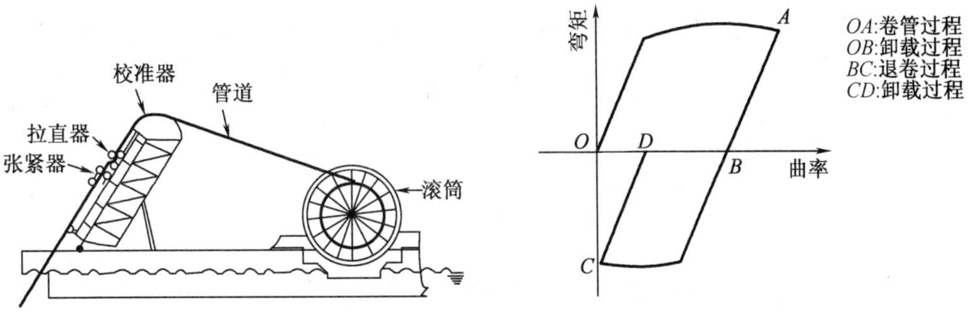


图 7.5　卷管铺设过程

下面假设管道卷至滚筒后任一纵向纤维的内应力与应变之间关系满足线性弹性关系，推导管筒上应变表达。

设有一段具有对称平面的管道，其内径为 $R_1$，外径为 $R_2$，弯曲前为一段平直的管道，弯曲后的弯曲半径为 $R_3$，如图 7.6 所示。这里假定材料是均匀各向同性的，并沿用弹性弯曲理论的两条基本假定，即：

(1) 平截面假定。它包含三层意思：变形前垂直于轴线的横截面在弯曲后仍为平面；横截面在弯曲后仍垂直于轴线；横截面的形状和大小在弯曲后保持不变。

(2) 单项应力假定。假定在弯曲过程中纵向纤维之间无挤压，纤维之间不存在横向应力，每根纤维都处于单向拉伸或单向压缩的应力状态。

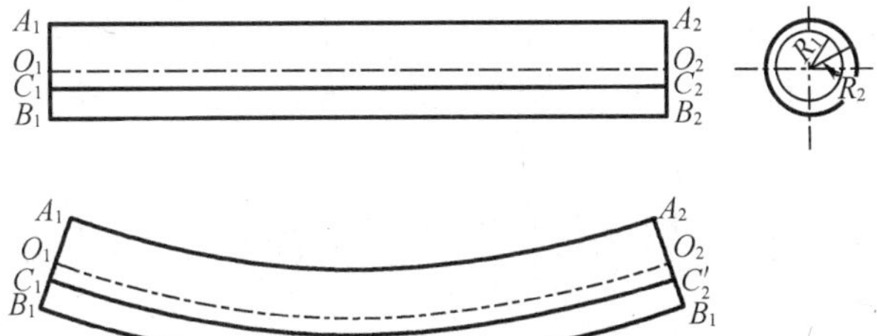


图 7.6　管道弹性弯曲

由于采用平截面假定，两个横截面 $A_1B_1$ 和 $A_2B_2$ 作相对旋转但仍都垂直于对称平面。于是凸面的纵向纤维受拉伸而凹面的纵向纤维受压缩。在垂直于对称平面的某一平面 $O_1O_2$ 上的纤维将保持长度不变，这一平面被称为中性平面，它将弯曲后的受拉纤维和受压纤维分开。中性平面与横截面的交线被称为截面的中性轴，它垂直于横截面的对称轴。按照两条基本假定，与 $O_1O_2$ 相距为 $z$ 的纤维 $C_1C_2$ 在管道弯曲后的长度 $C_1'C_2'$ 可由下式进行计算：

$$\frac{C_1'C_2'}{C_1C_2}=\frac{C_1'C_2'}{O_1O_2}=\frac{R_3+z}{R_3}=1+\frac{z}{R_3} \tag{7-48}$$

因此，$C_1'C_2'$纤维处的应变为

$$\varepsilon = \frac{C_1'C_2' - C_1C_2}{C_1C_2} = \frac{z}{R_3} = z\kappa \tag{7-49}$$

式中，$\kappa = 1/R_3$ 为中性轴弯曲后的曲率。上式表明，管道弯曲后的应变沿高度方向是呈线性分布的。如果两条基本假定成立，这一结论对任何本构关系的材料都是适用的。

如海管直径为 $D$，滚筒半径为 $R$，缠绕在滚筒上最内层海管的弯曲曲率为

$$\kappa_n = \left(R + \frac{1 + n\sqrt{3}}{2}D\right)^{-1} \quad n = 0, 1, \cdots, N \tag{7-50}$$

式中，$N$ 为卷筒上卷管层数。可知最大应变产生在滚筒最内层海管外侧($n = 0$)，即

$$\varepsilon_{\text{reel}} = \frac{D/2}{R + D/2} \tag{7-51}$$

根据 DNV-OS-F101 规范，卷管载荷组合校核需要按照应变控制式(4-45)进行校核。需要注意以下几点：

①不考虑温度升高导致的材料强度的折减；

②管道中无内压和外压；

③功能应变 $\varepsilon_f = \varepsilon_{\text{reel}}$，环境应变 $\varepsilon_e = 0$；

④条件载荷系数 $\gamma_C = 0.82$；

⑤安全等级取“低”。

### 7.2.2 S 形铺管组合载荷控制

在对 S 形铺管进行设计分析时，通常将管线划分为以下 4 部分(见图 7.7)：(1)拱弯段。从张力器到升离点(管线与托管架分离的点，LOP)之间的管线，即与托管架相接触的管线部分。(2)垂弯段。反弯点(弯矩为 0 的点，DP)与海床之间的管线部分。(3)中间段。升离点与反弯点之间的管线部分。(4)海床铺设段。管线在拱弯段的曲率和弯曲应力则一般取决于滑道支撑和托管架的曲率，管线在垂弯段的曲率则是通过放置在船尾部的张紧器产生张紧力来控制。

J 形及卷式铺管法一般仅仅包括垂弯段和海床铺设段。

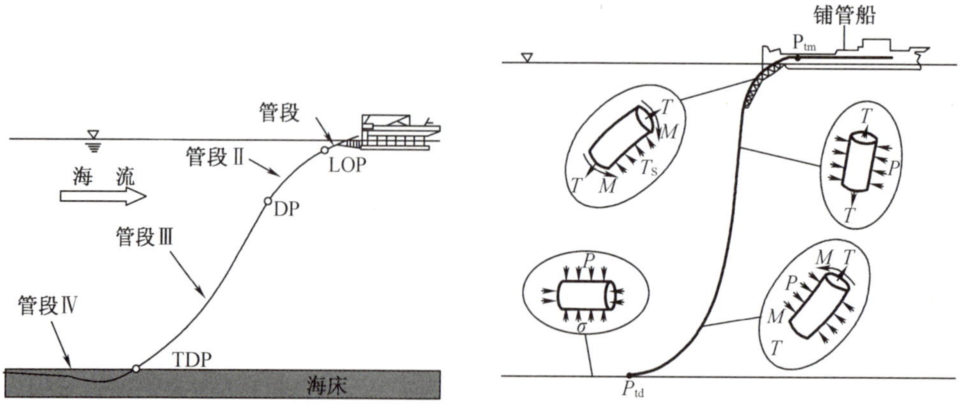


图 7.7　S 形铺管法分段示意图

针对管线上不同的分段，根据其特点可以采用不同的设计分析方法。

1. 拱弯段应变控制

拱弯段一般是从铺管船甲板上的张紧装置开始，经过船的滑道沿托管架向下延伸到管子不再由托管架支撑的地方为止。假定管子通过船和托管架时有均匀的曲率半径，于是上弯段的弯曲应变可根据公式(7－49)由下式计算：

$$\varepsilon_s = \frac{2\pi\left(\frac{D}{2}+R_s\right)-2\pi R_s}{2\pi\left(\frac{D}{2}+R_s\right)} = \frac{D}{2R_s+D} \tag{7-52}$$

式中　$D$——钢管外径；

$R_s$——上弯段曲率半径。

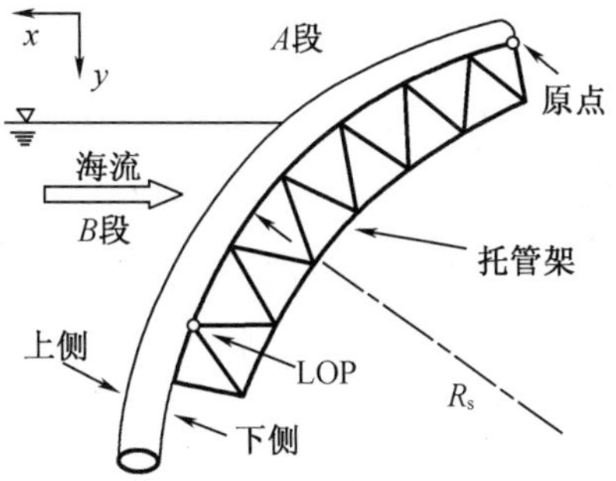


图7.8　拱弯段示意图

拱弯段轴向的拉应变在深水中也可能比较显著，但为了保守起见，忽略了轴向拉应变。根据 DNV－OS－F101 规范，上弯段载荷组合校核需要按照载荷条件 a(见表 4.9)下的应变控制(式(4－45))进行校核。需要注意以下几点：

①不考虑温度升高导致的材料强度的折减，即$f_{y,\mathrm{temp}}=0$，$f_{u,\mathrm{temp}}=0$；

②管道中无内压和外压；

③功能应变 $\varepsilon_f=\varepsilon_s$，环境应变 $\varepsilon_e=0$；

④条件载荷系数 $\gamma_C=1.0$；

⑤安全等级取“低”。

2. 悬挂段载荷控制

下弯段是从反弯点到海床着地点的一段管道，也就称为悬挂段。管道在铺设时，受到重力和张力的作用，将产生较大的弯曲。管线在下弯段的曲率由受到的轴向张力决定。悬链线模型是计算张力和曲率之间关系的最简单模型。悬链线模型忽略了管道的弯曲刚度，从管道与海床接触点(简称“着地点”)到托管架前端，张力的水平分量为常量，由于悬挂部分的自重，张力的竖直分量则不断增加。管道下弯段的铺设形态如图 7.7 所示，坐标原点位于着地点(TDP)，$x$ 轴指向铺管船为正，$y$ 轴竖直指向海平面为正。为了简化分析，这里近似假定反弯点与升离点重合。

管道的形状可以由下面的悬链线方程表达：

$$y = a\cdot\left(\cosh\frac{x}{a}-1\right),\quad a=\frac{T_h}{W_s} \tag{7-53}$$

式中 $T_h$——海底着地点处的水平拉力；

$W_s$——管道单位长度水下重力（无内容物）。

管道的曲率为

$$\kappa = \frac{\mathrm{d}\theta}{\mathrm{d}s} = \frac{\mathrm{d}^2 z}{\mathrm{d}x^2}\cos\theta = \frac{1}{a}\cos h\,\frac{x}{a}\cos\theta \tag{7-54}$$

式中 $\theta$——管道某点处切线与 $x$ 轴的夹角；

$s$——弧长。

在着地点即 $x=0$ 处曲率最大，最大曲率为 $\kappa_{sb} = \frac{1}{a}$，下弯段中管道的最大弯矩为

$$M_{sb} = \kappa_{sb} \cdot EI \tag{7-55}$$

假定悬链线理论的解从升离点到着触地点都是有效的，因此下弯段管道的垂直长度（即升离点到海底的垂直距离）为

$$d' = d + h - R_s \cdot (\sin\alpha_{\mathrm{lay}} - \sin\alpha_s) \tag{7-56}$$

式中 $d$——水深；

$h$——上弯段起始点到海平面的垂直距离；

$\alpha_s$——上弯段起始点的倾斜角，该角度较小；

$\alpha_{\mathrm{lay}}$——升离点的倾斜角。

因此，管道中张力的水平和竖直分量分别为

$$T_h = \frac{W_s \cdot d' \cdot \cos\alpha_{\mathrm{lay}}}{1 - \cos\alpha_{\mathrm{lay}}}$$

$$T_v = \frac{W_s \cdot d'}{1 - \cos\alpha_{\mathrm{lay}}} \tag{7-57}$$

由于托辊对管道的作用，张力的水平分量对上弯段部分的管道不起作用，因此铺管船尾张紧器对管道施加的拉力（计入上弯段管道的自重，忽略托辊的摩擦）为

$$T = \frac{W_s \cdot d'}{1 - \cos\alpha_{\mathrm{lay}}} + W_s \cdot R_s \cdot (\cos\alpha_s - \cos\alpha_{\mathrm{lay}}) \tag{7-58}$$

在方程（7-53）中，令 $y = d'$ 可得着地点到升离点的水平距离为

$$x_{td} = a \cdot \cosh^{-1}\left(\frac{d' + a}{a}\right) \tag{7-59}$$

管道总的悬挂长度（包括托管架部分）为

$$s_{\mathrm{span}} = a \cdot \sinh\left(\frac{x_{td}}{a}\right) + R_s \cdot (\alpha_{\mathrm{lay}} - \alpha_s) \tag{7-60}$$

在海床着地点处，所需的水平最小铺设半径

$$R_{\mathrm{lay}} = \frac{T_h}{\mu_{\mathrm{lat}} \cdot W_s} \tag{7-61}$$

DNV-OS-F101 规范中下弯段的载荷控制需按照载荷组合 a（见表 4.9）下的载荷控制条件（式（4-42））进行校核，校核时需注意以下几点：

①计算壁厚取安装条件下的壁厚，即不折减腐蚀余量；

②不考虑温度升高导致的材料强度的折减，即 $f_{y,\mathrm{temp}} = 0$，$f_{u,\mathrm{temp}} = 0$；

③内压 $P_i=0$，外压 $P_e=\rho gd$；

④功能弯矩 $M_f=M_{sb}$，环境弯矩 $M_e=0.0$；

⑤功能有效轴向力 $S_f=T_h$，环境有效轴向力 $S_e=0.0$；

⑥条件载荷系数 $\gamma_C=1.0$；

⑦安全等级取“低”。

3. 海床铺设段

通常海床处的流速是非常小的，所以海床处海流对管道的影响可以忽略。但是在靠近触地点（TDP）处，这部分的弯矩却很重要，需要考虑。为了保证在 TDP 处的连续性，此处认为海床表现出类似 Winkler 地基的性质，采用梁的基本理论求得其平衡方程：

$$EI\frac{\mathrm{d}^4y}{\mathrm{d}x^4}-T\frac{\mathrm{d}^2y}{\mathrm{d}x^2}+k(y-h)=w \tag{7-62}$$

其中 $k$ 为海床刚度，$T$ 是管道轴向拉力，$h$ 为水深，$w$ 水中管道的单位长度质量，并且由于海床上管道倾角非常小，轴力变化可以忽略，所以假定 $T$ 是一个常量。当 $T>2\sqrt{EIk}$ 时，无实根，而当 $T<2\sqrt{EIk}$ 时，可以得到：

$$y=h+\frac{w}{k}+c_1\mathrm{e}^{-\alpha x}\cos(\beta x)+c_2\mathrm{e}^{-\alpha x}\sin(\beta x)+c_3\mathrm{e}^{\alpha x}\cos(\beta x)+c_4\mathrm{e}^{\alpha x}\sin(\beta x) \tag{7-63}$$

$$\alpha=\frac{1}{2}\sqrt{2\sqrt{\frac{k}{EI}}+\frac{T}{EI}},\quad \beta=\frac{1}{2}\sqrt{2\sqrt{\frac{k}{EI}}-\frac{T}{EI}} \tag{7-64}$$

由于从 TDP 到锚桩的距离非常远，所以管道可以认为是一根无限长的梁。在远端，管道埋深只受自重影响，埋深近似为 $h+w/k$，所以 $c_3$ 和 $c_4$ 都为 0。因此，方程（7-63）简化成

$$y=h+\frac{w}{k}+c_1\mathrm{e}^{-\alpha x}\cos(\beta x)+c_2\mathrm{e}^{-\alpha x}\sin(\beta x) \tag{7-65}$$

则弯矩 $M$ 和剪力 $Q$ 表示为

$$M=-EI\frac{\mathrm{d}^2z}{\mathrm{d}x^2},\quad Q=-EI\frac{\mathrm{d}^3z}{\mathrm{d}x^3} \tag{7-66}$$

### 7.2.3 管道单吊点对接分析

海底管道的施工中经常需要将沉入海底的管道提升至海面进行对接或维修。管道在提升过程中处于几何非线性状态，其控制方程的求解较为困难，主要表现在：微分方程阶次高，边界是可动的。处理动边界一般采用差分法，由于差分法计算量大而且精度有限，本文介绍打靶法求解。

管道在端部竖直向上的提升力 $F$ 和沿管道长度均布的自重 $q$ 作用下，产生弯曲变形。如图 7.9 所示，假设提起部分的弧长为 $a$，管道的抗弯刚度为 $EI$，管道左边无限长，忽略与管道接触部分的海床刚度。假设管道与海床接触区域与管道提起段长度相比较小，将原来分布作用在接触区域的支反力简化为集中作用在管道接触点的集中力，忽略该接触区域支反力引起的力矩。该接触点的力的边界条件转化为有剪力作用但弯矩为零的铰支座，位移边界条件是竖直方向挠度、转角和水平位移为零。该力学模型可以从平衡条件、几何关系和物理关系三个方面建立控制方程。

(1)平衡方程

在提升的管道上任意截取一段长度为 ds 的管道微元体,其上作用有沿着管道长度均布的自重 $q$。设该微元体的左侧截面变形后和原来水平方向的夹角为 $\theta(s)$,截面上的内力有轴力 $N(s)$、弯矩 $M(s)$ 和剪力 $Q(s)$,它们是截面弧长位置 $s$ 的单值函数。在管道微元体的右侧轴线与水平线间的夹角为 $\theta+\mathrm{d}\theta$,截面上内力分别为 $N+\mathrm{d}N$、$M+\mathrm{d}M$、$Q+\mathrm{d}Q$,其中 $N$、$M$ 和 $Q$ 是左侧截面上的内力,如图 7.10 所示。根据该管道微元体的力和力矩平衡可以得到以下方程:

$$-N-q\mathrm{d}s\sin\theta+(N+\mathrm{d}N)\cos\mathrm{d}\theta+(Q+\mathrm{d}Q)\sin\mathrm{d}\theta=0 \tag{7-67}$$

$$Q-q\mathrm{d}s\cos\theta-(Q+\mathrm{d}Q)\cos\mathrm{d}\theta+(N+\mathrm{d}N)\sin\mathrm{d}\theta=0 \tag{7-68}$$

$$-M-(Q+\mathrm{d}Q)\cos\mathrm{d}\theta\mathrm{d}s+(M+\mathrm{d}M)+(N+\mathrm{d}N)\sin\mathrm{d}\theta\mathrm{d}s=0 \tag{7-69}$$

在 ds 趋近于零时,cos dθ 趋近于 1,sin dθ 趋近于 dθ,忽略二阶无限小项后得到:

$$-q\mathrm{d}s\sin\theta+\mathrm{d}N+Q\mathrm{d}\theta=0 \tag{7-70}$$

$$q\mathrm{d}s\cos\theta-\mathrm{d}Q+N\mathrm{d}\theta=0 \tag{7-71}$$

$$\mathrm{d}M-Q\mathrm{d}s=0 \tag{7-72}$$

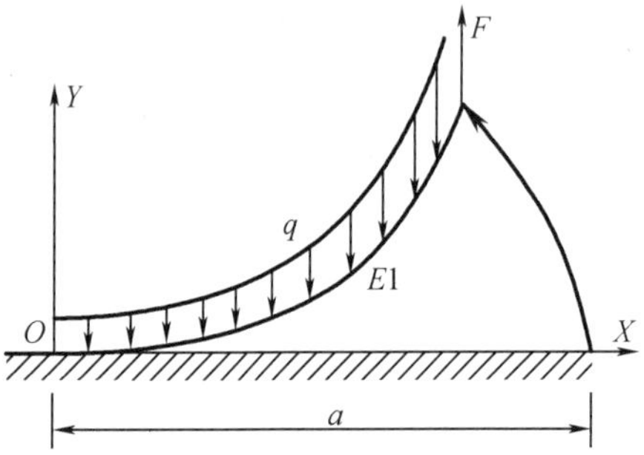


**图 7.9　管道提升计算模型**

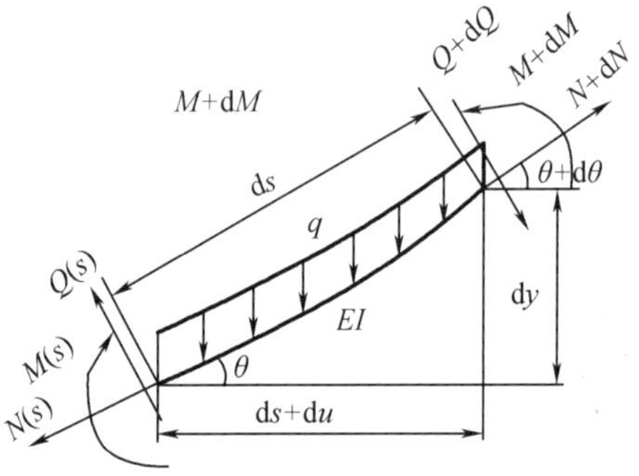


**图 7.10　管道微元体受力图**

(2)物理关系

由于管道弯曲变形很大,其截面尺寸和变形长度相比很小,可忽略管道的轴向变形和剪切变形的影响,认为管道属于细长构件,所以在物理关系中只考虑弯曲物理方程:

$$EI\frac{\mathrm{d}\theta}{\mathrm{d}s}=M(s) \tag{7-73}$$

(3)几何关系

对于大变形结构,忽略轴向变形和剪切变形时,任意位置的转角和挠度之间有微分关系:

$$\sin\theta=\frac{\mathrm{d}y}{\mathrm{d}s},\cos\theta=\frac{\mathrm{d}u}{\mathrm{d}s}+1 \tag{7-74}$$

式(7-74)中,$y(s)$ 和 $u(s)$ 是管道轴线上任意一点的挠度和水平位移,方程(7-70)~(7-74)组成了该问题的 6 个控制微分方程,其中包含了 3 个内力、2 个位移和 1 个转角,共 6 个未知量。

(4)边界条件

在 $s=0$ 处,挠度、转角和水平位移为零,弯矩为零,水平轴力为零,即

$$y(0)=0,\theta(0)=0,u(0)=0,N(0)=0,M(0)=0 \tag{7-75}$$

在提升点处只有提升集中力,这点弯矩为零:

$$M_n(a)=0 \tag{7-76}$$

在提升点处垂直方向力的平衡条件可得:

$$N(a)\sin\theta(a)-Q(a)\cos\theta(a)=F \tag{7-77}$$

其中,$a$ 是提起部分的总弧长,$F$ 是提升力。

(5)打靶法求解

引入无量纲变换,用无量纲弧长 $\xi=s/a$ 将原来的求解区间$(0,a)$变换到$(0,1)$,引入无量纲挠度 $y_n(\xi)$、无量纲轴力 $N_n(\xi)$、剪力 $Q_n(\xi)$和无量纲弯矩 $M_n(\xi)$,即

$$y_n(\xi)=\frac{y(s)}{a},u_n(\xi)=\frac{u(s)}{a},N_n(\xi)=\frac{N(s)}{qa},Q_n(\xi)=\frac{Q(s)}{qa},M_n(\xi)=\frac{M(s)}{qa^2} \tag{7-78}$$

引入这些无量纲变换后,控制方程变为

$$-\sin\theta+\frac{dN_n}{d\xi}+Q_n\frac{d\theta}{d\xi}=0,\ -\cos\theta-\frac{dQ_n}{d\xi}+N_n\frac{d\theta}{d\xi}=0 \tag{7-79a}$$

$$\frac{dM_n}{d\xi}-Q_n=0,\frac{d\theta}{d\xi}=M_nk \tag{7-79b}$$

$$\sin\theta=\frac{dy_n}{d\xi},\cos\theta=\frac{du_n}{d\xi}+1 \tag{7-79c}$$

其中,无量纲参数 $k=qa^3/EI$。

边界条件(7-75)可以简化为

$$y_n(0)=0,\theta(0)=0,u_n(0)=0,N_n(0)=0,M_n(0)=0,M_n(1)=0 \tag{7-80}$$

微分方程组(7-79)在边界条件(7-80)下描述的是两点边值问题,可以借助打靶法数值求解,为了得到该边值问题的数值结果,先将这个问题转化为一个初值问题。取初始位置的剪力 $Q_n(0)=a$ 作为一个打靶参数,调整参数 $a$ 使右侧的边界条件满足 $M_n(1)=0$,此时的解答即为实际问题的解答。程序具体算法如下:

①输入打靶参数以及无量纲参数 $k$。

②将打靶参数作为剪力 $Q_n(\xi)$的初值,调用 R-K 函数求解方程组(7-79)。

③提出计算得到的右端点弯矩值 $M_n(\xi)$,比较是否小于允许误差。

④不满足允许误差时,利用线性打靶的线性差值求出下次打靶参数。

⑤循环进行第②~④步计算,直到弯矩值误差小于允许值。

⑥显示计算结果,并验证其正确性。

## 7.3 S形铺设管线的动力分析

海底管道施工设计是铺管船法铺设海底管道施工技术的一个重要组成部分,设计应采用国际标准和规范,使用管道铺设分析软件,确定出铺管作业期间的各种最佳工作状态。在试算、确定出各主要设计参数的基础上,要对海底管道铺设、安装全过程进行详细的应力分析计算,一般情况下,至少要进行下列各种工况的计算:(1)管道开始铺设作业;(2)管道正常铺设作业;(3)管道铺设终止作业(或弃管作业);(4)管道收管作业。

首先，应熟悉施工方案，理清如下问题：(1)所用起重铺管船的有关性能，如型深、吃水、托管架角度可调范围，张紧器的张力可操作范围，船上和托管架上辊轮的布置及现状，辊轮的承受能力如何等；(2)铺设方向如何；(3)起始铺设选用何种方案。其次，根据现有施工设备、机具的能力，对海底管道铺设现状进行试算，初步确定：海底管道铺设张力、铺管船上管子的曲率半径、托管架上管子的曲率半径、托管架的角度。

然后，对海底管道技术规格书、海底管道详细设计报告等有关文件和资料进行研究，从中搞清楚计算分析时需要的一些管道的基本参数，如：钢管类型、钢管规格、钢材级别、防腐涂层、防腐涂层密度、保温涂层、保温涂层密度、配重层厚度和密度、海水密度以及施工环境，如水深、水温、潮位、整个铺设过程中水位的变化等。并计算有关的管子特性，包括截面惯性矩、截面模量、截面面积、管道空气中质量、管道水中质量等。

在建立计算模型过程中，需要调整辊轮高度，其调整步骤如下：

①根据经验经过试算确定管道在船上和托管架上的上弯段曲线半径及托管架的入水角，计算出船上和托管架各支撑辊轮所需要的调整高度。

②计算船上每组辊轮处的 BOP(管道底部)距水面的距离，托管架上每组滚轮处的 BOP 距托管架下弦杆中心线的距离。根据该计算高度值和卡紧位置，确定滚轮托架螺孔位置。

下面通过集中质量法介绍 S 形铺管分析方法及流程。

### 7.3.1 集中质量法

将管线离散成一组无质量弹簧链接的集中质量，如图 7.11 所示，任意的三个相连的节点 1,2,3 连接形成单元 $j$ 和单元 $k$，节点的位移向量用 $\boldsymbol{y}_1$、$\boldsymbol{y}_2$、$\boldsymbol{y}_3$ 表示。单元管道的质量均匀分布到节点，轴向拉力用拉伸弹簧模拟，弯矩影响用转动弹簧实现。

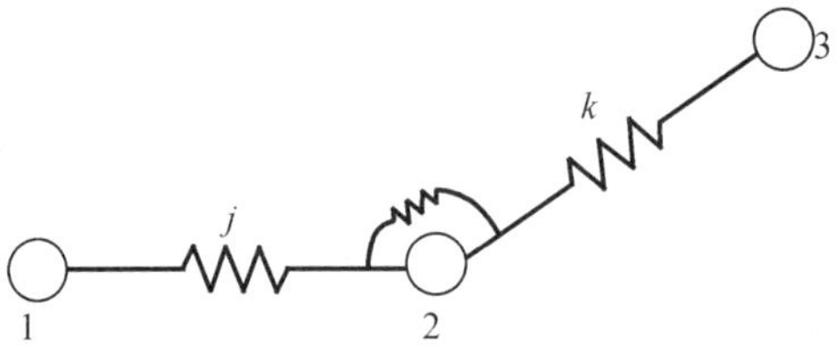


图 7.11 单元示意图

(1)轴向拉力及弯矩

单元 $j$ 的拉伸应变能写成

$$V_j = \frac{1}{2}\frac{EA}{l_j}(|y_2 - y_1| - l_j)^2 \tag{7-81}$$

其中 $l_j$ 为单元 $j$ 原长，$E$ 为杨氏模量，$A$ 为管道横截面积，不失一般性，考虑节点 1 在 $q$ 个方向上的受力，$q=1,2,3$，相对于总体坐标系下的 $x$、$y$、$z$。应变能求一次导得轴向拉力为

$$T_{1q} = \frac{EA(y_{2q} - y_{1q})}{|\boldsymbol{y}_2 - \boldsymbol{y}_1|} - \frac{EA(y_{2q} - y_{1q})}{l_j} \tag{7-82}$$

因此节点 1 的刚度 $K_1^A$ 的各分量写成：

$$K_{1qq}^A = \frac{\partial^2 V_j}{\partial y_{1q}^2} = \frac{EA}{l_j} - \frac{EA}{|\boldsymbol{y}_2 - \boldsymbol{y}_1|} + \frac{EA(y_{2q} - y_{1q})^2}{|\boldsymbol{y}_2 - \boldsymbol{y}_1|^3} \tag{7-83}$$

$$K_{1qq}^{A}=\frac{\partial^{2}V_{j}}{\partial y_{1q}}=\frac{EA(y_{2q}-y_{1q})(y_{2r}-y_{1r})}{|\boldsymbol{y}_{2}-\boldsymbol{y}_{1}|^{3}},\quad q\neq r \tag{7-84}$$

同理，节点 2 的刚度矩阵：$\boldsymbol{K}_2^A=\boldsymbol{K}_1^A$，这样单元 $j$ 的刚度矩阵（$6\times6$）为

$$\underset{(elm\ \ j)}{\boldsymbol{K}^{A}}=\begin{bmatrix}\boldsymbol{K}_1^A & -\boldsymbol{K}_1^A\\ -\boldsymbol{K}_1^A & \boldsymbol{K}_1^A\end{bmatrix} \tag{7-85}$$

假设未变形前的管道是直的，那么转动势能可写成：

$$U=\frac{1}{2}k_b\theta^2,k_b=\frac{2EI}{l_j+l_k} \tag{7-86}$$

角度 $\theta$ 可用单元中 1,2,3 三个节点的位移向量表示出来，记：$\boldsymbol{y}=[\boldsymbol{y}_1^{\mathrm{T}},\boldsymbol{y}_2^{\mathrm{T}},\boldsymbol{y}_3^{\mathrm{T}}]^{\mathrm{T}}$，将 $\boldsymbol{y}$ 看成静态和动态两个部分，分别用$\bar{y}$、$\tilde{y}$表示。为了表示方便，在下面的推导中符号“ - ”都表示静态，“ ~ ”则表示动态。

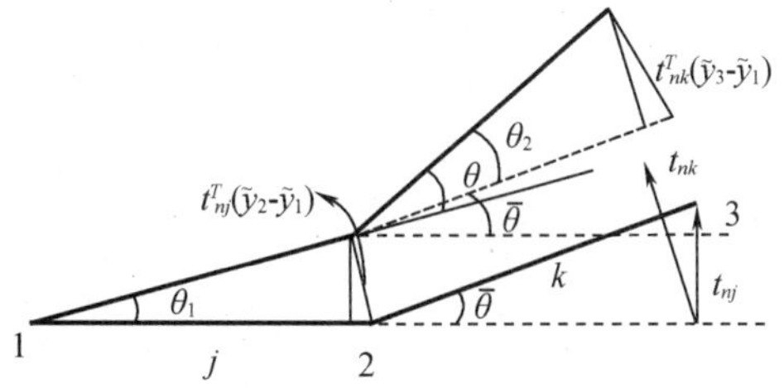


**图 7.12　单元间夹角变化示意图**

如图 7.12 所示，用单元单位向量方向（$\boldsymbol{t}_j,\boldsymbol{t}_k$）定义单元法向单位矢量（$\boldsymbol{t}_{nj},\boldsymbol{t}_{nk}$），计算公式为

$$\boldsymbol{t}_{nj}=\frac{1}{\sin\tilde{\theta}}[\boldsymbol{t}_k-(\boldsymbol{t}_k\cdot\boldsymbol{t}_j)\boldsymbol{t}_j],\boldsymbol{t}_{nk}=-\frac{1}{\sin\tilde{\theta}}[\boldsymbol{t}_j-(\boldsymbol{t}_k\cdot\boldsymbol{t}_j)\boldsymbol{t}_k] \tag{7-87}$$

开始时节点 1,2,3 的坐标分别为$\bar{y}_1$、$\bar{y}_2$、$\bar{y}_3$，转动后的坐标为 $\boldsymbol{y}_1$、$\boldsymbol{y}_2$、$\boldsymbol{y}_3$，那么有

$$\boldsymbol{y}_q=\bar{y}_q+\tilde{y}_q,\quad q=1,2,3 \tag{7-88}$$

$\tilde{y}_q$ 为节点的小的扰动，那么单元 $j$ 所转动过的角度 $\theta_1$ 计算公式为

$$\sin\theta_1=\frac{\boldsymbol{t}_{nj}^{T}(\tilde{y}_2-\tilde{y}_1)}{l_j} \tag{7-89}$$

由于$\tilde{y}_q$ 值很小，所以

$$\theta_1=\sin\theta_1=\frac{\boldsymbol{t}_{nj}^{T}(\tilde{y}_2-\tilde{y}_1)}{l_j}=\frac{1}{l_j\sin\tilde{\theta}}[\boldsymbol{t}_k-(\boldsymbol{t}_k\cdot\boldsymbol{t}_j)\boldsymbol{t}_j]^{T}(\tilde{y}_2-\tilde{y}_1) \tag{7-80}$$

$$\theta_2=\sin\theta_2=-\frac{\boldsymbol{t}_{nk}^{T}(\tilde{y}_3-\tilde{y}_2)}{l_k}=-\frac{1}{l_k\sin\tilde{\theta}}[\boldsymbol{t}_j-(\boldsymbol{t}_k\cdot\boldsymbol{t}_j)\boldsymbol{t}_k]^{T}(\tilde{y}_3-\tilde{y}_2) \tag{7-81}$$

$$\theta=\tilde{\theta}-\theta_1+\theta_2 \tag{7-82}$$

令 $\boldsymbol{\alpha}_1=\frac{1}{l_j\sin\tilde{\theta}}[\boldsymbol{t}_k-(\boldsymbol{t}_k\cdot\boldsymbol{t}_j)\boldsymbol{t}_j]$，$\boldsymbol{\alpha}_3=\frac{-1}{l_k\sin\tilde{\theta}}[\boldsymbol{t}_j-(\boldsymbol{t}_j\cdot\boldsymbol{t}_k)\boldsymbol{t}_k]$，$\boldsymbol{\alpha}_2=-\boldsymbol{\alpha}_1-\boldsymbol{\alpha}_3$，其中 $\boldsymbol{t}_k$、$\boldsymbol{t}_j$ 为

单元 $k$、单元 $j$ 的方向向量，即 $\boldsymbol{t}_j=\dfrac{\boldsymbol{y}_2-\boldsymbol{y}_1}{|\boldsymbol{y}_2-\boldsymbol{y}_1|}$，$\boldsymbol{t}_k=\dfrac{\boldsymbol{y}_3-\boldsymbol{y}_1}{|\boldsymbol{y}_3-\boldsymbol{y}_1|}$，则：

$$\frac{\partial U}{\partial \tilde{y}}=k_b[\tilde{\theta}\boldsymbol{\alpha}+\boldsymbol{\alpha}\boldsymbol{\alpha}^T\tilde{y}],\frac{\partial^2 U}{\partial \tilde{y}^2}=k_b\boldsymbol{\alpha}\boldsymbol{\alpha}^T=K^B \tag{7-83}$$

式中 $\boldsymbol{\alpha}^T=[\boldsymbol{\alpha}_1^T,\boldsymbol{\alpha}_2^T,\boldsymbol{\alpha}_3^T]$——影响系数向量；

$\boldsymbol{K}^B$——单元 $j,k$ 的弯矩刚度矩阵($9\times9$)。

如果弯曲弹簧受力记为 $\boldsymbol{P}$，$\boldsymbol{P}=[\boldsymbol{P}_1^T,\boldsymbol{P}_2^T,\boldsymbol{P}_3^T]$，那么 $\boldsymbol{P}$ 的值为公式(7-83)中令 $\tilde{y}=0$，即

$$\boldsymbol{P}=k_b\tilde{\theta}\boldsymbol{\alpha} \tag{7-84}$$

(2)海床接触力

不管对于浅水还是深水，海床都是一个不可忽略的边界条件，海床的存在影响了管线的形态和张力。为了模拟管线与海床接触时的作用力，海床接触力用一组无质量的弹簧代替。如图 7.13 所示。

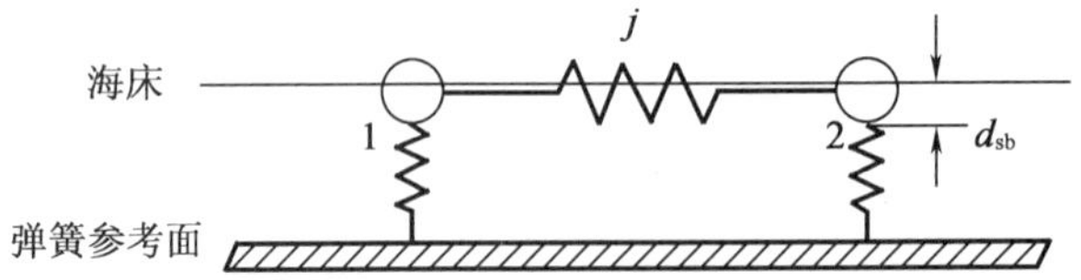


**图 7.13 海床模型示意图**

假设海床为水平的，刚度 $k_{sb}$ 是线性的，管道直径为 $D$，那么单元 $j$ 中，对于节点 $i(i=1,2)$，海床垂向接触力可写成：

$$F_{sbi}=\frac{1}{2}k_{sb}\cdot A_{sb}\cdot d_{sb} \tag{7-85}$$

其中 $A_{sb}$ 为与海床接触面积，$A_{sb}=D\cdot l_j$，$d_{sb}$ 为渗入海床深度，$d_{sb}=D-y_{i3}$，则海床垂向接触刚度可写为

$$K_{ir}^{Sb}=-\frac{1}{2}k_{sb}A_{sb} \tag{7-86}$$

(3)连续型托管架接触力

目前存在两种托管架的数值模型：连续型和离散型。前者是将托管架看成连续的，管线是贴合在托管架上的；后者是将托管架看成由一个个离散的滚轴组成的，管线与滚轴接触。前者接触力是连续分布在单元上的，后者则是集中在单元的某一点上，因此都要计算等效节点力。

假设托管架是连续的圆弧形，托管架与管线的接触是连续的，那么与海床接触力相似，用一组无质量的弹簧来代替托管架接触力(见图 7.14)。

假设托管架的刚度为 $k_s$，托管架的曲率中心为 $O$，托管架的半径为 $R$，$\boldsymbol{n}_1$、$\boldsymbol{n}_2$ 为与节点 1,2 连线 $OA$,$OB$ 方向的法向向量，即虚拟弹簧对节点作用力的方向。那么对于节点 $i(i=1,2)$，托管架接触力可写成

$$F_{si}=0.5k_sd_s\cdot\boldsymbol{n}_i \tag{7-87}$$

其中 $d_s$ 为接触变形，计算公式可写为

$$d_s = (R - |\vec{OA}|) \cdot \boldsymbol{n}_1 \tag{7-88}$$

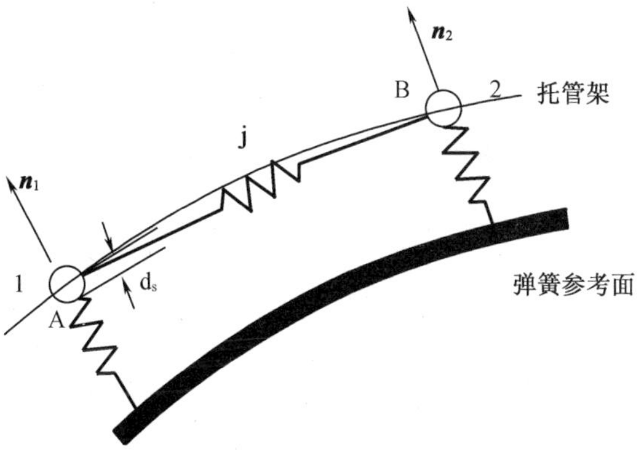


**图 7.14 连续型托管架模型示意图**

则接触刚度可写为

$$K_i^S = -0.5k_s \cdot \boldsymbol{n}_i^{\mathrm{T}} \cdot \boldsymbol{n}_i \tag{7-89}$$

(4)流体力计算

管线在铺设过程中常受到海流的影响。海流随时间的变化通常是缓慢的,所以海流速度可以看成不变。管线属于细长体,假设管线的存在不影响海流场,故三维管线的流体力可以使用莫里森方程进行计算。莫里森方程假定,流体力是两部分的线性和,一部分为水质点流经管线的速度所引起的阻力,另一部分为水体加速所产生的惯性力。阻力与水质点的速度的平方成比例,比例系数是一个常数,而惯性力与水质点的加速度成比例。

由于管线单元在法向和切向的阻尼力系数和惯性力系数不同,故而惯性力和阻尼力应分成切向和法向分别计算。将单元 $j$ 和 $k$ 所受到的阻尼力的一半集中到节点 2 上,则流体的阻尼力有

$$\boldsymbol{F}_{D2} = \frac{1}{4}\rho D\sum_{i=j,k} L_i\{C_D^n[\boldsymbol{r} - (\boldsymbol{r}\cdot\boldsymbol{r}_i)\boldsymbol{t}_i]\cdot|\boldsymbol{r} - (\boldsymbol{r}\cdot\boldsymbol{t}_i)\boldsymbol{t}_i| + C_D^t(\boldsymbol{r}\cdot\boldsymbol{t}_i)\boldsymbol{t}_i\cdot|\boldsymbol{r}\cdot\boldsymbol{t}_i|\} \tag{7-90}$$

其中 $\boldsymbol{r} = \boldsymbol{u} - \dot{\boldsymbol{y}}$,为流体与管线的相对速度。$C_D^n$ 和 $C_D^t$ 分别为法向和切向的阻力系数。阻力系数 $C_D$ 随着雷诺数的变化而变化,与管线截面形状以及管线表面的粗糙度有关,一般在雷诺数小于 $2\times10^3$ 的亚临界区,阻力系数约为 1.2。切向阻力系数 $C_D^t$ 与法向的阻力系数 $C_D^n$ 之比很小,一般为 0.01 ~0.03,所以切向部分近似可以忽略,即假设 $C_D^t = 0$,则

$$\boldsymbol{F}_{D2} = \frac{1}{4}\rho D\sum_{i=j,k} L_i\{C_D^n[\boldsymbol{r} - (\boldsymbol{r}\cdot\boldsymbol{t}_i)\boldsymbol{t}_i]\cdot|\boldsymbol{r} - (\boldsymbol{r}\cdot\boldsymbol{t}_i)\boldsymbol{t}_i|\} \tag{7-91}$$

在动力分析时还要考虑惯性力,惯性力可以认为由两个部分组成:一部分是由于流场中存在压力梯度而产生的,压力梯度是由场内流体相对于管线有加速度而产生的,而且由于管线的特征尺度小,流体的运动不因管线存在而受影响,所以压力梯度对流场中管线施加的力数值上等于圆柱体排开流体的质量与流体相对于管线的加速度的乘积;另一部分则是由管线诱导的附加质量力,则

$$\boldsymbol{F}_{I2} = \frac{1}{8}\pi\rho D^2\sum_{i=j,k} L_i\{(1 + C_A^n)[\dot{\boldsymbol{r}} - (\dot{\boldsymbol{r}}\cdot\boldsymbol{t}_i)\boldsymbol{t}_i] + (1 + C_A^t)(\dot{\boldsymbol{r}}\cdot\boldsymbol{t}_i)\boldsymbol{t}_i\} \tag{7-92}$$

同样的，$C_A^n$ 和 $C_A^t$ 分别为法向和切向的惯性系数。由于 $C_A^t$ 很小，假设 $C_D^t=0$，方程则可以简化为

$$F_{I2} = \frac{1}{8}\pi\rho D^2 \sum_{i=j,k} L_i\{(1+C_A^n)\dot{\boldsymbol{r}} - C_A^n(\dot{\boldsymbol{r}}\cdot\boldsymbol{t}_i)\boldsymbol{t}_i\} \tag{7-93}$$

在此基础上可以计算附加质量矩阵，节点 2 的附加质量矩阵为

$$M_2^A = \frac{1}{8}\pi\rho D^2 C_A^n \sum_{i=j,k} L_i(I - \boldsymbol{t}_i^{\mathrm{T}}\boldsymbol{t}_i) \tag{7-94}$$

由于莫里森方程简单实用，在工程界得到广泛的认可，但由于是一个半经验半理论的公式，所以计算的准确性在很大程度上依赖于阻力系数和惯性系数的选取。但由于模型试验结果换算到实际中时，雷诺数差别很大，边界层流态也不相同，因此而引起的尺度效应又不能很好地换算或修正。

### 7.3.2　动力迭代过程

直接积分法是将系统按时间段离散，再对系统进行逐步积分。下面分别介绍 Newmark 法和广义 $\alpha$ 法两种常用算法的计算原理。

静力分析结果可以作为动态迭代计算的初始平衡位置，若用 $t$ 表示时间，$\Delta t$ 表示时间步长，$\Delta\boldsymbol{y}$ 表示坐标变化值。则

$$\boldsymbol{y}_{t+\Delta t} = \boldsymbol{y}_t + \Delta\boldsymbol{y} \tag{7-95}$$

不考虑阻尼项，则铺设管线的动态迭代平衡方程可写为

$$\begin{aligned}\boldsymbol{f}(\Delta\boldsymbol{y}) = &-\boldsymbol{T}(\boldsymbol{y}+\Delta\boldsymbol{y}) - \boldsymbol{P}(\boldsymbol{y}+\Delta\boldsymbol{y}) + \boldsymbol{W} + \boldsymbol{F}_s(\boldsymbol{y}+\Delta\boldsymbol{y}) + \boldsymbol{F}_{sb}(\boldsymbol{y}+\Delta\boldsymbol{y}) + \\ &\boldsymbol{F}_D(\boldsymbol{y}+\Delta\boldsymbol{y}) + \boldsymbol{F}_I(\boldsymbol{y}+\Delta\boldsymbol{y}) - \boldsymbol{M}(y_{t+\Delta t})\ddot{\boldsymbol{y}}_{t+\Delta t} = 0\end{aligned} \tag{7-96}$$

其中 $\boldsymbol{M}=\boldsymbol{M}_s+\boldsymbol{M}_a$，$\boldsymbol{M}_s$ 为管线自身的质量总矩阵，$\boldsymbol{M}_a$ 为附加质量总矩阵。$\boldsymbol{T}$、$\boldsymbol{P}$、$\boldsymbol{W}$、$\boldsymbol{F}_s$、$\boldsymbol{F}_{sb}$、$\boldsymbol{F}_D$、$\boldsymbol{F}_I$ 依次为拉力总矩阵、弯矩产生的力矩阵、重力总矩阵、托管架接触力总矩阵、海床接触力总矩阵、拖曳水动力总矩阵和惯性水动力总矩阵。

为了计算出 $\Delta\boldsymbol{y}$，用 Newton – Raphson 法对 $f$ 进行泰勒展开并保留一阶项，得到

$$\boldsymbol{f}(\Delta\boldsymbol{y}+\varepsilon) = \boldsymbol{f}(\Delta\boldsymbol{y}) + \boldsymbol{J}(\Delta\boldsymbol{y})\cdot\varepsilon = 0 \tag{7-97}$$

式中　$\varepsilon$——迭代过程中对 $\Delta\boldsymbol{y}$ 的修正值；

　　$\boldsymbol{J}$——雅克比矩阵，其值为

$$\boldsymbol{J}(\Delta\boldsymbol{y}) = \frac{\partial\boldsymbol{f}}{\partial\Delta\boldsymbol{y}} \tag{7-98}$$

$$-\boldsymbol{J}(\Delta\boldsymbol{y})\varepsilon = \boldsymbol{f}(\Delta\boldsymbol{y}) \tag{7-99}$$

(1) Newmark 法

Newark 法是由 Newmark 于 1959 年根据梯形法提出的，是最常用的直接积分方法之一。该方法是将泰勒级数展开得到的多项式，保留前三项，同时引入参数 $\gamma$ 和 $\beta$，作为对略去高阶小量截断误差的修正。若用 $t$ 表示时间，$\Delta t$ 表示时间步长，$\dot{\boldsymbol{y}}_{t+\Delta t}$ 和 $\ddot{\boldsymbol{y}}_{t+\Delta t}$ 可表示为

$$\ddot{\boldsymbol{y}}_{t+\Delta t} = \frac{1}{\beta\Delta t^2}(\boldsymbol{y}_{t+\Delta t} - \boldsymbol{y}_t) - \frac{1}{\beta\Delta t}\dot{\boldsymbol{y}}_t + \left(\frac{1}{2\beta} - 1\right)\ddot{\boldsymbol{y}}_{t+\Delta t} \tag{7-100}$$

$$\dot{\boldsymbol{y}}_{t+\Delta t} = \dot{\boldsymbol{y}}_t + (1-\gamma)\ddot{\boldsymbol{y}}_t\Delta t + \Delta t\gamma\cdot\ddot{\boldsymbol{y}}_{t+\Delta t} \tag{7-101}$$

在使用时，一般固定 $\gamma$，而令 $\beta$ 取不同的值，所以 Newark 法又被称为 Newark – $\beta$ 法，当

参数 $\gamma=0.5$,$\beta=0.25$ 时,算法是无条件稳定的。该方法应用范围较广,尤其适用于非线性问题。

因此,对于 Newmark 法,管线动力方程的雅克比矩阵为

$$\boldsymbol{J}(\Delta\boldsymbol{y})=\boldsymbol{K}_S(\boldsymbol{y})+\boldsymbol{K}_{sb}(\boldsymbol{y})-\boldsymbol{K}_A(\boldsymbol{y})-\boldsymbol{K}_B(\boldsymbol{y})-\frac{\boldsymbol{M}(\boldsymbol{y}_{t+\Delta t})}{\beta\cdot\Delta t^2}\tag{7-102}$$

式中,$\boldsymbol{K}_s(y)$、$\boldsymbol{K}_{sb}(y)$、$\boldsymbol{K}_A(y)$、$\boldsymbol{K}_B(y)$ 分别为托管架总刚度矩阵、海底总刚度矩阵、拉伸和弯曲的总刚度矩阵。

(2)广义 $\alpha$ 法

广义 $\alpha$ 法是 J. Chung 等提出的一种综合 HHT – α 法和 WBZ – α 法的新的积分格式。广义 $\alpha$ 法具有二阶精度,并且是无条件稳定的。算法引入 $\boldsymbol{\alpha}_t$ 为中间变量,且定义如下参数:

$$a_m=\frac{2\rho-1}{\rho+1},a_f=\frac{\rho}{\rho+1},\beta=\frac{1}{4}(1+a_f-a_m)^2,\gamma=\frac{1}{2}+a_f-a_m\tag{7-103}$$

其中 $\rho$ 为算法的谱半径,决定算法能量的耗散,$\rho\in[0,1]$,$\rho$ 的值越大,能量耗散越小,一般 $\rho$ 取 0.8。若用 $t$ 表示时间,$\Delta t$ 表示时间步长,那么 $\dot{\boldsymbol{y}}_{t+\Delta t}$ 和 $\ddot{\boldsymbol{y}}_{t+\Delta t}$ 表达式可写为

$$\vec{\alpha}_{t+\Delta t}=\frac{\boldsymbol{y}_{t+\Delta t}-\boldsymbol{y}_t}{\beta\cdot\Delta t^2}-\frac{1}{\beta\cdot\Delta t}\dot{\boldsymbol{y}}_t-(\frac{1}{2\beta}-1)\cdot\vec{\alpha}_t\tag{7-104}$$

$$\dot{\boldsymbol{y}}_{t+\Delta t}=\dot{\boldsymbol{y}}_t+\Delta t(1-\gamma)\vec{\alpha}_t+\Delta t\gamma\cdot\vec{\alpha}_{t+\Delta t}\tag{7-105}$$

$$\ddot{\boldsymbol{y}}_{t+\Delta t}=\frac{1}{1-a_f}[(1-a_m)\vec{\alpha}_{t+\Delta t}+a_m\vec{\alpha}_t-a_f\ddot{\boldsymbol{y}}_t]\tag{7-106}$$

广义 $\alpha$ 法算法精度高,稳定性好,可选用较小的时间步长,且具有很高的计算效率。而且选取不同的参数广义 $\alpha$ 法能退化成其他的积分算法,如:当 $\rho=1$ 时算法退化为梯度法,当 $a_m=1$ 时,算法退化为 HHT – α 法。且该算法能有效地滤掉高频响应,并且较好地保持系统的低频响应。

因此,对于广义 $\alpha$ 法,管线动力方程的雅克比矩阵为

$$J(\Delta\boldsymbol{y})=K_S(\boldsymbol{y})+K_{sb}(\boldsymbol{y})-K_A(\boldsymbol{y})-K_B(\boldsymbol{y})-\frac{M(\boldsymbol{y}_{t+\Delta t})}{1-a_f}\cdot\frac{(1-a_m)}{\beta\cdot\Delta t^2}\tag{7-107}$$

迭代过程中的某一时刻,先假设一个 $\Delta\boldsymbol{y}$,代入方程(7 – 99),能求出一个修正值 $\varepsilon$,再将 $\varepsilon$ 加到 $\boldsymbol{y}$ 上,等到新的 $\boldsymbol{y}$,如此反复迭代求解,直到 $\varepsilon<$ tolerance 迭代结束,该时刻计算完毕,进入下一时刻的计算(见流程图 7.15)。

### 7.3.3 铺管船运动响应的影响

铺管作业过程中,铺管船、托管架、张紧器以及铺设管道可以看成一个复杂的、时变的动态浮体系泊系统,船舶除了受到风流的载荷、一阶、二阶波浪力以外,还受到管道的非线性作用力影响,托管架承受的环境载荷最后也通过铰接的形式传递给铺管船。传统求解铺管作业运动响应的方法主要分为两步:第一步计算船舶的运动,定位系统对船舶的恢复力通过无质量的非线性弹簧模拟;第二步将船舶的运动当作铺设管线的边界条件作用到耦合点上(即与船体的接触点),进而利用非线性有限元法进行动态分析。传统的分析方法,忽略了铺设管线的动态特性对托管架、铺管船波频运动的影响,也没考虑铺设管线的阻尼对铺管船低频运动的影响。由于铺设水深的增加,铺管船 – 托管架 – 铺设管道三者的非线性

作业更加明显，传统方法将铺管船与铺设管线分开考虑不能模拟整个铺管作业系统的耦合作用。

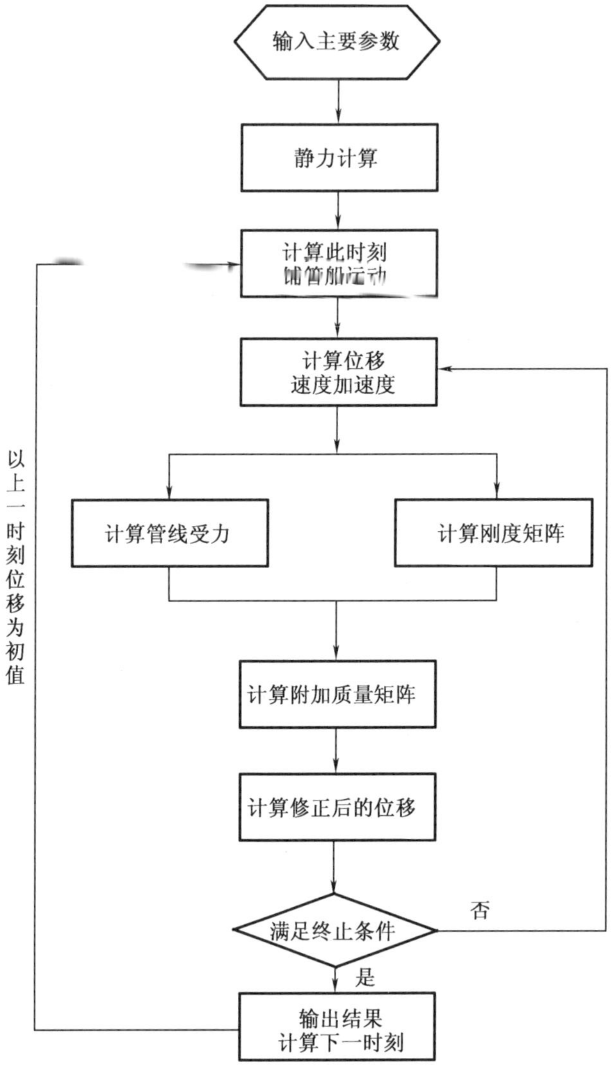


图7.15　动力计算流程图

目前关于深水铺管船和管道之间耦合作用的研究，主要集中在对于托管架的模型分析以及管道和托管架之间接触方式的研究。

(1)铺管船运动响应频域预报理论

深水铺管船耐波性优劣直接关系到铺管工作的有效时间，影响工作成本；较差的耐波性也可能导致管道在铺设过程中断裂或者受损，影响正常使用。

为了准确描述船舶在波浪上的运动，首先定义三种坐标系，如图7.16所示，分别为固定坐标系、动坐标系及参考坐标系，各坐标系满足右手定则。固定坐标系 $O_0x_0y_0z_0$ 固定在流场中，不随流体及船体运动，通常选择 $O_0x_0y_0$ 平面与静水面重合，$O_0z_0$ 轴垂直向上，该坐标系表示入射波特别方便。动坐标系 $Oxyz$ 随船一起运动，选择 $Oxy$ 平面与静水面重合，原点位于船长中心，$Ox$ 轴指向船首，$Oz$ 轴垂直向上。参考坐标系 $Ox'y'z'$，它与动坐标系的区别仅在于参考坐标系只随船舶一起平动，不参与摇荡运动，因此在该坐标中表达船舶摇荡的位移和姿态最为方便。

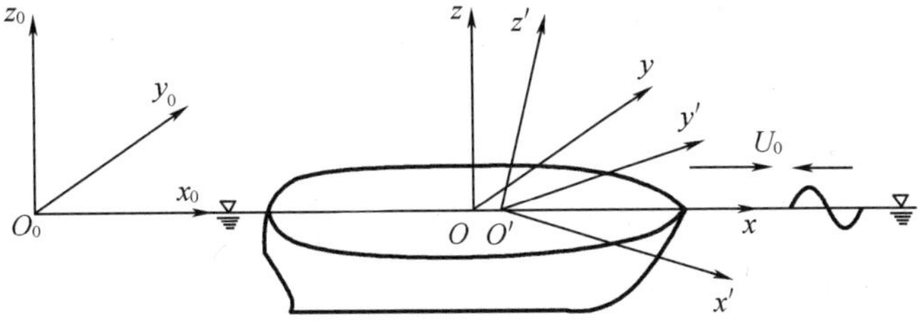


图 7.16 坐标系

根据研究内容，当把船舶看作在波浪中运动的刚体，要确定船舶在波浪中的运动响应，即确定刚体在受外力作用下的运动问题。对于这类刚体动力学问题，基本方程已经为人所熟知，关键在于确定刚体于波浪中运动时受到的各种外力，包括惯性力、阻尼力、恢复力，以及波浪激励力。刚体六自由度耦合运动学方程为

$$(m_{ij}+\mu_{ij})\ddot{x}_j+\lambda_{ij}\dot{x}_j+C_{ij}x_j=F_{wi} \tag{7-108}$$

式中 $\mu_{ij}$——附加质量系数；

$\lambda_{ij}$——阻尼系数；

$C_{ij}$——恢复矩阵；

$F_{wi}$——波浪力。

波浪激励力可以通过求解波浪入射静止船体的速度势得到，即求解在确定的边界条件下的拉普拉斯方程。一旦得到流场中的速度势，船体表面任一点的流体动压力可通过拉格朗日积分确定，从而可以求得船体受到的流体作用力。由于存在流体动力与刚体运动之间的耦合作用，在研究船舶于规则波中的稳态运动时，可以预先规定船舶运动规律和流体运动规律，因此两种运动是分开的，相应地产生了辐射问题和绕射问题。两类速度刚度势的求解都是基于三维势流理论，首先引入三维势流理论的基本前提：

(1)流体均匀，不可压缩，无黏性，旋度为零；

(2)入射波是小量，为微幅波；

(3)船体摇荡与定常兴波都是小量；

(4)速度势都为一阶量，即线性速度势。

在满足流场及速度势的上述前提下，流场中总的速度势是定常兴波势 $\bar{\varphi}$ 和不定常势 $\Phi$ 之和，即

$$\varphi(x,y,z,t)=\bar{\varphi}(x,y,z)+\Phi(x,y,z,t) \tag{7-109}$$

取不定常势 $\Phi(x,y,z,t)$ 为

$$\Phi(x,y,z,t)=\Phi_I(x,y,z,t)+\Phi_R(x,y,z,t)+\Phi_D(x,y,z,t) \tag{7-110}$$

式中 $\Phi_I(x,y,z,t)$——入射波速度势；

$\Phi_R(x,y,z,t)$——辐射速度势；

$\Phi_D(x,y,z,t)$——绕射速度势。

波浪力可以通过求解绕射速度势得到，而水动力参数的求解依赖于辐射速度势。关于

求解两种速度势的方法都是著名的格林函数解法，船体在自由面上做简谐摇荡运动时，将空间速度势 $\varphi(x,y,z)$ 分解为物体在某 $j$ 方向摇荡时产生的规范化速度势 $\varphi(x,y,z)$ 的叠加，则 $\varphi(x,y,z)$ 可以记为

$$\varphi(x,y,z) = -i\omega \bar{x}_j \varphi_j(x,y,z) \tag{7-111}$$

$\varphi_j$ 应满足的定解条件[74]：

$$\begin{cases} [L]\nabla^2\varphi_j(x,y,z)=0,\text{流体域内；} \\ [F]\dfrac{\partial\varphi_j}{\partial z}-v\varphi_j=0,\text{在 } y=0 \text{ 上；} \\ [S]\dfrac{\partial\varphi_j}{\partial n}=n_j,\text{在物面 } S_0 \text{ 上；} \\ [B]\left.\dfrac{\partial\varphi_j}{\partial n}\right|_{z=-H}=0 \text{ 或} \lim\limits_{R\to\infty}\nabla\varphi_j=0; \\ [R]\lim\limits_{R\to\infty}\sqrt{R}\left(\dfrac{\partial\varphi_j}{\partial R}-ik\varphi_j\right)=0 \end{cases} \tag{7-112}$$

现考虑由物体平均位置时的表面积 $S_0$、自由面 $S_F$（$z=0$ 上），池底 $S_B$ 和半径 $R$ 无限大的垂直圆柱面 $S_R$ 所围成的流域。因规范化速度势 $\varphi_j$ 在域内为调和函数，故域中任一点 $P$ 的势函数 $\varphi_j(P)$ 可表示成

$$\varphi_j(P) = -\frac{1}{4\pi}\iint_S[\varphi_j(Q)\partial G(P,Q)/\partial \boldsymbol{n} - G\partial\varphi_j/\partial \boldsymbol{n}]\mathrm{d}S \tag{7-113}$$

这里边界面 $S$ 应包括所有的边界面，在目前情况下即 $S=S_0+S_F+S_B+S_R$，$\partial/\partial \boldsymbol{n}$ 为边界面上的方向偏导，法向矢量 $\boldsymbol{n}$ 取流场边界 $S$ 的外法线。

如果任意质点满足拉普拉斯方程（除 $P=Q$ 点外）的格林函数，比如最简单的取

$$G(P,Q)=\frac{1}{r}(P,Q)=[(x-\xi)^2+(y-\zeta)^2+(z-\zeta)^2]^{-\frac{1}{2}} \tag{7-114}$$

则式（7－113）的积分需遍及所有的边界表面，亦即速度势需由所有边界面上的源和偶的分布得到。这无疑给计算带来了困难，试图选择一个合适的格林函数，令其满足一定的条件，使得场内的速度势只要由这一格林函数及其法向导数在物面上的分布即可决定。这一格林函数可以取为 $G(P,Q)=1/r(P,Q)+G*(P,Q)$，这里 $G*(P,Q)$ 为场内的调和函数。

由于在自由面 $\eta=0$ 上的积分可以写为

$$\iint_{S_F}[\varphi_j\partial G/\partial\eta - G\partial\varphi_j/\partial\eta]\mathrm{d}S = \iint_{S_F}\varphi_j[\partial G/\partial\eta - vG]\mathrm{d}S \tag{7-115}$$

因此，若 $G(P,Q)$ 满足条件：在 $\eta=0$ 上，$\dfrac{\partial G}{\partial\eta}-vG=0$，则沿自由面 $S_F$ 的积分为零。在池底 $S_B$ 上，有 $\lim\limits_{\zeta\to\infty}\nabla_Q\varphi_j=0$（无限水深），若要求 $G(P,Q)$ 亦相应地满足 $\lim\limits_{\zeta\to\infty}\nabla_Q\varphi_j=0$，则可知底面 $S_B$ 上的积分也不存在了。

首先推导浮体在规则波中受到的一阶波浪力，不规则波中浮体受到的波浪力载荷可由规则波中载荷经叠加得到。

在大地坐标系下，设入射波传播方向与 $x$ 轴正向夹角为 $\beta$，则一阶二维平面入射波的速度势可以表示为

$$\Phi_0 = \mathrm{Re}(\varphi_0 e^{-i\omega t})$$

$$\varphi_0 = \frac{g\zeta_a}{i\omega} \cdot \frac{\mathrm{ch}[k_0(Z+h)]}{\mathrm{ch}k_0 h} e^{ik_0(X\cos\beta + Y\sin\beta)} \tag{7-116}$$

式中 $h$——水深，在水深为无穷时，速度势可以表示为

$$\varphi_0 = \frac{g\zeta_a}{i\omega} \cdot e^{k_0 z} \cdot e^{ik_0(X\cos\beta + Y\sin\beta)} \tag{7-117}$$

入射波面升高为

$$\zeta = -\frac{1}{g}\frac{\partial \Phi_0}{\partial t}\bigg|_{z=0} = \mathrm{Re}(a e^{-i\omega t}) \tag{7-118}$$

$$a = \zeta_a e^{ik_0(X\cos\beta + Y\sin\beta)} \tag{7-119}$$

对于不规则波海浪，可将其看作大量单元波的组合，每个波浪含有随机相位角 $\varepsilon_j$，波面位移可以表示为

$$\zeta = \mathrm{Re}\left(\sum_{j=1}^{N} a_j e^{-i\omega_j t} e^{-i\varepsilon_j}\right) = \mathrm{Re}\left(\sum_{j=1}^{N} \zeta_{aj} e^{ik_{0j}(X\cos\beta+Y\sin\beta)} e^{-i\varepsilon_j} e^{-i\omega_j t}\right) \tag{7-120}$$

不规则波中流场速度势可以表示为

$$\Phi_0 = \mathrm{Re}\left(\sum_{j=1}^{N} \varphi_{0j} e^{-i\omega_j t}\right) = \mathrm{Re}\left(\sum_{j=1}^{N} \frac{g\zeta_{aj}}{i\omega_j} \cdot \frac{\mathrm{ch}[h_{0j}(Z+h)]}{\mathrm{ch}\ k_{0k}h} e^{ik_{0j}(X\cos\beta+Y\sin\beta)} e^{-i\omega_j t}\right) \tag{7-121}$$

在水深为无穷时，速度势可以表示为

$$\Phi_0 = \mathrm{Re}\left(\sum_{j=1}^{N} \varphi_{0j} e^{-i\omega_j t}\right) = \mathrm{Re}\left(\sum_{j=1}^{N} \frac{g\zeta_{aj}}{i\omega_j} \cdot e^{k_0 z} e^{ik_{0j}(X\cos\beta+Y\sin\beta)} e^{-i\omega_j t}\right) \tag{7-122}$$

不规则波中浮体受到的一阶波浪力为

$$F_i = \mathrm{Re}\left\{\sum_{j=1}^{N} a_j e^{-i\omega_j t} e^{-i\varepsilon_j} f_{ja} e^{-i\alpha_j}\right\} = \mathrm{Re}\left\{\sum_{j=1}^{N} \zeta_{aj} f_{ja} e^{ik_{0j}(X\cos\beta+Y\sin\beta)} e^{-i(\omega_j t+\varepsilon_j+\alpha_j)}\right\} \tag{7-123}$$

式中 $f_{ja}$——第 $j$ 个单元波单位波幅波浪引起的浮体一阶波浪力幅值；

$\alpha_j$——对应的浮体一阶波浪力幅角。

二阶漂移力可通过近场方法和远场方法进行计算。近场方法是通过直接积分作用在浮体湿表面上的压力得到的。平均二阶波浪漂移力合力矩的计算公式如下：

$$F_{\text{wave}}^{(2)} = -\int_{WL} 0.5\rho g\zeta_r n\mathrm{d}l + \iint_{S_0} 0.5\rho|\nabla\Phi|^2 n\mathrm{d}S + \iint_{S_0}\rho\left(X \cdot \nabla\frac{\partial\Phi}{\partial t}\right)n\mathrm{d}S + M_s \cdot R \cdot \ddot{X}g \tag{7-124}$$

$$M_{\text{wave}}^{(2)} = -\int_{WL} 0.5\rho g\zeta_r (x\times n)\mathrm{d}l + \iint_{S_0} 0.5\rho|\nabla\Phi|^2(x\times n)\mathrm{d}S + \iint_{S_0}\rho\left(X\cdot\nabla\frac{\partial\Phi}{\partial t}\right)(x\times n)\mathrm{d}S + I_s \cdot R \cdot \ddot{X}g \tag{7-125}$$

式中 $F_{\text{wave}}^{(2)}$、$M_{\text{wave}}^{(2)}$——平均二阶漂移力及其力矩；

$WL$——浮体的水线面；

$\zeta_r$——相对波高；

$S_0$——浮体的平均湿表面；

$X$——浮体的运动位移；

$M_s$——浮体质量；

$R$——浮体的转动矩阵；

$\ddot{X}g$——浮体的重心加速度。

远场的计算方法是通过考虑指定流体域内流域动量变化率，应用动量守恒原理导出的平均波浪频率的远场表达式。平均波浪漂移力及其力矩的计算公式如下：

$$\overline{F}_x = -\int_{S_m}[P\cos\theta + \rho V_R(V_R\cos\theta - V_P\sin\theta)R]\,\mathrm{d}\theta\mathrm{d}z \tag{7-126}$$

$$\overline{F}_y = -\int_{S_m}[P\sin\theta + \rho V_R(V_R\sin\theta - V_P\cos\theta)R]\,\mathrm{d}\theta\mathrm{d}z \tag{7-127}$$

$$\overline{M}_z = -\int_{S_m}(\rho V_R V_\theta R^2)\,\mathrm{d}\theta\mathrm{d}z \tag{7-128}$$

式中　$\overline{F}_x$、$\overline{F}_y$、$\overline{M}_y$——浮体的纵荡二阶力、横荡二阶力和艏摇二阶力矩；

$S_m$——远方固定的直立圆柱面；

$\rho$——立体密度；

$P$——立体压力；

$S$——浮体湿表面；

$V_R$、$V_\theta$——极坐标下的速度组成；

$x$、$y$、$z$——水面处固定坐标系的坐标。

(2)铺管作业系统耦合分析理论

船舶在海洋环境中的运动响应是非常复杂的运动学和动力学问题，以目前的研究程度，通过势流理论和黏流经验公式仍然可以初步预报船舶及其附体在波浪、海流和海风中的运动响应和动力响应。对于诸如船舶这类的大型浮体，一般运用势流理论的辐射－绕射理论来模拟这些物体和波浪之间的相互作用。管道和托管架等细长体则通过莫里森公式近似估算其受力。

在进行深水S形铺管时域分析时，若考虑管道及船舶之间的耦合作用，需将铺管作业系统视为一个整体进行考虑。铺管船时域运动方程的获取，将不仅考虑船体摇荡运动对流场的影响，同时亦考虑定位系统和铺设管线对船舶作用力的影响：

$$[M+M^a(\infty)]\ddot{\zeta}(t)+\lambda\dot{\zeta}(t)+X\zeta(t)=F_I^{1\&2}(t)+F_R(t)+F_{CW}+F_{DP}(t)+F_P(t) \tag{7-129}$$

式中　$M$——船舶质量；

$\lambda$——阻尼系数；

$X$——船舶恢复力系数；

$\zeta$——船舶运动位移；

$F_I^{1\&2}$——波浪激振力；

$F_R(t)$——波浪辐射力；

$F_{cw}$——海流力和风力；

$F_{DP}(t)$——定位系统的作用力(可以是动力定位推力，或者系泊系统作用力)；

$F_P(t)$——管道对船舶作用力；

$M^a(\infty)$——无穷大频率所对应的等效附加质量：

$$\boldsymbol{M}^a(\infty) = M^a(\omega) - \int_0^\infty R(t)\cos\omega t\mathrm{d}t \tag{7-130}$$

耦合公式(7－129)允许船体运动和管线结构响应的联立求解,并能够考虑船体和管线之间所有的动力和非线性影响。

由入射速度势和绕射速度势诱导的单向波浪激振力,可以写成各波浪频率成分累加和的形式:

$$F_I^{(2)}(t) = \mathrm{Re}\left[\sum_{j=1}^{N} A_j Q_L(\omega_j)\mathrm{e}^{\mathrm{i}\omega t}\right] \tag{7-131}$$

$$F_I^{(2)}(t) = \mathrm{Re}\left[\sum_{j=1}^{N}\sum_{k=1}^{N} A_j A_k^* Q_D(\omega_j, -\omega_k)\mathrm{e}^{-\omega - t} + \sum_{j=1}^{N}\sum_{k=1}^{N} A_j A_k Q_s(\omega_j, \omega_k)\mathrm{e}^{\mathrm{i}\omega + t}\right] \tag{7-132}$$

$$F_R(t) = \left(M^a(\omega) - \int_0^\infty R(t)\cos\omega t\mathrm{d}t\right)\ddot{\zeta} - \int_{-\infty}^{t} R(t-\tau)\dot{\zeta}(\tau)\mathrm{d}\tau \tag{7-133}$$

$$M^a = \rho\mathrm{Re}\left[\iint_{\Omega_B} \frac{\partial\varphi_j}{\partial n}\varphi_j\mathrm{d}S\right] \tag{7-134}$$

$$R(t) = \frac{2}{\pi}\int_0^\infty C(\omega)\frac{\sin\omega t}{\omega}\mathrm{d}\omega \tag{7-135}$$

式中 $M^a(\omega)$、$C(\omega)$——频率 $\omega$ 下的附加质量和阻尼(包括一阶、二阶波浪力作用);

$Q_\mathrm{L}$、$Q_\mathrm{D}$、$Q_\mathrm{S}$——一次传递函数、二次差频传递函数、二次和频传递函数;

$N$——波浪单元数。

考虑托管架和管道等细长体受到的波浪载荷作用时还要运用莫里森公式,将细长结构的波浪载荷表达为惯性力和拖曳力之和,即

$$F_m = C_m\rho V\dot{u}_n - C_a\rho V\ddot{\zeta}_n + \frac{1}{2}\rho C_D D_S(u_n - \dot{\zeta}_n)|u_n - \dot{\zeta}_n| \tag{7-136}$$

式中 $D_S$——结构特征尺度;

$C_\mathrm{m}$、$C_\mathrm{a}$、$C_\mathrm{D}$——惯性力系数、附加质量系数、拖曳力系数;

$u_\mathrm{n}$、$\dot{u}_n$——垂直于结构的流体速度和加速度分量;

$\dot{\zeta}_n$、$\ddot{\zeta}_n$——结构的速度和加速度的法向分量。

## 7.4 集束管道复合式拖航问题

集束管道技术在世界上的应用已超过 20 年,应用最多的是在北海和墨西哥湾。1980 年在北海设计安装了第一个集束管道系统,其海上安装采用控制深度拖管法(CDTM),运送管(carrier pipe)外径为 12.75 in,总长度为 800 m。随后,在北海和墨西哥湾以及世界各地设计和安装了许多不同尺度的集束管道系统,其复杂度、总长度和内置管线(含电缆)数量以及水深都迅速增大,到目前已超过 100 个。目前集束管道主要用于浅水平台间的短距离油气输送、注水,及动力或控制电缆,但随着全世界深水油气田的开发,集束管道技术也开始应用于深水,如在水深 1 400 m 的西非 Kizomba 油田。

集束管道拖航安装分为下水、拖航及油田内部安装三个阶段。管道的拖航方法有很多

种，每种拖管法都有其相应的适应水深、海床及海洋环境。为了充分发挥各种拖航方法的优势，提高拖航安装过程的经济性和安全性，工程上常选用复合式拖管法。

### 7.4.1 集束管道的预制与下水

集束管道的预制可分为以下两种：与海岸线垂直的垂直预制；与海岸线平行的平行预制。这两种预制方法各有优缺点，最大的区别在于：垂直预制时，由于预制场地一般较短，在下水时需要进行管段的对接以达到预定长度；平行预制时，管道可以一次性制造完成，并且进行水压试验。集束管道制造时，一般是先完成外部运送管和内部各管的制造，而后对各管进行总体集束。集束管道制造技术较为复杂，这主要体现在各管的总体集束上。根据国外相关介绍，集束管道总体集束的具体步骤如下：

- 将焊接好的完整运送管放在支撑座上，用楔子垫来防止滑动；
- 将分段建造好的油气管、注水管及电缆用间隔块按照设计好的间隔捆绑在一起，然后放在支撑座上；
- 将安装拖线用清管器从输送管的另外一端发送过来；
- 将安装拖线连接到绑好的内管拖耳上，然后开始拖拉内管，由于每个间隔块上都设有两个滚轮，因此内管在运送管内部运动时的阻力较小；
- 当拖拉的内管到位后，进行隔舱壁的焊接连接；
- 在集束管道的两端安装拖头；
- 在首拖头上焊接拖航使用的小拖头；
- 对汇总完毕的集束管道系统进行最后的水压试验；
- 对集束管道进行最后的检查，准备下水。

管道下水可以采用不需要下水滑道的平行下水方法，平行下水的具体步骤如下：

- 将预制完毕的集束管道移下支撑座；
- 用吊管机将集束管道移动到下水线位置；
- 将首拖轮的拖缆连接到集束管道的拖头上；
- 用吊管机将集束管道移动到水中；
- 拖轮开始拖动集束管道；
- 从尾部绞盘车上释放拖拉控制缆，集束管道在拖轮拖力作用下开始偏转；
- 集束管道在拖力作用下继续偏转；
- 直到集束管道偏转成一条直线，开始最后检查，准备拖航，下水完毕。

规范关于管道下水的相关规定有：须注意管道下水时的应力，保证管道保温层和防腐层不受磨损。规范还特别规定：如果管道需要在水中长时间等候拖航的话，须注意附着海洋生物对管道水下重力的影响。

集束管道下水结束后，进行最后的拖航检查，在获得船级社的批准拖航证书后即可开始拖航。

### 7.4.2 管道在近海的浮拖

浮拖法工艺简单、拖航速度较大,但对海上气象、风浪等条件依赖性高,容易因环境原因中断作业而造成较大损失。整个浮拖耗时 6 ~ 7 h,平均拖航速度为 1.5 ~ 2.0 m/s,实际拖航速度取决于海况。拖航过程中首拖船、尾拖船应保持合适的张力。当管道浮拖至预定海域后,进行浮筒的解脱。当所有浮筒都解脱后,首、尾拖船放缆,管道下沉,直到拖头下降到水下合适水深。

在对浮拖管道进行动力分析时,需考虑波浪引起的自由表面变化对管道浮力的影响,同时还需考虑拖航速度对海流速度以及波浪周期的影响。1990 年,Moe 等对浮拖管道进行了规则波作用下的动力试验分析,结果表明:当波长较短时,管道将接近于下沉至波谷;当波长较长时,管道近似于柔性,呈波浪状形态。

当管道长度较长时,由于波浪和拖船运动的影响,浮拖时管道往往会产生很大的运动响应,有时甚至会引起共振和疲劳破坏。因为管道两端拖头受到多种动态因素的影响(如波浪、拖船运动),很难准确描述其边界条件。有关文献均把管道两端作为铰支处理,这与实际情况虽然存在差异,但由于拖缆与拖头连接处不能承受弯矩,把两端拖头简化为铰支处理是比较合理的。

### 7.4.3 管道在外海的 CDTM 拖航

CDTM 拖航速度快,通过调整施工参数能使管道在海床面以上保持任意需要的高度,从而能适应不同的水深和海洋环境。CDTM 拖航施工的关键是:根据水深、海床形态和海况适时调整拖航参数(拖速、拖缆长度和尾拖船张力),使首、尾拖头和管道中部都保持在合适的水下深度。集束管道的水下负浮力对 CDTM 拖航时的管道挠度、应力、水下形态,以及拖船拖力都有重要影响。如果管道水下负浮力不合要求,须通过增加或移除整条压载链来调整水下负浮力。为了保证拖航时管道的合适形态和拖航参数,拖航过程中须严格控制拖航速度、拖缆长度和尾拖船张力。

当集束管道拖航至目的海域后,通过降低拖航速度和从拖船放缆的受控方法将管道向下放置到海床。当集束管道的中部接触到海床后首拖船放缆,当集束管道稳定在距海床 5 m 左右时,所有拖船同时放缆,并将张力减到最小。具体步骤如下:

(1)当首拖船到达停泊水域后,开始减速;

(2)以一定的质量步长(如 10 t)减小首拖船拖力,并以一定质量步长(如 5 t)增大尾拖船拖力;

(3)当管道中部压载链接触海床时,从首、尾拖船放缆;

(4)管道稳定并漂浮在海床 5 ~6 m 处时,减小拖船张力;

(5)读取水下深度、静水压力和海床面流速等数据;

(6)为了增加管道在离底拖时的侧向稳定性,通过辅助船增加压载链。

此时管道呈离底式,集束管道准备进行随后的离底拖。

海流对压载链的作用力是决定管道水下形态和应力的关键,拖航开始后管道也正是依靠海流对压载链的升力而脱离海床表面,从而由离底拖变为 CDTM 拖,准确估计压载链上的海流力对拖航的成功非常关键。目前尚未有计算索链上海流力的成熟公式，一般采用由实验数据得到的半经验公式。当侧向海流速度较大时，其带来的侧向拖曳力将很容易超过管道的垂向水下重力。此时，管道将偏移至接近水面，这种状况非常危险。因此，在 CDTM 拖航过程中，应密切注意侧向海流速度大小，尽量使拖航方向与海流方向一致。

考虑侧向海流时，管道将为三维受力（垂向水下重力、侧向海流力、轴向张力），为了简化问题，可以采用以下方法将此三维受力问题转化为二维受力问题。假设管道侧向海流力和垂向水下重力为均布，可以得到管道静平衡面与水平面的夹角为

$$\alpha = \tan^{-1}\frac{Z_i}{Z_j} \tag{7-137}$$

式中 $Z_i$——管道系统的水下重力；

$Z_j$——管道和拖缆受到的侧向海流拖曳力。

在静平衡面内，管道可以考虑为受以下合成力 $Z$ 作用。

$$Z = (Z_i^2 + Z_j^2)^{\frac{1}{2}} \tag{7-138}$$

得到管道的静平衡面后，可以在这个平衡面内利用合成力 $Z$ 代替前面的管道水下重力进行计算。

CDTM 拖航对管道水下重力要求非常严格，管道在拖航前必须进行水下重力校核，只有在管道水下重力满足要求时才能进行拖航作业。但是，由于压载链只能取为整数环，且管道的水下浮力和重力往往不能精确确定，管道的实际水下重力往往与设计值存在误差。管道的水下重力变化对拖船拖力、管道应力、挠度等都有影响。

CDTM 拖航时，拖缆长度为拖船拖力和拖头水下深度的函数。实际拖航过程中，拖头所处水下深度往往不能精确测定，一般需要通过放缆长度来估算。正常拖航时，首、尾拖头一般控制在水下 30 m 处，此时首、尾拖缆的长度可由悬链线理论计算得到。由于首、尾拖索很细并且需要承受很大轴力，因此其很容易在拖航时发生断裂，需要单独对其进行强度校核。静力分析时，DNV 规范确定拖索所需的最小断裂强度（MBL）考虑动力放大系数为 2.0，安全系数规范取为 1.95。

CDTM 拖航过程中，尾拖船张力和拖航速度一起控制着管道的水下形态和内力。在实际拖航过程中，拖船运动将引起拖缆张力的动态变化，为了保持张力恒定，可以选用能够实时放缆和收敛的绞车。另外，为了减小由于拖缆松弛带来的瞬时动张力，也可以在拖缆上加几个浮力装置使拖缆张力保持稳定，如图 7.17 所示。

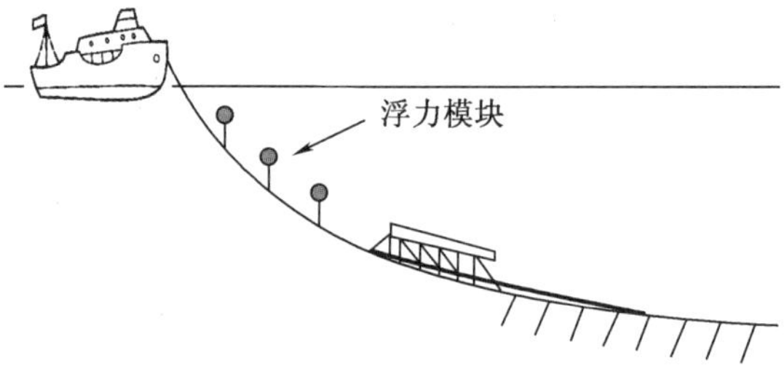


**图 7.17　减小拖缆动张力的浮力装置**

浮拖时，由于波浪和拖船运动的影响，管道往往会产生很大的运动响应，有时甚至会引

起共振和疲劳破坏。ISO 规范规定:在对浮拖管道进行动力分析时,需考虑波浪引起的自由表面变化对管道浮力的影响,同时还需考虑拖航速度对海流速度以及波浪周期的影响。当管道长度较长时,管道有可能在浮拖过程中发生共振,需进行不同波浪周期和浪向下的共振分析。

在规则波作用下浮拖管道的振动波波长与波浪波长相等,当波浪频率与管道固有频率相等时将引起管道的共振。深水时,波浪波长与周期的关系为

$$L = \frac{gT^2}{2\pi} \tag{7-139}$$

考虑浮拖管道为简支梁,其振动波波长与周期的关系为

$$L^4 = \frac{4\pi^2 EI}{\rho}T^2 \tag{7-140}$$

当满足下式时,波浪波长与管道梁自由振动波长相等,管道发生共振:

$$T_r = 2\pi\left(\frac{EI}{\rho g^4}\right)^{\frac{1}{6}} \tag{7-141}$$

式(7-141)中,$\rho$ 为包括附加水质量的单位长度管道重力,取 $C_M$ 为2.0时:

$$\rho = 2\left(\frac{\pi}{4}D^2\right)\rho_{\text{seawater}}g \tag{7-142}$$

管道的弯曲模量 $I$ 可近似为

$$I \approx \frac{\pi}{8}D^3 t \tag{7-143}$$

将式(7-143)代入式(7-141)得

$$T_r = 2\pi\left(\frac{EDt}{4\rho_{\text{seawater}}g^4}\right)^{\frac{1}{6}} \tag{7-144}$$

当考虑管道轴向与浪向成夹角 $\theta$ 时,上式可改为

$$T_r = 2\pi\left(\frac{EDt\cos^4\theta}{4\rho_{\text{seawater}}g^4}\right)^{\frac{1}{6}} \tag{7-145}$$

当发生共振时,浮拖管道形态可视为与波面相同。

### 7.4.5 管道在油田内部的离底拖(图7.18)

离底拖时,由于管道距离海床面很近,较容易实现管道在安装位置的精确就位。由于油田内部一般有很多设施,离底拖须在事先确定的安装通道范围内进行。离底拖对天气要求较高,如果海床上流速不满足要求,须在停泊水域等待。需要根据侧向海流速度设计尾拖船施加的尾张力。具体流程:

- 拖航开始后,调节拖航速度使拖头漂浮在离海床5~10 m;
- 水下机器人监控管道的水下位置和中部的侧向偏移;
- 当集束管道接近就位区时,降低拖航速度;
- 在预先设计好的目标区,停止拖航,进行定位设备的布置;
- 进行最后的管道就位,拖航速度尽可能小;
- 拖轮的张力保持不变,直到测量人员确定拖头的最后位置满足设计要求为止;

· 测量人员进行测量,最后确定集束管道全段的位置。

当首、尾拖头到达预定区域后,离底拖结束。在进行管道安装前,首拖缆将被回收。首拖缆回收时,作用在首拖头上的水平拖力将逐步减小,当水平拖力减小到一定值时,将通过ROV进行首拖缆的解脱作业。

集束管道的最后海底安装包括管道的偏移就位、管段对接、充水下沉和挖沟等。安装结束后,经过最后的在位检查就可以试运行了。

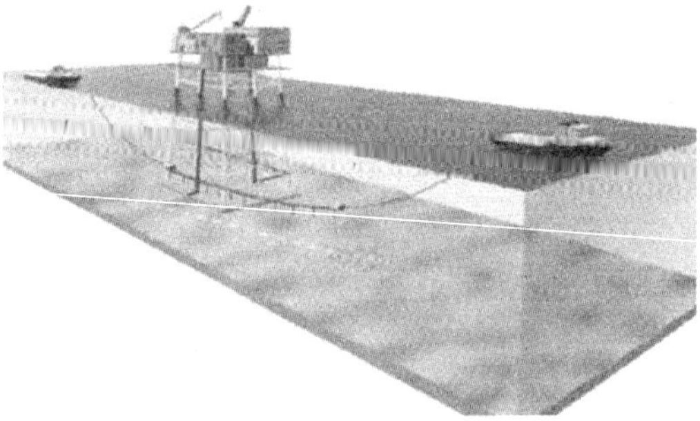

图7.18 集束管道离底拖示意图

离底拖时,管道不直接与海床接触,这样既可以顺利地跨过海底障碍,又不需要很大的拖力。由于离底拖法本身特点,管道自身应力并不是关注的重点。但是,由于油田内部存在其他既有设施,离底拖往往需要在很窄的安装通道内进行,因此,管道在水下的稳定性问题就成为施工中的关注重点。另外,离底拖与CDTM一样,需要通过控制放缆长度来进行施工作业控制。

# 第8章　平台立管系统

所谓立管是海底管道的登陆、下海或爬上海上采油平台等，以及某些海中岛式或者浮式码头的海底管道上、下装卸油作业平台的管段的总称。立管系统是整个海底管道系统的一部分，它包括立管及其支撑件和全部整体组装在立管上的管道附件与防腐系统。立管是海底管道工程中的一个重要环节，它也是海底管道系统中的薄弱环节，而且因在海洋环境载荷的作用下，环境条件恶劣，带来很多特殊问题。

本章系统阐述了立管系统的构造特点、功能用途、设计规范、设计方法、分析方法、安装方法等。使读者对海洋立管工程相关的问题和要点有初步的认识和理解，为深入研究立管相关的工程实际问题打下良好的基础。内容包括以下3部分：

- 立管设计概述；
- 钻井立管；
- 生产立管。

## 8.1　立管设计概述

在深海的油气开发中，立管系统是海洋基础结构的关键组成部分，也是重要的海洋工程装备之一。立管系统是指用于连接水面浮体和海床井口的细长管系结构。它是浮式生产系统用于向(或从)船上传送液体的基本装置，也是深海生产系统中最复杂的一类设备。立管按其功能可分为钻井立管和生产立管。

20世纪50年代，海洋立管第一次应用于加利福尼亚的离岸钻井驳船上，之后，直到1961年，钻井立管才真正地在动态定位驳船CUSS－1上用于钻井。从那时起，立管主要用于四个目的：钻井、完井、生产/注入和输出。这四个使用方向在细节、尺度和材料方面均有很大的不同。

生产立管，是配合浮式平台开采油气使用的，它比钻井立管晚出现，其第一次应用是在20世纪70年代，结构形式是以顶端张力式钻井立管为基础开发的。从那时起，四种普遍的立管形式就产生了，包括钢悬链线立管(SCR)、顶端张力式立管(TTR)、柔性立管(Flexible Risers)和混合式立管(Hybrid Risers)。

在过去的10年里，立管技术已经取得了从300 m到2 500 m的飞速进步。水深的增加使得立管设计中要考虑的问题更加复杂。从浅水到深水，立管的设计面临着如下挑战：

(1)流动保障(Flow Assurance)。确保管中流体能顺畅流过。

(2)涡激振动(VIV)。这是深水立管设计的主要挑战，它的直接后果是立管系统的疲劳破坏。

(3)安装(Installation)。目前有若干种立管的安装方法，但对于水深应用来说，各种安装方式有其相对适用的范围和限制。图8.1显示了柔性立管对于S形、J形和圆筒铺设方法的适用水深。不管哪种安装方法，都面临诸如疲劳、折断、干扰和碰撞等各种挑战。

(4)弹性接头的应用降低了立管悬挂位置的弯矩，它可以用来承受高压、高温和酸性的工作环境，其多重应用的特征也是研究的热点。

(5)立管和土壤的相互作用会引起立管触地点的振动，导致这一区域的疲劳损伤，所以需要对这一特殊区域的相互作用加以研究。

(6)操控(Operation)。深水的特殊环境条件使得操纵在一定范围内受限，很多任务都是由水下潜器(ROV)来完成，这也是立管系统研究的热点之一。

通常，深水立管的设计需要考虑以下因素：

(1)进行安全、有效、可靠的立管设计，包括从强度、疲劳、优化和热学上来改善性能，降低临界条件。

(2)实现更快、更低成本的离岸建造和安装。

(3)加快进度的灵活性，比如安装船的可用性及预安装能力。

(4)提高长期完整性，确保立管能够为未来的维护、升级以及额外的运载提供便利。

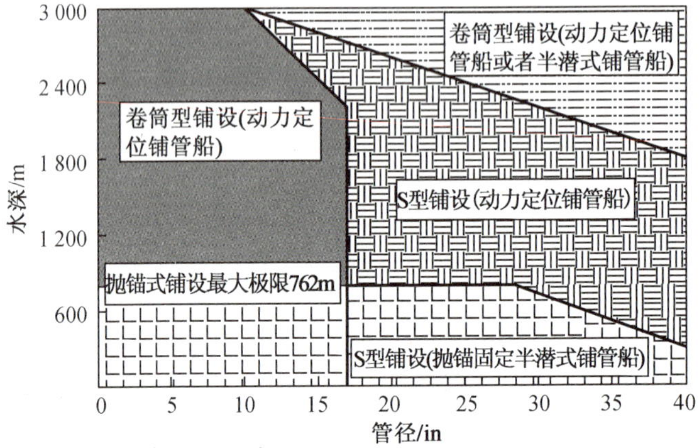


**图 8.1　不同水深和立管直径所对应的铺管安装方法**

### 8.1.1　立管载荷

常见的三种立管载荷分别是功能载荷、环境载荷和偶然载荷。

功能载荷是立管必不可少的一部分，比如立管、组件和腐蚀涂层等的重力。立管的外部组件是引起立管的应力和应变的主要因素。

环境载荷包括风、浪、流和可能存在的冰的冲击载荷，它是引起立管动态特性的主要缘由。

偶然载荷是在立管使用期间偶然发生的，比如高空坠物引起的不可忽视的载荷。

表 8.1 详细列出了立管的载荷种类。

**表 8.1　立管载荷种类**

| 载荷类型 | 载荷 | 引起的载荷环境 |
|---|---|---|
| 功能载荷 | 1. 立管、组件和腐蚀涂层的重力<br>2. 由于内容物和外静水力引起的压力<br>3. 浮力<br>4. 热效应<br>5. 名义顶端张力 | 1. 海生物、附体、管型材料的重力<br>2. 由于内容物流动、冲击、阻塞或者清管产生的载荷<br>3. 安装载荷<br>4. 浮体限制载荷 |

表 8.1(续)

| 载荷类型 | 载荷 | 引起的载荷环境 |
| --- | --- | --- |
| 环境载荷 | 1. 波浪载荷<br>2. 流载荷 | 1. 风载荷<br>2. 地震载荷<br>3. 冰载荷 |
| 偶然载荷 | 1. 坠物<br>2. 定位能力的部分损失<br>3. 船体影响 | 1. 张紧器失效<br>2. 立管干扰<br>3. 爆炸和火灾<br>4. 连续变动的热量<br>5. 操控故障 |

### 8.1.2 立管失效模式

众所周知,深水环境下的立管系统是十分脆弱的。一般来说,立管系统有五种典型的失效模式:疲劳失效、腐蚀失效、侵蚀失效、管阻塞/流动限制失效和立管节点失效。其中疲劳失效是设计者首先应该考虑的一种失效模式,它的主要来源是涡激振动和水面浮体的运动。在立管设计中需要优先考虑一些可动部位的疲劳强度问题。另外,腐蚀和侵蚀失效也会影响到立管的整体性。同时,还必须防止发生管道阻塞或者流动限制失效,确保立管中液体流动顺畅。

(1)疲劳失效

疲劳是一种逐步性局部结构破坏,发生在材料承受循环载荷的位置。疲劳强度对应的最大应力通常都比极限拉应力小,也可能在材料的屈服应力极限以下。

(2)腐蚀失效

腐蚀失效是由于材料与周围环境发生化学反应,导致材料内本质属性发生的损坏。用术语来讲,腐蚀就是当水和氧气发生化学反应时,金属电子的丢失。铁原子被氧化导致铁的削弱是电化学腐蚀的典型实例,也就是生锈,这种破坏通常会产生氧化物或盐。腐蚀也可以是陶器材料的降级,以及由于太阳的紫外线辐射引起的聚合物的弱化。刚性立管和柔性立管的金属结构在水、$CO_2$ 和 $H_2S$ 环境中易受腐蚀。

(3)侵蚀失效

侵蚀失效是由于沙粒或者液滴的反复摩擦作用引起的材料损失。侵蚀是指实体(沉淀物、土壤、岩和其他颗粒)从它所处的固有环境中脱落,通常是由风、水或者冰的传递、土壤或者其他材料受重力下滑引起的,或者发生在生物侵蚀、掘穴生物破坏的情况中。

当沙粒冲击柔性管道的内壳或者内层聚合物覆层时也会发生侵蚀,侵蚀失效一般发生在与弧形的管截面相关联的位置。

(4)管阻塞或者流动限制失效

由于沥青水合物、蜡、水锈和管子内壁沙粒沉淀物的影响,管中可能出现阻塞物,对管子内部液体的正常流动形成障碍,尤其在深水运行条件下(低温和高压)容易遇到阻塞情况。

在管内低温情况下,输送碳氢化合物的管道易受到蜡或者水合沉淀物的影响,石蜡或者水合沉淀的形成会引起管内阻塞,限制液体流动,导致管内压力增加,如果置之不理,最终会导致压力层破裂甚至管路塌陷。

(5)立管节点失效

立管节点是由无缝管构成的,在末端有机械连接件。对于钻井立管来说,通过连接件上延伸的法兰将立管与节流管线和压井管线连接起来。立管以类似钻杆的方式操作,需要把它们一根一根地串成串,并且利用张紧器将连接件旋紧。立管节点的失效模式有密封渗漏、插销破裂、焊接疲劳和螺栓破损等形式。

### 8.1.3 海洋立管的设计规范

尽管立管已经存在很多年了,它只是在近些年来随着深水技术的发展才产生了巨大的进步。早期立管的主要结构是钢铁生产管线的简单延伸,通常固定在导管架的腿柱上。早期的立管设计以独立的管道标准为基础,只是采用不同的安全系数而已。

深水开发需要新方案和新技术来处理在浅水开发中遇不到的挑战。为了解决深水立管技术也需要一个新型的工业立管设计标准。第一个立管设计标准是 API RP 2RD,然后是 DNV OS F201。目前采用的标准如下:

(1)API RP 2RD(1998)。这一规范是 1998 年美国石油协会为浮式生产系统及张力腿平台下的立管设计所制定的。

(2)DNV OS F201(2001)。这一规范是挪威船级社在 2001 年制定的。

(3)API RP 16Q。这是美国石油协会为海洋钻井立管所制定的设计、操作、选取及维护的参考规范。

(4)ISO/FDIS 13628 - 7:2003(E)。这是专门为石油、天然气生产而制定的。

除此之外,立管设计所涉及的规范还有:

(1)API Spec5L《管线管规范》;

(2)DNV - OS - F101《海底管线系统》;

(3)API 17B 和 17J《柔性立管规范》;

(4)API RP17G《完井和修井立管规范》;

(5)API Spec16F《海洋钻井隔水管设备规范》;

(6)SY/T 10037《海底管道系统规范》;

(7)ISO13628 - 5《刚性脐带管结构规范》。

### 8.1.4 海洋立管的工业设计软件

海洋立管设计分析的工具有多种,下面列出的是用于立管分析的已高度商业化和知名的工业软件:

(1)通用的有限元分析软件:ABAQUS、ANSYS 等(用于进行立管整体和局部分析)。

(2)立管分析工具:Flexcom、Orcaflex、Riflex 等(用于模拟立管动态运动和计算相关项目)。

(3)立管涡激振动(VIV)分析工具:Shear7、VIVA、VIVANA、Deeplines、Flexriser,以及基于 CFD 的软件(用于模拟和预测立管疲劳速率或寿命)。

(4)耦合运动分析软件:HARP。

(5)立管安装分析工具:OFFPIPE、Orcaflex、Pipelay 等。

Orcaflex 是英国 Ocina 公司开发的一款深水立管及系泊系统设计分析的专业软件包,广泛应用于国外的深水油气田开发工程。它能够模拟顶端张紧式立管、钢悬链线立管、柔性立管、脐带管及锚链等海洋工程结构的服役状态和安装过程,分析计算立管系统及锚链的波浪响应和涡激振动(VIV)及其疲劳损伤,动态模拟海底管线的铺设及立管系统安装过程,并能够动态显示计算过程,因此,是一套功能强大的深水立管系统设计分析软件。

Orcaflex 有 7 种不同类型的单元,分别命名为 VESSEL、LINE、6D BUOYS、3D BUOYS、WINCH、LINK 和 SHAPE。这些单元可模拟各种类型的浮式生产设施,如 Spar、TLP、半潜式平台和 FPSO,施工船、刚性立管、柔性立管、锚链、绞车,以及平台与立管之间的各种连接和约束。

VESSEL 单元在软件中可用来模拟具有六个自由度的浮式生产设施和施工船或类似的浮体,如 Spar、FPSO 和铺管船等。Orcaflex 能根据用户输入的运动 RAO 计算浮体的运动,这大大提高了计算的速度。同时,定义 VESSEL 的速度和速度变化,可以用来模拟船只航行状态。此外,还可以通过定义载荷 RAO、附加质量、阻尼等相关参数,计算得到浮体在特定海况下的力、弯矩和水动力等。

LINE 单元是弯曲刚度可以在较大范围内变化的线形单元,可以模拟刚性立管、柔性管、锚(缆)链和类似的结构。LINE 单元是集中质量模型,集中质量之间由无质量的弹簧连接。LINE 单元的轴向、弯曲和扭转刚度与阻尼分别由相应变形的弹簧和阻尼器模拟。LINE 单元的基本参数包括单位长度的质量、弯曲刚度、轴向刚度、扭转刚度和相应的阻尼系数等,这些参数是集中质量和相应的弹簧计算依据。

WINCH 单元可用来模拟绞车的缆索,它有两个端点,可以选择两端的固定形式(锚固、自由或者固定于某一点)或与某一物体连接。WINCH 的功能是通过定义其张力、长度、收回或者展开速度及长度来实现的。通过定义不同的参数,WINCH 单元可以模拟不同的功能。

LINK 单元在 OrcaFlex 软件中有两种形式,分别为 TETHERS 和 SPRING/DAMPERS。前者是只能承受拉力而不能承受压力的弹簧,用来模拟可分离的接触问题。而后者是普通的拉压弹簧,用于模拟一般的弹性约束。

OrcaFlex 软件的分析主要分为两个步骤,动力分析前要进行静力分析。静力分析是根据模型系统的特性以及外载荷,分析得到结构的静平衡位置。静力分析除了能够简单检验分析模型是否正确(能否达到静平衡),同时还为接下去的动力分析提供一个最佳(平衡)的初始位置。

动力分析采用时域分析方法,时域分析的积分方式有隐式积分和显式积分两种,二者的区别在于显式积分格式是对 $t$ 时刻的平衡方程求解,而隐式积分格式是对 $t+\Delta t$ 时刻的平衡方程求解。因此,显式积分格式的每个时间步长计算量较小,但要求时间步长小,而隐式积分格式则相反。

OrcaFlex 能进行管线的模态分析和疲劳分析等。模态分析的前提是管线必须静力平衡,即能够达到一个比较合适的平衡状态。而要进行疲劳分析之前,必须先进行动力分析的计算,即分析出管线的应力时程状态而后才能计算疲劳损伤。

### 8.1.5 海洋立管的安装方法

海洋立管的安装是通过专用安装浮式装置进行的。最常用的海洋安装方法包括:J 形铺设、卷筒铺设、S 形铺设、拖曳铺设。

由于安装方法不同,海洋立管承受不同安装浮式装置的安装载荷。这些载荷包括压力、张力、弯曲和疲劳等。安装工程设计用于估算载荷对立管的影响以保证载荷作用符合强度设计标准。进行安装工程设计时,最常用的软件是 ORCAFLEX。该软件可以给出安装过程中对危险情况预测的综合结果。每种安装方法的全面描述总结在表 8.2 中。

**表 8.2　安装方法总结**

| 安装方法 | 特征 |
|---|---|
| J 形铺设 | 1. 焊接在浮式装置上进行,但由于在一个焊接站进行,速度慢;<br>2. 管道脱离角度非常接近于垂直,所以张力较小;<br>3. 主要用于深水;<br>4. 不需要船尾托管架;<br>5. 因为所有操作都在垂直方向完成,稳定性是一个难题;<br>6. 典型铺设速度是 1 ~ 1.5 km/d |
| 卷筒铺设 | 1. 管道在岸上的可控环境中焊接,然后连续地缠绕在浮式装置上直到全部完成或达到最大容量;<br>2. 张力减少很多,因此与 S 形铺设相比可以更好地控制;<br>3. 对可处理的覆层类型有限制;<br>4. 存在局限性,通常是由关系到装载能力的容积引起;<br>5. 需要岸上基地的支持;<br>6. 典型铺设速度可高达 1 km/h,平均约 600 m/h |
| S 形铺设 | 1. 管道在浮式装置上使用单或双接头进行装配;<br>2. 需要一个可达 100 米长的托管架,它可以具有 1 个刚性部件,或者具有 2 或 3 个铰接的部件;<br>3. 必须处理非常大的张力;<br>4. 有水深限制,因为:<br>更大水深 = 更长的托管架 = 稳定性丧失;<br>更大水深 = 更高的张力 = 更大的风险;<br>5. 典型铺设速度约 3.5 km/d |
| 拖曳铺设 | 1. 立管束在岸上制造(垂直和平行);<br>2. 在车间里可以获得很好的焊接质量;<br>3. 灵活的制造进度表与海上进度表没有冲突;<br>4. 可使用非常廉价的拖船;<br>5. 可使用各种各样的拖曳方法(水面、水面下、CDTM、底部拖曳);<br>6. 可安装长度有限制;<br>7. 需要三艘拖船用于安装(但是廉价);<br>8. 由于它有非常大的重力,所以在海床上非常稳定(无须挖沟) |

# 8.2 钻井立管

在各种海洋立管中，钻井立管是比较特殊的一种。一般来说，钻井立管系统主要包括张紧器系统、伸缩节、顶部柔性接头、立管单根、底部柔性接头等部件，图 8.2 展示了钻井立管系统的基本结构。

钻井立管作业时，会受到以下几种载荷的作用：波浪载荷、风载荷、潮汐作用、立管自重、浮力、张紧器张力等。这些力作用在钻井立管上，使得立管在海水中受力情况非常复杂。

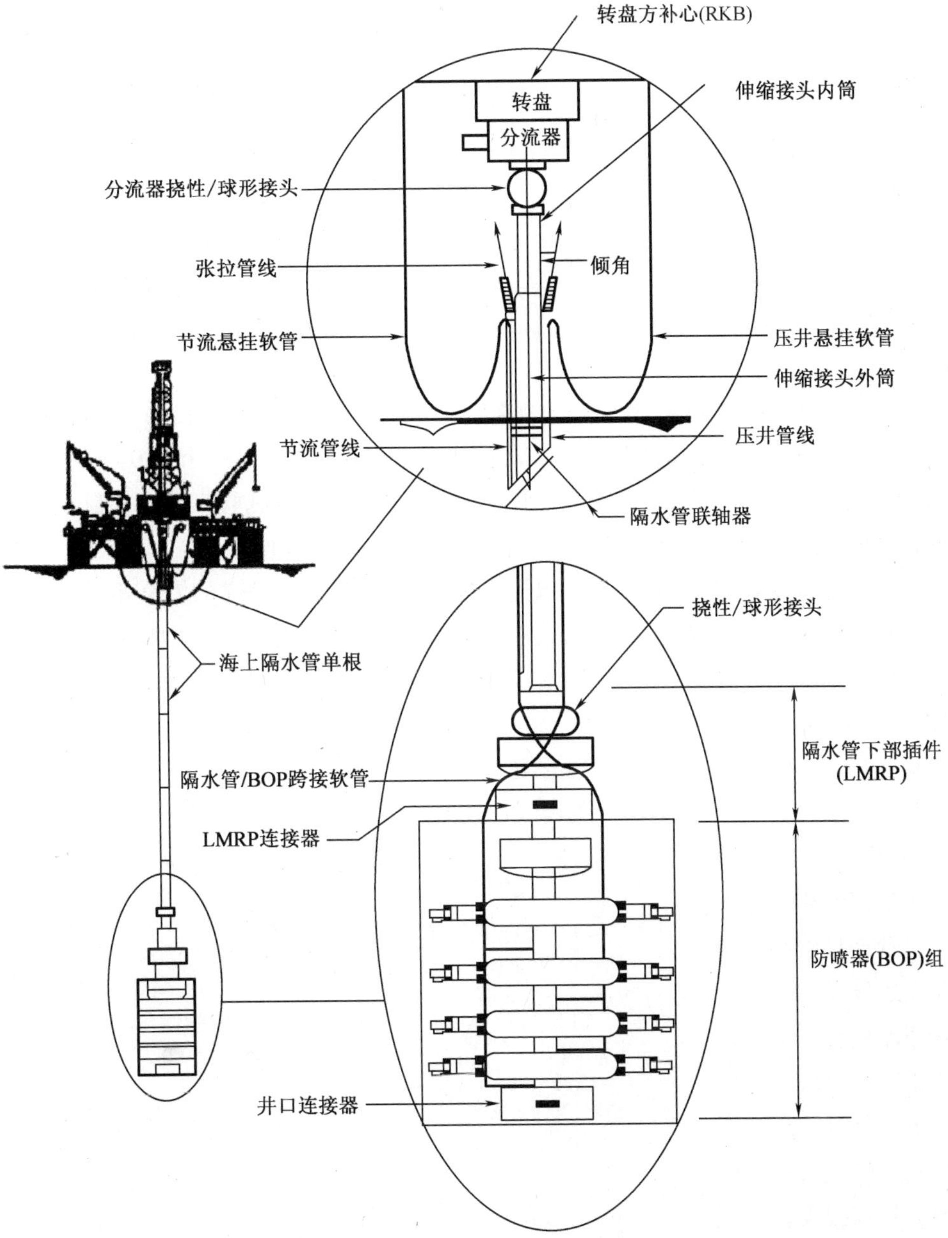


图 8.2 钻井立管结构示意图

### 8.2.1 立管设计规范

对于深水钻井立管,通常主要应用 API RP 2RD 及 API RP 16Q 对钻井立管进行设计及校核。

(1)可操作性限定

表 8.3 所示为钻井立管操作性限定的典型标准,主要来自 API 16Q。

表 8.3 钻井立管的操作性限定标准

| 设计参数 | 定义 | 钻井条件 | 非钻井条件 |
|---|---|---|---|
| 下部挠性接头连接角 | 平均值 | 1° | NA |
| | 最大值 | 4° | 90% 容量(9°) |
| 上部挠性接头连接角 | 平均值 | 2° | NA |
| | 最大值 | 4° | 90% 容量(9°) |
| Von Mises 应力 | 最大值 | 67% $\sigma_y$ | 80% $\sigma_y$ |
| 套管弯矩 | 最大值 | 80% $\sigma_y$ | 80% $\sigma_y$ |

一般来说,DNV F2 曲线常用于焊接节点,DNV B 曲线则用于立管接头(耦合)。在疲劳分析中采用了两个应力集中系数:一个 1.2,用于管道环形焊缝;另一个 2.0,它要根据立管的类型进行选取,然后再用于立管接头。近年来,往往采用疲劳试验来确定实际的 S - N 曲线数据,并用工程风险分析(ECA)来得到检测到的缺陷接受标准。

对钻井立管来说,因为钻井接头可以进行检测,所以其疲劳寿命的安全系数取 3。疲劳计算要考虑所有相关的载荷效应,包括波浪、VIV 和安装导致的疲劳。某些接近 LFJ 接头的部件,疲劳寿命会更短一些。在这种情况下,疲劳寿命将决定检测间隔时间。

(2)组件承载能力

为验算强度,多种组件的承载力需定义如下:

①井口接头;

②LMRP 接头;

③下部挠性接头;

④立管连接器和主管道;

⑤周边管线;

⑥伸缩接头;

⑦张紧器/环;

⑧主动升沉绞车;

⑨硬悬挂接头;

⑩软悬挂接头;

⑪卡盘 - 常平架;

⑫立管转运工具。

### 8.2.2 钻井立管分析的环境条件

通常,方位角指的是波流的行进方向,常常以从正北方向开始的顺时针旋转为正。潮汐变化对深海立管载荷的影响微不足道,在设计过程中可以忽略不计。环境条件包括:

(1)十年一遇的有效波高和相关参数的全方位飓风标准;

(2)十年和一年间隔期的全方位冬季风暴标准;

(3)针对波浪总体的浓缩波浪散布图(服役期、冬季风暴和飓风);

(4)环流/漩涡标准剖面图;

(5)十年和一年一遇的海流剖面图和相关风、波浪参数;

(6)底流的超越概率和标准化的底流轮廓图;

(7)环流/漩涡和底流的组合标准剖面图(最大值);

(8)十年一遇的环流/漩涡,一年一遇的底流或者一年一遇的环流/漩涡,一年一遇的底流组合剖面图;

(9)百年一遇的潜流超越概率和轮廓图。

### 8.2.3 钻井立管分析方法

深水钻井立管的设计影响因素主要有水深、波浪、海流、钻井液密度、浮力块长度、浮力块直径等。在其他因素一定时,改变以上各因素,会对立管的受力产生不同程度的影响。因此在进行深水钻井立管设计时需要考虑以上各因素对立管强度的影响,以确定最佳立管配置。钻井立管设计与分析的结构和一些关键词如图 8.3 所示。

从结构分析的角度来看,钻井立管是一个承受海流作用的垂直缆索。钻井立管缆索的上部边界条件是受到波浪及风载荷作用的钻井平台运动。对于深海钻井立管而言,设计的一个关键技术挑战就是表面环流和底流引起的 VIV 疲劳损坏。

钻井立管力学性能分析分为静力分析和时域动力分析,静力分析的目的是确定系统的初始平衡位置,以作为时域动力分析的初始值。静力分析中所考虑的载荷为定常载荷,主要包括静水压力、浮力、重力、流载荷以及土壤的反作用力等。动力分析的目的是考虑波浪对系统的作用力,以检验系统在指定工况下的强度是否满足规范要求,分析的目的主要是为了保证系统的安全性。动力分析可以考虑整个系统的耦合作用,包括半潜平台及立管对整个系统动力响应的影响。立管的力学方程有很多种数值解法,最常用的有集中质量法、有限单元法和有限差分法。集中质量法是处理海洋立管、管线及锚泊线等细长体非线性结构大变形问题最常用的方法。

(1)送入和回收分析

送入和回收分析的目的就是确定容许的海流环境。在送入操作过程中,立管可以由一个距 RKB 有 75 ft 高的挂钩支撑或者悬挂在卡盘上。因为在接头和分流器外壳之间存在着潜在的接触,从而设计的关键部件是挂钩支撑。出于布局考虑,BOP 常安装在立管上。如果立管和 LMRP 分离,那么 BOP 可以不安装在立管上。

挂钩可看作一个只受垂直和水平位移限制的销栓支撑。在海流载荷作用下,立管可以绕挂钩旋转。限制标准是立管接头与分流器外壳之间的接触。

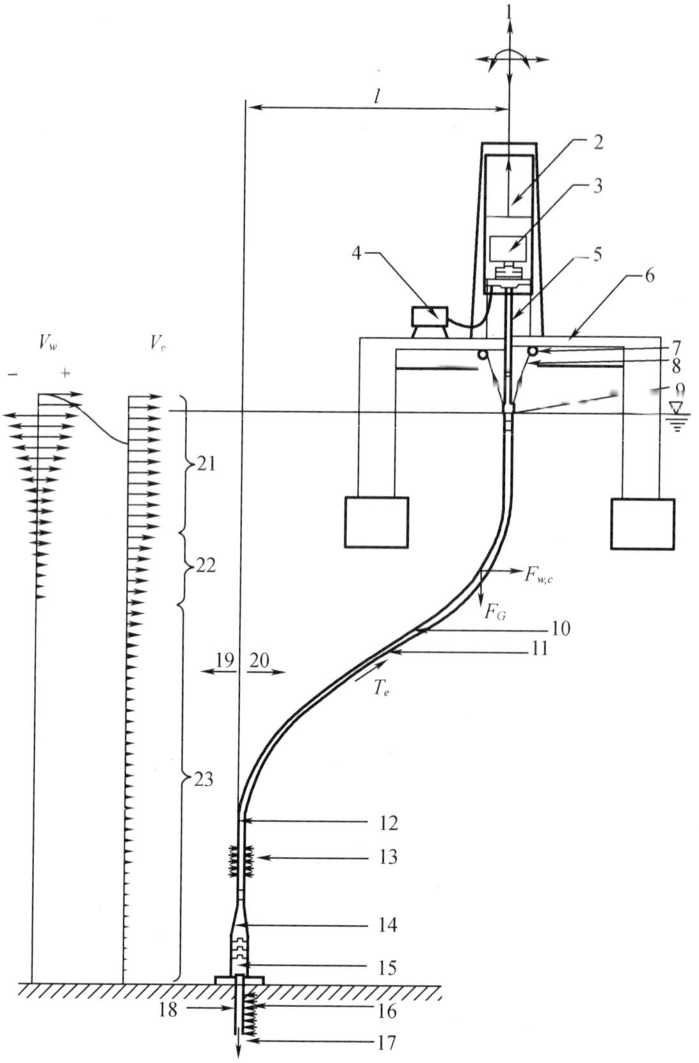


**图 8.3　C/W$_0$ 立管设计与分析中的主要参数(ISO 13628－7，2003(E))**

1—由一阶波形产生的波浪运动;2—绞车的张紧和冲程;3—水面设备;4—水面压力;5—滑动接头;6—钻井板;7—张紧器滑轮;8—张紧器的张紧和冲程;9—张力接头;10—外径;11—立管接头;12—弯曲加强杆;13—外部压力;14—应力接头;15—水下设备;16—土壤约束;17—工具;18—导管弯曲加强杆;19—上游;20—下游;21—激励区;22—剪力区;23—阻尼区;24—波浪和海流作用力;25—重力;26—有效张力;27—波浪速度;28—海流速度;29—船体偏移

静力分析用来评估海流拖曳力的影响,这里不考虑波浪造成的立管的横向运动。

(2)可行性分析

可行性分析的目的是针对各种不同泥浆重力和立管顶部张力来确定操作性条件。

限定标准的可操作性条件同时采用静态和动态波浪计算分析。静态分析包括分析在当前海流作用下钻井立管上部和下部的偏移量,以此来确定向上和向下的偏移量是否达到了极限值。通常需要考虑两种海流的组合:基流 + 底流和涡流 + 底流。典型的三种泥浆重力都将参照它们各自的顶部张力进行建模。

动态分析过程除了加入了波浪载荷外,其他与静态分析一样。动态分析常采用时域分析,即采用 Hmax 的规则波并且至少持续 5 个周期。通过动态分析确定出 LFJ 和 UFJ 角度的最大值,并与规范限定值进行比较。

(3)薄弱点分析

薄弱点分析是钻井立管设计过程的一部分。薄弱点分析的目的是设计和确定在极限偏移条件下系统的破坏点。立管系统需要通过设计来保证薄弱点位于 BOP 之上。

分析的基本假定是设有设备的加载路径都是按照制造商的规范设计。立管系统潜在的薄弱区通常有:

①钻井立管的过载;

②连接器或法兰的过载;

③张紧器超出其张紧能力;

④超出顶部和底部挠性接头的限制;

⑤井口的过载。

(4)漂移分析

漂移分析是钻井立管系统设计过程的一部分。漂移分析的目的是确定极端环境条件或漂移/驱动条件下何时启动断开程序。该分析适用于钻井和非钻井的运行模式。在各个模式中,漂移分析都将确定船舶在各种风和海流及波浪作用下的最大下游位置。

漂移分析的第一个任务就是确定断开点位置的评估标准。这些标准可以根据设备在加载路径下的额定负载能力来确定:

①导管的套管——80%屈服强度;

②张紧器和伸缩接头顶出行程;

③顶部和底部挠性接头限制;

④井口连接器的过载;

⑤LMRP 连接器的过载;

⑥立管接头的应力(屈服应力的 0.67)。

(5)VIV 分析

钻井立管 VIV 分析的目的如下:

①预测 VIV 的疲劳损伤;

②确定疲劳关键部件;

③确定所需张力和容许海流速度。

(6)悬挂分析

两个悬挂构造假定如下:硬悬挂,挤压伸缩接头并在船体上锁紧,从而使立管顶部随着船舶上下移动;软悬挂,立管由立管张紧器支撑,这些张紧器的 APV(空气压力容器)都保持打开状态,并配有一个顶部安装补偿器(CMC),它们提供了一个与船舶相连的垂直弹簧连接。

利用随机波进行时域分析至少需要三个小时的模拟时间。硬悬挂的实例为一年一遇的冬季风暴和十年一遇的飓风。软悬挂的实例为十年一遇的冬季风暴和十年一遇的飓风。动态时域分析的目的是测试各个模型的可行性。

在硬悬挂模型中,立管从 BOP 中分离出来,只有 LMRP 连接在立管上。在硬悬挂方法中,只有位移是固定的。转动由常平架-卡盘的刚度决定。下放保护装置位于主甲板上。

对于软悬挂方法来说,立管重力由张紧器和绞车来承担。绞车的刚度为零,而张紧器的刚度可基于张紧器所承受的立管重力以及波浪作用下的立管的冲程估算得到。

硬悬挂和软悬挂分析的评价标准如下:

①针对软悬挂,要对张紧器和滑动接头的冲程进行限制;

②最小顶部张力要保持正值,以避免卡盘隆起;

③最大顶部张力为下部结构和悬挂工具的额定值;

④立管应力极限为 $0.67F_y$;

⑤常平架的角度要适当,以避免滑出;

⑥龙骨和常平架之间的最大角度要避免与船碰撞。

(7)双重作业干扰分析

在使用辅助钻井平台进行部署活动时,有必要对不同情况下的现场以及与主设备相连的钻井立管进行双重作业干扰分析。该分析的目的是确定海流和偏移的限制量,以确保不会导致任何钻井立管、辅助钻井平台上的悬挂设备或绞车之间发生碰撞。主管道与辅助钻井平台和钻井平台之间的距离是一个重要的设计参数。值得注意的是,主管道与月池、船体或支撑发生的碰撞需要在完成叠加模型之前就对各项进行独立的评估。

根据双重作业分析所提供的资料,可以得到静态偏移以及由海流载荷产生的附加静态偏移。最后,在系统中加上海流载荷,并对钻井立管、双重作业设备与船舶之间的最小距离进行评估。

(8)反冲分析

导管反冲分析的目的是确定反冲系统的设置和船舶的位置要求,以保证断开时实现以下目标:

①LMRP 连接器不会发生故障;

②LMRP 立管和 BOP 保持通畅;

③立管能以可控的方式升起。

如果船舶有自动反冲系统,那么反冲分析就不需要特定的程序。

## 8.3 生产立管

目前在世界各地的深水油气开发中,已经广泛采用并经过油田现场验证的深水生产立管主要包括钢悬链立管、顶部张力式立管、柔性立管和混合式立管。其中钢悬链立管是立管设计的首选。

### 8.3.1 钢悬链立管

与其他立管形式相比,钢悬链立管具有以下优点:(1)外形简单、易于建造安装,有较高的性价比;(2)通过柔性接头等方式直接连接并悬挂在平台外侧,节省占用空间,且无须提供额外的张紧力;(3)耐高温高压,适于深水环境。

钢悬链立管顶端与浮式平台相连，底端连接海底井口，在重力和浮力的作用下呈现悬链线形状。顶部通过应力节或是柔性接头以某一悬挂角自由悬挂连接在浮式生产平台上，中间以悬链线形式自由过渡到海床土体的触地点上，另一端则通过管道终端管汇（PLET/PLEM）直接与水下生产系统相连接，并不需要海底应力接头或柔性接头，从而使水下施工量和难度都得到了明显的降低。钢悬链立管自顶端自由悬挂到底部触地点，触地区立管埋置在沟槽中，在其后，立管静置在海床表面上，可以看作静止的管线，因此钢悬链立管可分为三个部分，如图 8.4 所示：

（1）悬垂段：此处立管呈悬链线形式自由悬挂；

（2）埋置段：此处立管位于触地区沟槽中；

（3）拖地段：此处立管静置在海床上。

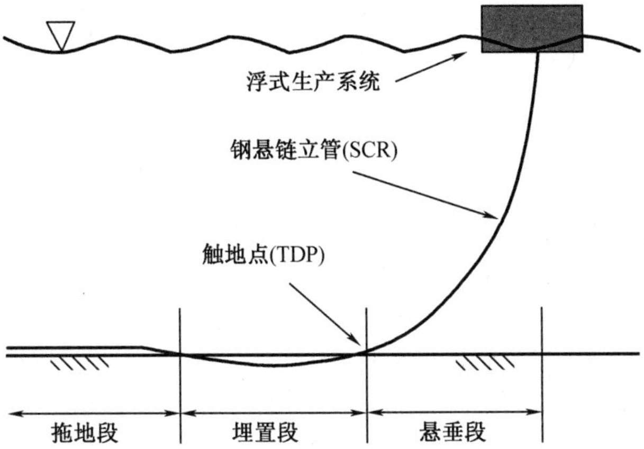


**图 8.4　钢悬链立管各部分**

浮式平台在环境载荷的作用下会产生较大的运动响应，包括一阶高频响应和二阶低频响应。其中，一阶运动是在平衡位置附近振荡，幅度较小，同时具有较高频率，是造成立管疲劳的重要原因。钢悬链线立管的运动是大位移非线性问题，浮式平台的运动会使立管做上升和下放运动，从而使立管与海床反复接触与分离，形成触地区域。触地区域对平台运动比较敏感，疲劳损伤严重，这是简单钢悬链立管存在的主要问题，因此一般只适用于 Spar、TLP 等运动性能较好的平台。

从 1994 年壳牌公司（shell）在墨西哥湾 872 m 水深处安装了世界上第一条 SCR 开始，为了适应不同水深的需要，钢悬链线立管的概念被不断地发展和延伸，经过十几年的发展，已经出现了四种基本形式的钢悬链线立管：简单悬链线立管（Simple Catenary Riser）、浮力波或缓波悬链线立管（Buoyant Wave/Lazy Wave Riser）、陡波悬链线立管（Steep Wave Riser）和 L 型立管（Bottom Weighted Riser/L Riser），如图 8.5 所示。

简单式悬链线立管：与浮式结构通过柔性接头连接，自由悬挂在平台外侧，悬浮部分的弯曲角度接近 90°，水平地与海底接触，在与海底接触之前有一部分是悬浮的，这段长度会随着浮体位置的变化而变化，实际的长度由浮体的漂移位置来决定。

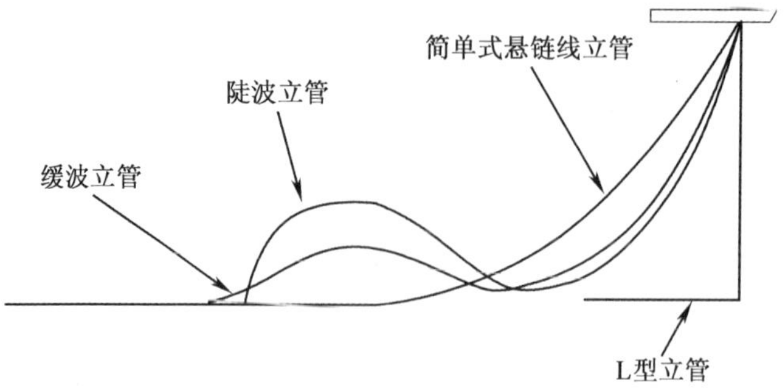


图 8.5 钢悬链立管基本形式

浮力波或缓波立管:与简单式悬链线立管很相似,缓弓形部分由浮力支撑。与海底接触之前为“弓”形,与海底接触时是水平的。

陡波立管:需要浮力来支撑“弓”形部分,与其他类型悬链线立管不同的是,与海底接触时不是水平的,而是垂直于海底表面的,而且与海底的接触点是固定的,其他的则是可以移动的。

L 形立管:是由通过刚臂与弯曲点连接的垂直和水平的两段组成,也需要浮力装置,水平段的材料是钛,一端弯曲与竖直向立管相连,另一端连接其他管线。水平段立管保持平衡需要一小部分浮力,刚臂柱的系缆可以保证竖直段立管的稳定性。

由于简单悬链线立管可供适用船体运动的悬链线长度有限制,故该立管形式主要适用于船体平移运动较小的 TLP 平台及 Spar 平台,而对浮体平移运动较大的 FPSO,它并不适用。

缓波立管/变形式缓波立管/陡波形立管及迷你波形立管较简单,悬链线立管对船体平移运动具有更大的顺应性,而且可以更容易地适应浮体结构大的慢漂运动,因此对于 TLP 平台、Spar 平台及 FPSO 均可以适用。其中的缓波和陡波立管是为了减小立管的顶部张力而设计的,其隆起部分是由浮力来实现的,因此,它们的适用水深比简单悬链线立管更深。

L 形立管较波形立管及简单悬链线立管而言,可以适应更大的船体运动,承受更大的流体载荷,特别适用于连接在浅水中大直径出油的 FPSO。

### 8.3.2 柔性立管

柔性管是海洋管道中的一种重要类型。与其他管道产品相比,柔性管是多层复合管状结构物,具有弯曲刚度小,结构布置形式灵活、顺应性强、与平台耦合较弱、安装与回收成本低等优点。柔性管在挪威北海、巴西以及美国墨西哥湾等恶劣海况的深海油气田中被广泛运用。

柔性管根据制造工艺可分为黏结柔性管(bonded flexible pipe)和非黏结柔性(unbonded flexible pipe)。黏结柔性管道的制造因硫化工艺而使长度受到限制,不适于用作动态立管。非黏结柔性管道可制造成几百米甚至几千米长,且便于依用户要求而增减结构层的数目,是目前柔性管的主流结构形式。

1. 非黏结柔性管的组成

非黏结柔性管是一种多层复合管状结构物,由多种金属与聚酯材料层叠加制成。一个典型的八层柔性管截面按从内到外包括内衬层、内压防护层、内锁压力层、抗磨层、抗拉伸层、外保护层。各层名称、材料与主要作用如图 8.6 所示。

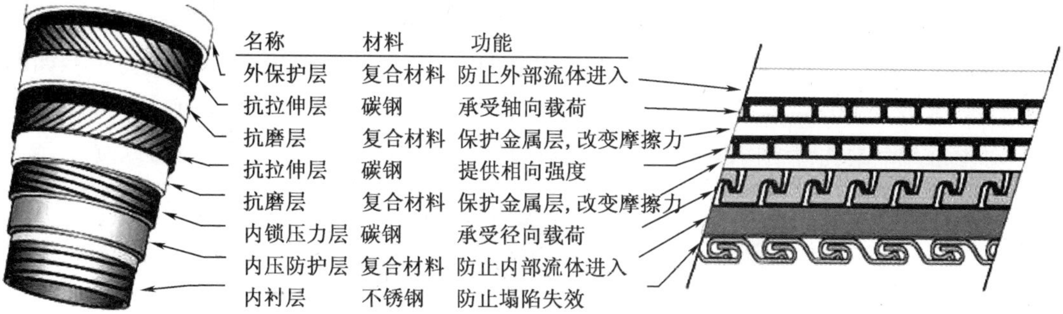


**图 8.6 典型非黏结柔性管截面名称、材料和功能**

内衬层:由一条截面为 S 形的连续长钢条经塑性成形,制成内部自锁的柔性结构。其自锁结构如图 8.7 所示。该层是柔性立管的主要支撑结构,承受内外部的径向载荷,防止立管因径向变形而发生塌陷等结构失效。

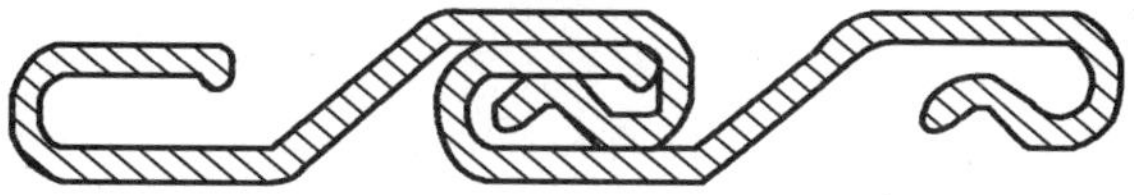

**图 8.7 非黏结柔性管内衬层自锁结构**

内压防护层:聚合材料是经拉伸工艺制造的,位于骨架层和耐压铠装层之间,起到隔离防渗的作用。

内锁压力层:由两条 C 形或 Z 形钢带沿着与管轴近 90°方向缠绕而成的互锁结构层。该层可增强柔性立管的内外压承载能力,且能够承受周向载荷。但是该层对轴向载荷和弯曲载荷的承载能力较弱。其形式如图 8.8 所示。

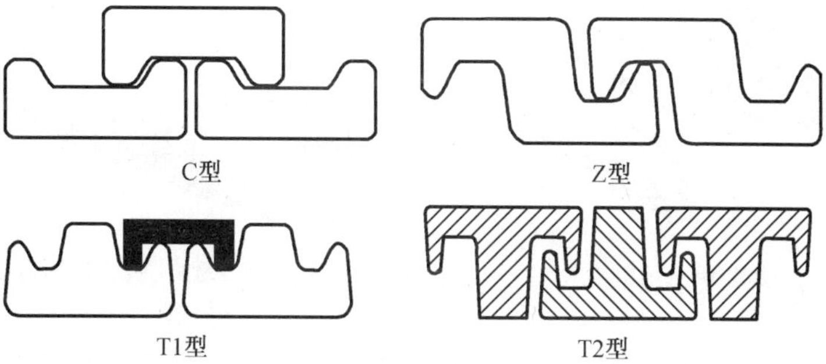


**图 8.8 内锁压力层自锁形式**

抗磨层:采用非金属材料胶带缠绕而成,置于两金属结构层之间,主要用于降低磨损和擦伤,提高立管的疲劳寿命。

抗拉伸层:是由一定数量的长条形高强度碳钢钢缆螺旋缠绕组成。柔性管一般设计有一对反向缠绕的螺旋抗拉铠装层,用于提供轴向强度,承受因柔性管自重、外部动载荷和安装期间的拉力载荷等引起的轴向力。

外部保护层:是立管与外部环境的交界层,主要功能为抗腐防漏。

除了柔性管本身以外,组成柔性管系统的还有许多辅助设备:

接合器:柔性管与固定末端的连接或柔性管段之间的连接会成为一个具有潜在劣势的区域,需要特别设计。接合器是柔性管的重要构件,主要以 AISI4130 低合金钢为主。如图 8.9 所示,其安装方法主要是机械方法,用楔形装置插入终端部件中,用环氧接合剂填满缝隙。对于每一个柔性管结构都需要独立地设计校核。其装配过程需要部分手工完成。

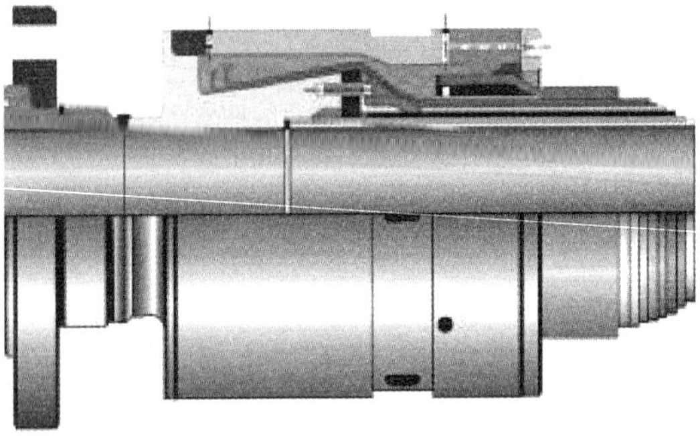

图 8.9　端部构件示意图

阳极夹具:安装在端部构件上,防止端部构件腐蚀。其安装方法是运用 ROV 用钢刷清洁端部构件表面,保证良好的电接触,再运用 ROV 进行安装,如图 8.10 所示。

弯曲加强杆:动态立管十分必要的辅助构件,一般为采用聚酯材料制作的锥形构件,用以将弯矩从端部构件上转移,如图 8.11 所示。

图 8.10　阳极夹具

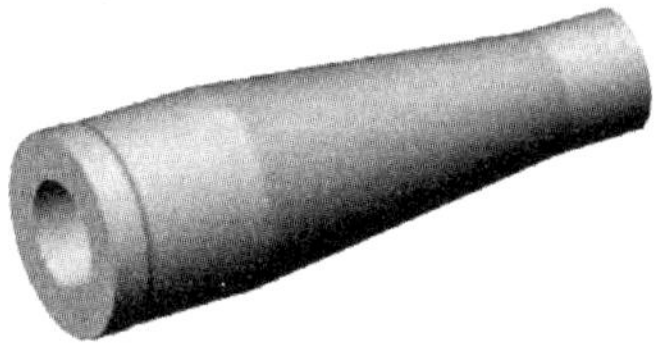

图 8.11　弯曲加强杆

弯曲限制器:弯曲限制器如图 8.12 所示,它一般用在连接处或者弯曲段,以聚酯材料制作,用以防止弯曲角度过大。

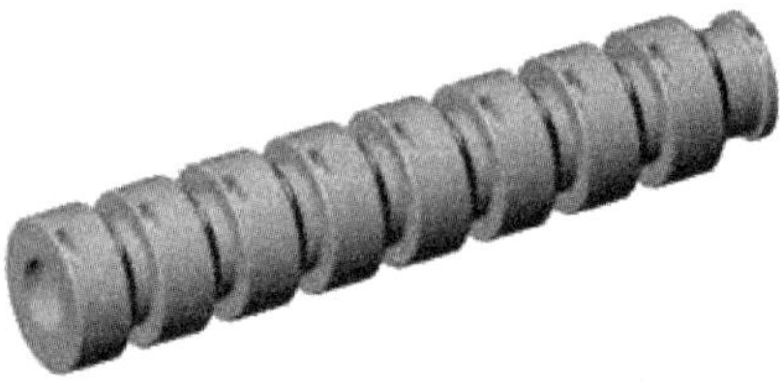

图 8.12　弯曲限制器

浮筒模块:用以调整柔性管浮力以改变布置形式。

2. 非黏结柔性管布置形式与特点

柔性立管应用十分广泛,既可用于深水环境中的动态立管,也可用于上部浮体之间的跨接软管,连接海洋平台,还可用于海底管道和海底静态输油管,等等,如图 8.13 所示。

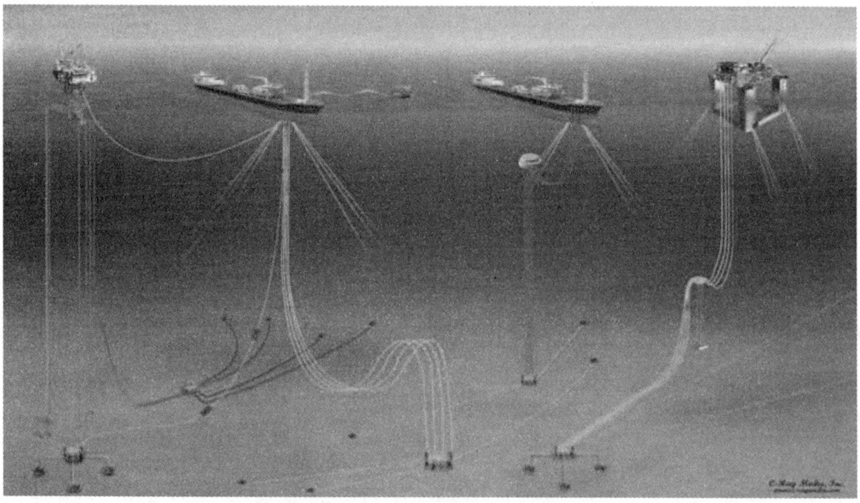

图 8.13 柔性立管应用范围

柔性立管系统的布置形式有多种,其布置形式需要根据产品要求和当地海洋环境条件和土壤条件进行分析考虑,具体需要考虑如下因素:整体的形状和性能;结构连续性、完整性及刚性;柔性管的横剖面属性;柔性管支撑方式;柔性管材料;柔性管成本。图 8.14 中列出了目前柔性立管系统的几种主要布置形式:

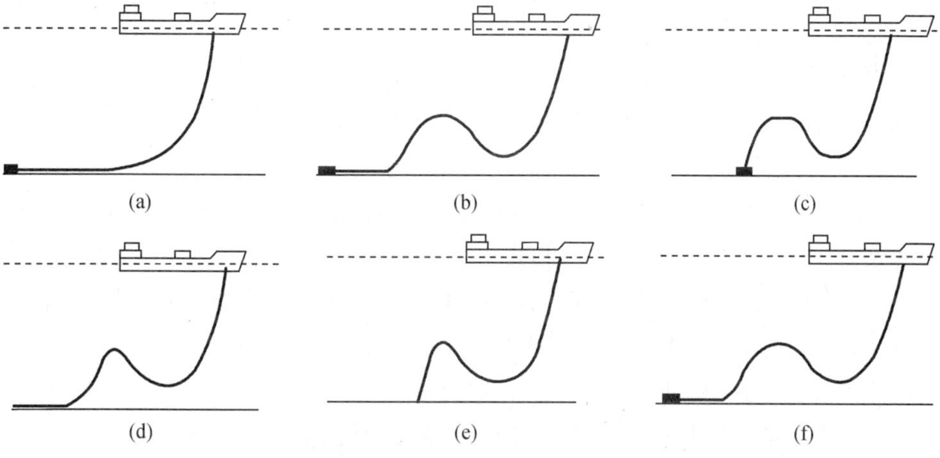


图 8.14 柔性立管系统的常见布置形式

(a)自由悬链线形;(b)懒散波形;(c)陡峭波形;(d)懒散 S 形;(e)陡峭 S 形;(f)中国灯笼形

(1)自由悬链线形(Free Hanging Catenary)

自由悬链线形是柔性立管最基本的布置形式,其优点是对海底基础设施要求少,安装简便廉价。但该种布置形式,船体运动可能会对触地点产生影响。当船体运动剧烈时,立管系统的触地点可能受到屈曲压力，产生破坏。随着水深的增加，由于立管长度和重力增加也会使得柔性立管的顶部张力需求增大。

(2)懒散波形(Lazy Wave)和陡峭波形(Steep Wave)

这两种形式采用波浪形式的立管布置，重力和浮力共同作用于立管上，从而解耦了立管触地点与海洋平台的运动关系。懒散波型相对于陡峭波型需要的海底基础设施更少，但若在立管作业期间管内流体密度发生改变，懒散波的布置形状易发生改变，而陡峭波型具有较好的海底基础和弯曲加强器，则不容易发生变形。

浮力模块由合成塑料支撑，具有较低的流体分离特性。浮力模块夹紧在柔性管上，以避免脱离使得柔性管布置形式发生改变。浮力模块在一定时间后会发生浮力损失，所设计的波形布置结构要能顺应浮力损失。

(3)懒散S形(Lazy - S)和陡峭S形(Steep - S)

懒散S形和陡峭S形的系统布置须在海底安装一个固定的支撑体或者浮力装置，该支撑固定在海底结构物上，通过钢缆定位浮力块。这一方法可以有效解决触地点接触问题，使触地点运动引起很小的顶部张力变化。

(4)中国灯笼形(Chinese Lantern)

因形似中国灯笼而得名，与陡峭波形类似，中国灯笼形系统通过锚控制触地点，立管的张力传递给锚，而不是触地点。此外，这种布置形式的立管是系到位于浮体下面的井口，使得井口受到其他船舶干扰的可能性减小。

该种布置方法可适应流体密度的大范围变化和浮式结构物的运动，而不发生布置结构形状的大幅度改变，也不会引起管结构的高应力。但其安装过程复杂，一般只在集中布置形式无法使用时才进行考虑。其缺点主要是安装成本过高。

### 8.3.3 顶部张紧式立管

顶部张紧立管(TTR)是连接水下生产系统与动力浮式生产设施的张紧式立管，用于干式采油树生产设施。与其他类型的立管相比，顶部张紧立管在顶部有张力的作用，通过张力支撑立管重力，防止底部压缩，限制VIV损坏和邻近立管间的碰撞。用于Spar平台和TLP平台的顶部张紧式立管如图8.15所示。对于这样的系统来说，就不需要另外再采用一个单独的钻井架进行油井检修工作。TTR可进行完井操作，不需要使用单独的钻井平台，可完成生产、回注、钻井和外输等功能。顶部张紧式立管要求平台具有良好的运动性能，尤其是垂荡，因此一般用于SPAR平台和TLP平台。

1. 顶部张紧式立管的优缺点

TTR作为深海油气田开发的立管类型之一，其主要优点是：

(1)可以使用水上采油树与BOP系统；

(2)抗疲劳性能好；

(3)顶部张紧式立管可以实现生产、钻井的一体化；

(4)方便检修。

水上采油树对于钻井、完井、修井等过程具有更大的灵活性。由于顶部张紧式立管采用了集束概念，并且是竖直站立，直接位于平台下方，其检测操作更有效。此外，对于一些为了保证油田生产正常所必需的装置而言，如立管的检测系统、气举(gas lift)、加热保温系统、溶解剂注入管线等，在顶部张紧式立管系统上较易实现安装。

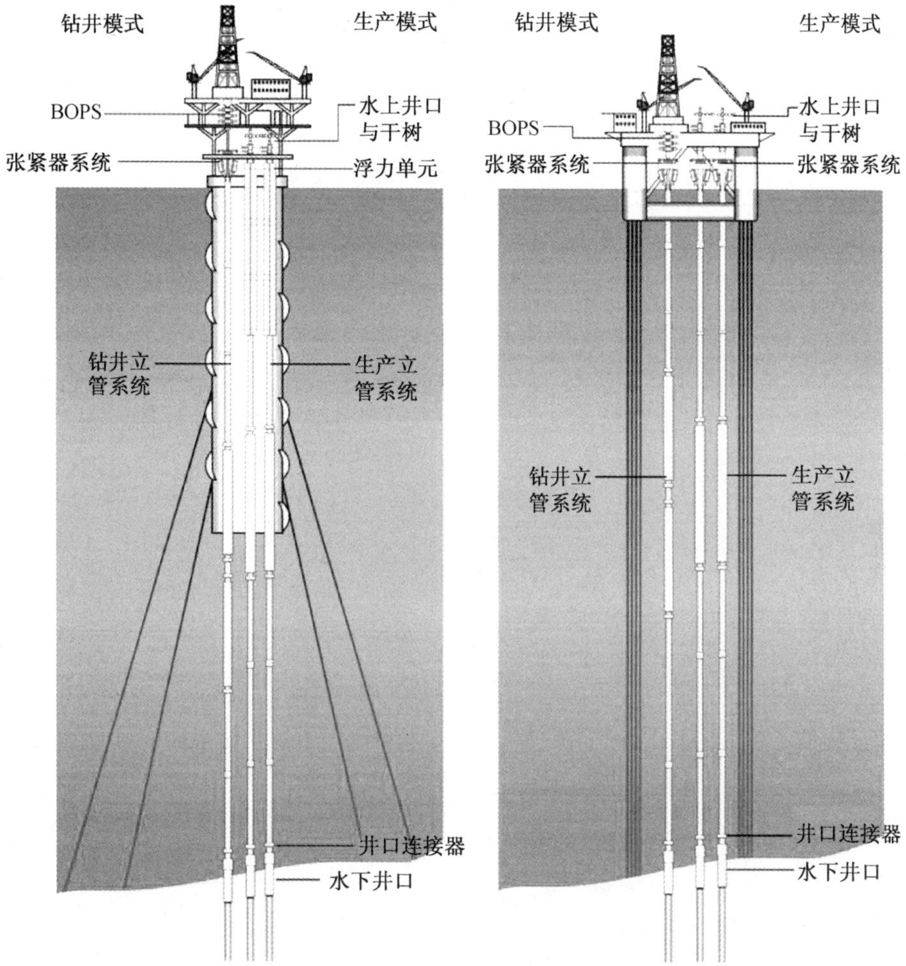


**图 8.15 用于 Spar 平台和 TLP 平台的顶部张紧式立管结构示意图**

当然，TTR 在具备上述优点的同时，同样具有以下几个缺点：

(1)对平台运动要求较高；

(2)造价比较昂贵；

(3)需要很多配套的连接装置；

(4)需要很多监测系统；

(5)在超深水的应用中存在诸多技术挑战。

然而，顶部张紧式立管的优势是其他类型的立管难以媲美的，因此仍然具备很好的适用性，在海洋油气田的开发中得到了广泛的应用。

2. 顶部张紧式立管的应用

顶部张紧立管早在 1984 年即已经投入浮式生产设施应用之中，即英国位于北海(North Sea)的 TLP 平台 Hutton，水深 146 m。除了 SPAR 平台和 TLP 平台，其他形式的平台也可采用顶部张紧式立管。如位于英国北海所在油田的 Tuscan Ardmore 固定式平台，采用了 4 根高压顶部张紧式立管。

目前已应用的半潜式平台都为湿树平台，但近年来，随着对半潜式平台的研究与改进，很多设计单位正在探究将 TTR 应用于半潜平台。

表 8.4 给出了部分关于顶部张紧式立管在各油田项目中的使用统计。

**表 8.4　顶部张紧式立管使用统计表**

| 平台名称 | 平台类型 | 运营商 | 时间 | 油田海域 | 水深 | | TTR 数目 |
|---|---|---|---|---|---|---|---|
| | | | | | 英尺 (ft) | 米 (m) | |
| Brutus | | Shell | 2001 | Green Canyon, GOM | 3000 | 914 | — |
| Ursa | | Shell | 1999 | Mississippi Canyon, GOM | 3950 | 1204 | 12 |
| Ram/Powell | | Shell | 1997 | Viosca Knoil, GOM | 3215 | 980 | — |
| Mars | | Shell | 1996 | Mississippi Canyon, GOM | 2933 | 894 | — |
| Heidrum | TLP | Conoco Norway Inc. | 1995 | Norwegian North Sea | 1148 | 350 | — |
| Auger | | — | 1994 | Garden Banks, GOM | 2860 | 872 | 32 |
| Snorre | | Saga Petroleum | 1992 | Norwegian Norh Sea | 1017 | 310 | 38 |
| Jolliet | | — | 1989 | Green Canyon, GOM | 1099 | 335 | — |
| Hutton | | — | 1984 | North Sea, UK | 485 | 148 | — |
| Hoover | | ExxonMobil | — | Alaminos Canyon, GOM | 4800 | 1463 | 6 |
| Nansen / Boomvang | SPAR | Keer - McGee | — | GOM | 3675/3450 | 1120/1051 | 14 |
| Holstein | | BP | — | GOM | 4344 | 1324 | 15 |
| Neptune | | — | 1996 | GOM | 1930 | 588 | 16 |

3. 深水 TTR 技术挑战

随着立管应用走向深水，TTR 及其相关设备在设计、安装、整体分析等方面都带来巨大挑战。TTR 设计问题包括高温高压引起的壁厚增大、顶部张力、平台有效载荷的损失、张紧器行程等众多方面；安装问题包括吊装能力、安装 VIV 和底部与井口的连接等；水深的增加还带来了不可忽视的立管与平台的耦合效应。

(1) 顶部张力

随着水深的增加，海底压力增大，为防止立管压溃或爆裂，需将立管主体壁厚加大。另外，深水中常出现高温高压情况，也需要增大立管壁厚。为防止立管压应力的发生，还要保持 1.2 ~ 1.6 的顶部张紧系数。因此，超深水意味着立管主体重力增大，需要更大的顶部张力，这对顶部张紧装置有更高的要求。

(2) 张紧器行程

目前 TTR 顶部张紧装置应用最主流的是液压式张紧器，张紧器的行程随着平台的偏移以及垂荡而改变。水越深，平台的漂移可能越大，张紧器的行程越大，这意味着张紧器的制造更加困难。对 RAM 式张紧器来说,其屈曲可能是限制因素之一。

(3)平台有效载荷

同时,高的顶部张力会损失平台的有效载荷。为缓解该情况发生,需要在立管外添加浮力材,或使用高强度材料,意味着造价的提升。

(4)立管干涉

立管之间的干涉问题主要是由于海流流速高、尾涡效应、VIV 引起的拖曳力放大等因素造成。顶部张紧系数越大,越有利于涡激振动的防治。干涉分析目的是防止相邻的管线发生碰撞,为此,需要合理设计 TTR 的顶部张力、井台的布置以及井口分布等。随着水深增大,立管更细长柔软,为防止干涉发生,对上述几个参数的设计要求更为严格。

(5)张紧器的滞滑现象

张紧器的滞滑现象主要由摩擦力引起,这一现象对立管与平台非常重要,因为摩擦载荷会直接传递给立管,并影响平台的运动响应预报。目前对张紧器摩擦力的控制主要基于陆上试验,急需进行张紧器摩擦机制的全尺度测量。

(6)吊载能力

立管重力的增加需要具有更大吊载能力的吊装设备,或采用浮力材进行补偿。

(7)安装 VIV

TTR 立管在进行安装时,是自由悬挂的,相对于张紧时,立管的固有频率较低,这对涡激振动的抑制是不利的。随着水深的增加,立管的固有频率和 VIV 临界流速都是降低的,这对于深水立管的安装带来更大困难。

(8)底部漂移

TTR 安装时,平台的运动及海流会引起立管底部不断运动。水深的增加和平台运动都会导致底部运动更加剧烈,将立管与井口相连的难度增大。

(9)平台运动

立管运动与平台运动是互相耦合的。平台的运动会影响立管的响应,而立管的数量、立管的动态运动和张紧器的特点,如摩擦力,都会影响平台的运动。水深的增加使它们之间的耦合效应更明显。因此,对于超深水,需要更准确地捕捉并预报立管与浮式平台之间的耦合效应。

### 8.3.4 混合式立管

自由站立式立管(FSHR)是一种以刚性立管作为主体部分,通过顶部浮力筒的张力作用,垂直站立在海底,以跨接软管作为外输装置与海上浮体相连接的立管结构形式,这一形式能够大大减弱恶劣的海面条件对立管系统的影响,图 8.16 给出了一个自由站立式立管的典型结构图。

1. 自由站立式立管的优缺点

FSHR 作为深海油气田开发的立管类型之一,主要具有以下几个优点:

(1)在海上浮体没有到达目标油田之前,可以预先对其进行安装;

(2)立管顶部浮力筒位于海平面以下,因此立管系统受海上风浪的影响较小;

(3)通过跨接软管与海上浮体相连,所以浮体运动对立管主体的影响较小;

(4)立管的自身重力全部由顶部浮力筒提供的张力来承担，减小了对生产平台的浮力要求；

(5)在风浪条件下，可以实现快速解脱；

(6)自由站立式立管的疲劳寿命较高；

(7)对于油气田的外扩适应能力较强。

当然，FSHR 在具备上述优点的同时，同样具有以下几个缺点：

(1)设计经验缺乏；

(2)造价比较昂贵；

(3)需要很多配套的连接装置；

(4)需要很多监测系统。

然而，自由站立式立管的优点相对于自身的缺点具有更好的适用性，因而在深海油气田的开发中得到了广泛的应用。

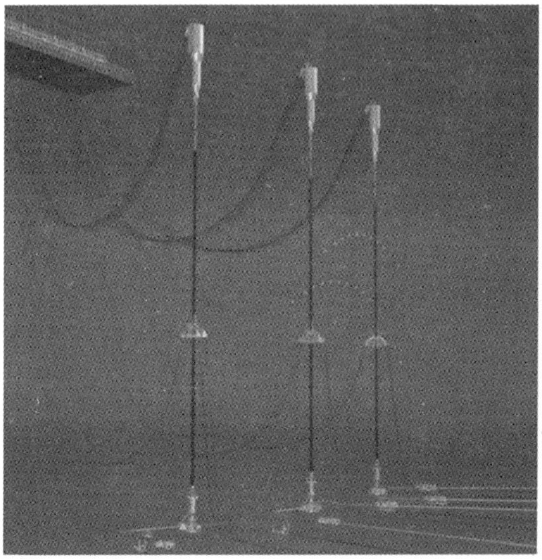

图 8.16　自由站立式立管结构示意图

2. 自由站立式立管的特点

(1)疲劳损伤

自由站立式立管在运行期间的疲劳损伤很小，疲劳主要发生在浮拖过程中。另外，拖运期间的疲劳发生在自由站立式立管的下部，相反运行期间疲劳发生在锥形连接处，即立管与浮筒之间的连接处。钢悬链式立管的疲劳损伤可能发生在立管上的每一个部位，因此需要立管的生产材料和焊接工艺进行严格的控制。钢悬链立管受到的疲劳交变载荷来自浪流载荷以及涡激振动载荷。SCR 的疲劳敏感区域包括海底触地区域(TDP)和立管上部与浮体结构相连接的部分。在 SCR 的设计中，疲劳测试是必要的，同时需要考虑相关的工程经验和选择有效的 S－N 曲线。

(2)立管与海底基座的连接

自由站立式立管和海底的连接器设计相对于钢悬链式立管包含更多的部分，包括自由站立式立管基础及其伸缩接头、与管线系统的双向接头和无潜连接等。这些组件虽然影响立管的制造和安装,但其相关生产技术已经成熟,工程中也很容易做到。因此,自由站立式立管和海底的连接器设计不是考虑的重点。通常,自由站立式立管的现场布设方案比 SCR 更加简单。在钢悬链式立管和海床的界面的设计中,触地点(TDP)的偏移问题和挖沟的实施方案一直没有很好地解决。尽管开展了大尺度的模型实验研究,但至今还没有在实际工程中验证该结果的准确性。另外,为了避免由于热膨胀导致立管纵向伸缩产生的载荷对立管的影响,需要使用锚来保证立管和管线的长期稳性。

(3)立管与海上浮体的连接

自由站立式立管对浮式结构的悬挂载荷比较小,这对于 TLP 平台或半潜平台而言,是一个显著的优点。因为自由站立式立管是垂直的自支撑结构,传递给浮式生产结构的顶端张力被降低几千吨,同时,这将影响系泊系统和浮体承载能力的设计。对于恶劣的海况出现时,自由站立式立管的跨接软管可以连接在半潜平台的中央井内。SCR 对于海上浮体的运动是敏感的,同时与浮体的连接器应尽可能地设计在接近浮式结构的重心位置附近。

(4)生产材料的采购

自由站立式立管的采购包括大量的部件,大部分的部件与工业标准一致,不需要进行非标准的质量控制。由于需要兼顾浮力和保温性能,复合泡沫塑料的采购在以前是一个关键环节,但是,在最近的设计中,复合泡沫塑料不再兼顾保温的性能,并且在一些设计中采用顶部浮力筒的设计形式,因此对复合泡沫塑料的要求有所降低。对于钢悬链式立管部件的采购,其材料必须进行严格的质量控制,以保证能够承受高疲劳载荷。

(5)生产制造

自由站立式立管的制造通常在岸上的工厂中完成。岸上施工的良好环境给质量控制提供了好的条件。由于自由站立式立管不需要特殊的制造技术,因此可以利用油田区域内合适的制造厂进行生产,使利润最大化。当然,制造厂需要满足一些特殊的要求,即必须有受保护海域的直接入口和合适的距离,以及好的物流条件。如 Rirassol 油田项目中的立管就是在安哥拉的位于 Lobito 的 Sonomet 工厂生产的。生产时 SCR 的部件和安装设备的连接需要仔细地考虑,以保证管线的完整性。任何两个系统的接触点必须进行尺寸兼容性,静力和动力载荷和材料的检测。焊接的质量必须达到最高的标准,以此来控制疲劳损伤。最近的一些 SCR 项目,如 StoltOffshore 公司在 Nigeria 的 Bonga 项目中,已经对套管法和双重双面法进行了详细的说明,而对于新焊接和无损检测方法,有时证明在近海条件下难以控制。

(6)安装

自由站立式立管和钢悬链式立管的安装都被认为是关键性的操作,同时也是项目中存在的风险部分。就自由站立式立管的详细安装工程而言,由于较多地采用了拖航模式,短期的安装过程降低了安装过程的风险,并且安装过程不需要大量的专业船只,仅需要高标准的拖船就可以进行操作。自由站立式立管的完整安装过程中也必须考虑立管海底锚和立管与海底管线双向接头的安装。由于自由站立式立管的安装先于海上浮体,因此可以在较短的时间内投入生产。就钢悬链式立管而言,完整的安装通常被认为是铺管操作的延伸,其组合生产、安装比较复杂,风险概率比较高。

(7)生产运行性能(OPEX)

系统的可靠性直接关系到检测,维护和修复工作。钢悬链式立管对于动力疲劳载荷比较敏感，而自由站立式立管有较多的部件，存在潜在的风险。在没有现场统计的条件下，对系统可靠性的确定是困难的。由于自由站立式立管采用了集束概念，并且是垂直站立，其检测操作比 SCR 更有效。就油田扩张而言，自由站立式立管提供了整合多余立管的可能性，这将比 SCR 需要的基础发展更有竞争优势。如在 Girassol 油田的开发中，其自由站立式立管系统集成了多余的管线，以应对将来可能的油田扩张计划。此外，对于一些为了保证油田生产正常所必需的装置而言，如立管的检测系统、气举(gas lift)、加热保温系统、溶解剂注入管线等，在自由站立式立管系统上较易实现安装，但是对于采用了钢悬链式立管的油田，这些设备的安装将使油田的布局变得复杂。

(8)费用

和钢悬链式立管相比，水深 1 000 m 以上自由站立式立管系统往往是比较昂贵的方案，SCR 系统一般可以降低 20% 的价格。在对已有的一些工程案例进行比较后发现，自由站立式立管的一半费用是用于采购，而 SCR 的主要费用是安装。随着海洋油田开发水深的不断增加，SCR 受到的压力和需要的顶端拉力也在不断增加，其费用也相应地随之增加，主要还是在安装上。顶部拉力的增加将对 TLP 或半潜平台的悬挂设备起到相反的作用。对于自由站立式立管，可以通过调整立管的数量来满足要求。例如，一个 16″的立管在 1 500 m 的水深将需要 600 t 的张力，这显然限制了安装条件并增加了安装费用。如果使用 2 根 12″的立管来代替一根 16″的立管，则顶部需要的张力降到 375 t，只要使用合适的船只就可以进行安装。当然，这将增加采购的费用，但是由于降低了潜在的安装费用，仍将总费用降低。对于 SCR，由于水深的增加需要更大的顶部拉力，由此带来了相关安装费用的增加而形成了该转折点。对于典型的 SCR，该转折点发生在 1 800 m 水深处。对于自由站立式立管，也有同样的转折，原因是因为复合泡沫塑料的设计需求随水深的增加而发生改变，转折点预计发生在 2 500 m 水深处。

# 第9章　海底柔性管设计与分析

柔性管应用十分广泛，既可用于深水环境中的动态立管，也可用于上部浮体之间的跨接软管，连接海洋平台，还可用于海底管道以及海底静态输油管，等等。早在第二次世界大战期间，为了满足战时的能源需求，英国BP公司在英吉利海峡铺设了一条塑料和钢丝缠绕的管道，成为了现在海底柔性管的鼻祖。在随后的近三十年时间里，海洋柔性管在海洋工程中得到了长足的发展。现今世界上所有的立管，85%以上为柔性立管。在我国，由于起步晚，海洋石油的开采还仅仅局限于近岸的浅海地区，对于深海区域的开采显得捉襟见肘，在立管的使用上多采用钢制立管，即便是钢制立管，在很多制造、施工技术上也都依赖于国外。柔性立管作为一种复合材料的石油管道，具有较好的柔性、较强的耐腐能力、较轻的重力和廉价得很多的安装费用，使得其在未来的海洋石油开采中具有强大的优势。因此，在此大形势下，我国应加大对柔性管道的开发应用，应用于我国亟需解决的深海石油开采。

海洋柔性管设计旨在通过确定各层材料、截面几何尺寸、缠绕角度等结构设计参数，使得管体具有足够的抗力，抵抗立管在各种环境载荷与载荷工况作用下受到的各种载荷，保证管道结构安全的同时又具有经济性。大量的数值实验，为得到满足要求的结构设计提供定量的参考。然而，由于管道几何形状的复杂以及层间大量的接触摩擦，利用测试手段对其结构设计进行验证仍然必不可少。柔性管结构的设计基本上都是在对管道各种力学性能进行分析的基础上，进行反复调整试算而实现的。

本章主要内容包括以下5部分：

- 柔性管的设计与制造；
- 非黏结柔性管本构模型；
- 铠装层等效弹性模量模型；
- 非黏结柔性管的有限元模拟；
- 柔性管安装。

## 9.1　柔性管的设计与制造

作为浮式海洋结构物在钻井、生产、储存，以及向陆地输送油气的一个关键部件，柔性管的设计分析显得尤为重要。柔性管的分析可分为总体响应分析与局部分析，总体响应分析的目的是分析柔性管在波浪载荷、海底地形、安装船等作用下柔性管的动力响应、载荷分布等信息；而局部分析的目的是预测所设计的柔性管的横截面力学性能，根据总体响应分析得到的载荷分布再施加到局部模型上得到它的应力响应等信息，或者是研究柔性管在循环载荷下的疲劳损伤，等等。柔性管受到载荷形式多，导致其失效形式很多，需要进行多种结构分析和化学分析，其主要的失效形式如表9.1所示。

表 9.1 柔性管主要失效模式

| 失效模式 | 可能导致失效情况或原因 | 设计方法/注意事项 |
|---|---|---|
| 压溃 | 1. 内衬层/内锁压力层由于超过额定值的外部拉力压溃。<br>2. 内衬层/内锁压力层由于超过额定值的压力压溃。<br>3. 内衬层/内锁压力层由于安装载荷或安装载荷导致的椭圆化压溃。<br>4. 光滑管(Smooth bore pipe)的内压防护层压溃 | 1. 增加内衬层/内锁压力层/内压防护层厚度。<br>2. 对安装过程进行改进设计,减少安装载荷。<br>3. 增加中间防漏层。(光滑管)<br>4. 增加内衬层/内锁压力层的惯性矩 |
| 胀破 | 1. 由于超过额定内压,内锁压力层破裂。<br>2. 由于超过额定内压,抗拉伸层胀破 | 1. 改进设计,如更改螺旋布置角,螺旋钢缆截面形状。<br>2. 增加钢缆厚度或选择更高强度材料。<br>3. 增加外部压力 |
| 拉力失效 | 1. 由于压力过大导致的抗拉伸层破裂。<br>2. 由于拉力过大导致的内衬层/内锁压力层/内压防护层压溃。<br>3. 阻碍到拖网渔船或锚链导致弯矩或压力过大失效 | 1. 增加钢缆厚度或选择更高强度材料。<br>2. 改进设计减少载荷。<br>3. 额外增加两层抗拉伸层。<br>4. 将管道埋入海底 |
| 压力失效 | 1. 抗拉伸层局部屈曲(鸟笼屈曲或侧向屈曲)。<br>2. 压力导致的柔性管上浮屈曲或过度弯曲 | 1. 修改管道/立管布置形式避免压力。<br>2. 对抗拉伸层增加或改进抗屈曲限制/支撑结构层或增加外保护层厚度 |
| 过度弯曲 | 1. 内衬层/内锁压力层/内压防护层的压溃。<br>2. 内压防护层的破损。<br>3. 内锁压力层或抗拉伸层的解锁。<br>4. 外保护层的破裂 | 改进设计以减小载荷 |
| 扭转失效 | 1. 抗拉伸层失效。<br>2. 内衬层/内压防护层压溃。<br>3. 抗拉伸层鸟笼失效 | 1. 改进总体系统设计减少扭转载荷。<br>2. 改进截面设计增加扭转承受能力 |
| 疲劳失效 | 1. 抗拉伸层钢缆疲劳。<br>2. 内锁压力层疲劳 | 1. 增加钢缆厚度或改变材料,保证符合疲劳寿命要求。<br>2. 改进设计减少疲劳载荷 |
| 内侵蚀 | 1. 内锁压力层内侵蚀 | 1. 材料选择。<br>2. 内锁压力层厚度增加。<br>3. 降低沙土含量 |
| 外腐蚀 | 1. 内衬层外腐蚀。<br>2. 外层破损导致抗拉伸层/内锁压力层进入海水。<br>3. 抗拉伸层/内锁压力层渗入扩散性腐蚀液体 | 1. 材料选择。<br>2. 阴极保护设计。<br>3. 增加厚度。<br>4. 加入保护层 |

### 9.1.1 柔性管设计制造公司

柔性管因其复杂的结构,使得对于柔性管的设计、生产工艺和设备要求很高,再加上目前针对柔性管产品性能测试的方法和实验装置还不完善,以及各大生产商对技术的严格保密制度,使得柔性管的生产制造还仅仅局限于几个主要的公司。目前,在国际上从事海洋工程柔性管生产设计的公司主要被六家公司垄断:Wellsteam 公司、Technip 公司、Dunlop 公司、Deepflex 公司、NKT 公司以及 MCS Kenny 公司,其中,前五家公司从事柔性管的生产、测试和设计软件的开发,而 MCS Kenny 公司则主要从事柔性立管的设计,各个公司的介绍如下:

1. Wellstream 公司

Wellstrem 公司 1983 年成立于美国佛罗里达州,在被德莱赛工业公司(Dresser Industries)1995 年收购之前,Wellstrem 公司主要定位为低端海洋工程产品的生产商,在被收购之后,Wellstrem 公司逐渐成长为柔性管行业的一个强有力的竞争者。Wellstrem 主要生产高质量的可卷绕非黏结柔性管(Un-bonded Flexible Pipe)(图 9.1)及成套的运输装备,经过多年研发,他们的开创性工作使得柔性管应用于陆地、浅水、深水和超深水区域均成为可能。目前,柔性管产品主要应用于浅海、深海与陆上的石油、天然气工业中,可以满足超水深、长距离、多方向石油的输送。此外,在其他领域的应用中,柔性管也能为使用者提供经济合理的解决办法。

**图 9.1 Wellstream 公司典型的非黏结柔性管示意图**

2. Technip 公司

法国 Technip 公司始建于 1971 年,主要从事高压柔性管的生产,属于五大公司之一,是集生产、技术、结构、服务为一身的国际企业。Technip 公司在柔性管市场上占有大概 75% 的份额,它拥有世界上最大的非黏结柔性管的生产设备,工厂主要设在法国与巴西。在过去的 40 年里,该公司已经在全球范围内成功生产安装了超过 9 500 km 的柔性管。产品广泛应用于浮式结构、浅水、中等深度水域,产品内径范围从 1.5 in 到 20 in 不等,且 Technip 公司正致力于深水、超深水的产品开发。Technip 公司开发了一种柔性集束生产立管(Integrated Production Bundle)(参见图 9.2),可以应用于更为恶劣的海洋环境,用于井口到水面生产系统碳氢流体的输送,并且于 2006 年 12 月在安哥拉的“达利亚”(Dalia)石油勘探区得到了首次运用,使用水深达到了 1 200 ~1 500 m。

图 9.2　Technip 公司典型的柔性管结构(左),柔性集束生产立管(Integrated Production Bundle)(右)

3. Dunlop 石油海事公司

英国 Dunlop 石油海事公司始建于 1955 年,主要生产大口径黏结输油柔性管线,最大口径可达 30 in,其产品主要应用在浮式结构物上的输油跨接软管以及海底输油管线。Dunlop 石油海事公司拥有自己系统的设计专利,比如:双铠装层海底防污染软管、双铠装层浮式防污染跨接软管(Double 铠装 Anti－pollution Floating Hose,参见图 9.3)、远距离压力检测系统等。

图 9.3　Dunlop 石油海事公司的双铠装层浮式跨接软管

4. MCS Kenny 公司

MCS Kenny 公司位于爱尔兰戈尔韦市(Galway),成立于 1983 年,起初只是戈尔韦(Galway)大学的一个分支,然而经过 20 多年的发展已经成为了世界级的工程设计公司。MCS Kenny 公司主要致力于柔性立管的设计、辅助设备的设计,以及管道的完整性管理,具有丰富的产品设计分析经验,可以提供从设计到生产制造一系列的工程解决方案,是柔性立管领域的佼佼者。该公司采用的软件主要包括:用于有限元分析的 Offshore FE Analysis Software、用于深水张紧式立管设计分析(主要是对周期频率动态响应的分析)的 General Programs 和用于管道安装分析的 Pipeline installation Analysis。

5. NKT 公司

丹麦的 NKT 公司成立于 1898 年,是丹麦的第一家制造电力电缆的公司,经过 100 多年在电缆上制造、安装的技术积累,NKT 公司于 1967 年开始进军柔性管行业。产品通过美国石油学会(API)、国际标准化组织(ISO)、法国船级社(BV)认证,所生产的管道内径可达16 in,设计压力达到8 000 psi。NKT公司的柔性管如图9.4所示。

图9.4 NKT公司的非黏结柔性管剖面图

6. Deepflex公司

Deepflex公司于2004年在美国休斯顿成立,相对于前面几个公司来说,是一个新兴公司。该公司自己拥有较为独特的专利,生产的是一种新型的非黏结柔性管(见图9.5),该柔性管完全为非金属制造、高分子聚合衬里、包裹有强化玻璃和环氧树脂保护层,这种纤维强化软管之前主要运用于陆地,具有40多年的应用历史,随着科技的发展,人们已开始逐渐将其应用于海洋工程中。纤维强化软管(Flexible Fiber Reinforce Pipe)既具有普通钢制柔性管所具有的柔性与强度,还具有高强度的抗海水腐蚀性,能够很好地抵抗高强度化学物质比如$H_2S$和$CO_2$等的侵蚀,且具有重力小、性价比高的优势。此外,这种非金属柔性管还具有传统钢制柔性管所不具有的抗疲劳特性,这在深海应用时显得尤其重要,并且由于重力小,在深海中不需要添加浮力块来减小重力。目前,此公司的产品已通过挪威船级社(DNV)、美国船级社(ABS)、美国石油学会(API)、美国材料与试验协会(ASTM)等机构的认可,且其产品已可应用至3 000 m水深。

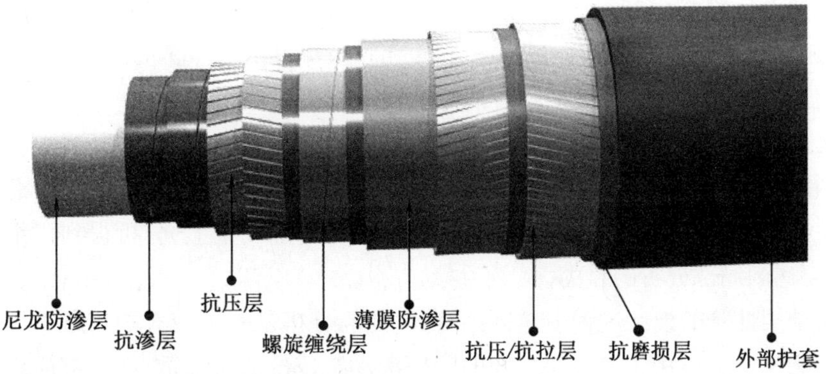


图9.5 Deepflex公司典型的纤维强化软管(Flexible Fiber Reinforce Pipe)剖面图

### 9.1.2 柔性管的设计规范

目前,柔性管设计、制造、安装等相关的主要规范如下:

(1) API SPEC RP 17B –“Recommended Practice for Flexible Pipe”,中文名“柔性管推荐作法”,1998 年发布第 1 版,到目前为止已于 2008 年 7 月更新至第 4 版;

(2) API SPEC RP 17J –“Specification for Unbonded Flexible Pipe” 1997 年发布第 1 版,到目前为止已于 2008 年 7 月更新至第 3 版;

(3) API SPEC RP 17K –“Specification for bonded Flexible Pipe” 2001 年 3 月发布第 1 版,到目前为止已于 2005 年 11 月更新至第 2 版;

(4) ISO 10420 –“Flexible Pipe Systems for subsea and Marine Riser Applications” 中文名“石油天然气工业用于海底和海洋立管的挠性管系统”,1994 年发布第 1 版,现在已经被 ISO13628 – 11 2007(E)“Flexible pipe systems for subsea and marine applications”所代替;

(5) API RP 2RD –“Design of Risers for Floating Production Systems (FPSs) and Tension – Leg Platforms (TLPs)”,中文名“浮式生产系统和张力腿平台立管设计的推荐作法”,1998 年发布第 1 版,2006 年发布修订版。

其中,API SPEC RP 17J 是 MCS Kenny 公司一个合资项目(Joint Industry Project)的产物,目的是制定一个柔性管的国际工业标准,这个标准包含了柔性管的设计、材料的选择、管道的制造、测试、标签以及包装等要求。这个规范的制定得到了众多油公司、制造商以及认证机构的支持,比如:美国石油学会(API)、英国健康安全董事会(UK HSE)、国际标准化组织(ISO)、NKT 公司、英国壳牌石油公司。在未发布 API SPEC RP 17J 之前,柔性管工业界还没有一个共同的标准,因此,API SPEC RP 17J 的意义重大。

对于 API SPEC RP 17B,它是 API SPEC RP 17J 的一个补充,提供了更多的指导与建议。而 API SPEC RP 17K 则是针对黏结柔性管的规范,详细规定了黏结柔性管设计、材料选择、制造、测试、标签以及包装的最低要求,是一个统一的设计制造规范。对于 ISO 10420,则也是在 API SPEC RP 17J 的基础上,由国际标准化组织(ISO)所发布的。

### 9.1.3 柔性管分析方法

柔性管的总体响应在 20 世纪八九十年代就已经得到了学术界以及工业界的广泛关注和研究,国际船舶及海洋结构物会议(ISSC international ship and offshore structure congress)曾在这期间做过多次柔性立管动力响应的分析对比工作。

由于柔性管在海洋工程中的运用日益增多,再加上对其失效模式预测的需要,柔性管局部结构响应的研究才渐渐得到了人们的关注。在工程设计研究中,柔性管的总体响应是来计算危险区域的载荷,在得出局部载荷后,再施加在局部模型上,分析得到详细的结构载荷响应,从而达到局部分析的目的。

在非黏结柔性管的设计过程中,其局部力学性能分析是一个较大的难题。为了得到柔性管的结构响应(比如:由于层与层之间的摩擦滑动造成的能量耗散、滞后响应以及疲劳损伤),需要开发出高效、准确的计算方法。目前的方法主要分为两种:理论方法和有限元法。

理论方法是在一些简化假设的基础上,进行理论推导,获得柔性管在外载荷作用下的各种响应。由于柔性管的复杂性,这种方法研发时间长,计算的工况也往往比较局限,而且由于引入了不少简化假设,使得计算结果精确度不高。非黏结性柔性管的层与层之间可滑动、不连续,导致了对柔性管的精确理论分析变得非常困难。到目前为止,所有的理论模型通常都假定忽略摩擦效应,但是层间摩擦效应却是导致非黏结柔性管高度非线性行为的根本原因,由于解析模型的这一缺陷,众多研究机构都致力于开发柔性立管的有限元模型。近些年高性能计算机的普及,使得有限元技术突飞猛进,已经能够解决很多复杂的工程计算问题,包括柔性管总体、局部分析。

从基本结构上看,柔性管主要为聚合物形成的薄壁壳结构,以及金属线形成的螺旋缠绕结构。薄壁壳力学行为的研究已经发展得比较完善,当前对柔性管力学行为的研究主要集中于对螺旋结构的力学行为研究以及层与层之间的相互作用等。螺旋结构一个较显著的特点就是,能够提供较大的轴向刚度,同时弯曲和扭转的刚度较小。为了研究螺旋结构和圆柱薄壁壳所构成的柔性管结构的力学行为建立了多种分析模型,这些分析模型都基于一些相同的和不同的假设,以下是在解析解中使用的一些主要的简化假设:

(1)假定结构的响应为小位移、小应变;

(2)在总刚度矩阵中会忽略掉一些耦合项;

(3)分析中使用传统的弹性薄壳理论;

(4)假定腱相对于它的螺旋缠绕轴的旋转为零;

(5)假定应力、应变沿层的厚度方向不变,均匀分布;

(6)假设在变形过程中,层的厚度保持不变;

(7)假设结构的截面在受到外载荷变形后,仍然保持为平面。

(8)忽略受力后截面的椭圆化效应;

(9)忽略接触与摩擦影响;

(10)忽略层与层之间的相对滑动;

(11)对于腱,只考虑它的轴向刚度,而忽略它的弯曲、扭转刚度;

(12)忽略聚合物材料对管子刚度、强度的贡献;

(13)忽略制造中产生的局部初始应力。

对于螺旋结构的研究,最早起源于对电缆缠绕结构的研究。最初的模型只考虑了螺旋结构的轴向力,弯曲刚度和扭转刚度都被忽略了。随后,对这个模型进行了修改,简单考虑了每根钢线的扭转刚度。近期的大量研究都基于 Love 的曲梁模型进行分析,建立了更复杂的分析模型。

## 9.2 非黏结柔性管本构模型

本节进行本构模型推导时,基于如下假设:

(1)假定所分析的内容为小位移与小应变状态,所有的材料变形都处于线弹性范围内;

(2)所研究的模型将考虑层间的分离与局部屈曲现象;

(3)对于内压护套、防摩擦层、外部护套这些聚合物材料,我们假定其为各向同性材料;

(4)对于铠装层假定其为正交异性材料;

(5)对于拉伸铠装层只考虑其轴向应力,其他应力忽略不计;

(6)平截面假定,即管道截面在弯曲变形后仍然保持为平面。

图9.6为所选取的坐标系和一些符号的含义,其中:$u_Z$ 为轴向位移,$u_r$ 为径向的位移,

$\psi_x$、$\psi_y$、$\varphi$ 分别为绕 $x$、$y$、$z$ 轴的转动角度。

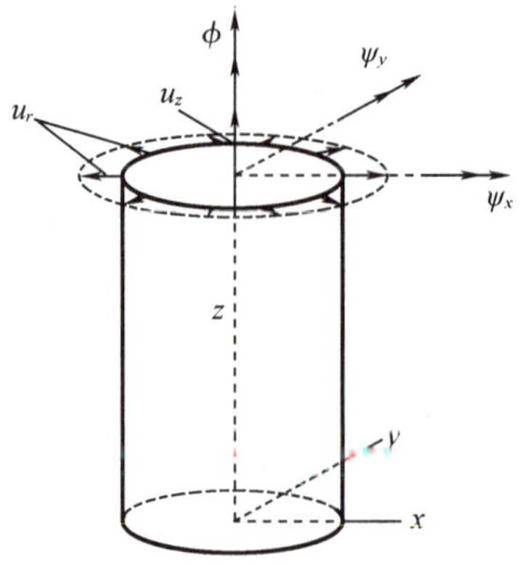


图 9.6　所选用的坐标系和符号的含义

### 9.2.1　内能及应力应变关系

1. 内能公式

在结构力学中，实体在弹性范围受到外载荷的情况下，外力做功将转变为弹性体的内能，内能在直角坐标系 $xyz$（分量用 1,2,3 表示）下的表达式为

$$U = \frac{1}{2}\int_V (\sigma_1\varepsilon_1 + \sigma_2\varepsilon_2 + \sigma_3\varepsilon_3 + \tau_{23}\gamma_{23} + \tau_{31}\gamma_{31} + \tau_{12}\gamma_{12})\mathrm{d}V \tag{9-1}$$

对于平面应力问题时，$\sigma_3$、$\tau_{23}$、$\tau_{31}$ 都为 0，代入式（9-1）中，得

$$U = \frac{1}{2}\int_V (\sigma_1\varepsilon_1 + \sigma_2\varepsilon_2 + \tau_{12}\gamma_{12})\mathrm{d}V \tag{9-2}$$

2. 胡克定律

根据胡克定律，可以得出弹性体在三维直角坐标系下的应力－应变关系为

$$\begin{Bmatrix}\varepsilon_1\\ \varepsilon_2\\ \varepsilon_3\\ \gamma_{23}\\ \gamma_{13}\\ \gamma_{12}\end{Bmatrix} = \begin{bmatrix} S_{11} & S_{12} & S_{13} & 0 & 0 & 0\\ S_{12} & S_{22} & S_{23} & 0 & 0 & 0\\ S_{13} & S_{23} & S_{33} & 0 & 0 & 0\\ 0 & 0 & 0 & S_{44} & 0 & 0\\ 0 & 0 & 0 & 0 & S_{55} & 0\\ 0 & 0 & 0 & 0 & 0 & S_{66}\end{bmatrix}\begin{Bmatrix}\sigma_1\\ \sigma_2\\ \sigma_3\\ \tau_{23}\\ \tau_{13}\\ \tau_{12}\end{Bmatrix} \tag{9-3}$$

式（9-3）中，柔度 $S_{ij}(i,j=1,2,3,\cdots,6)$ 分别为

$$\begin{aligned} &S_{11} = \frac{1}{E_1},\quad S_{44} = \frac{1}{G_{23}},\quad S_{12} = -\frac{\nu_{12}}{E_1}\\ &S_{22} = \frac{1}{E_2},\quad S_{55} = \frac{1}{G_{13}},\quad S_{13} = -\frac{\nu_{13}}{E_1}\\ &S_{33} = \frac{1}{E_3},\quad S_{66} = \frac{1}{G_{12}},\quad S_{23} = -\frac{\nu_{23}}{E_2}\end{aligned} \tag{9-4}$$

式中　$E_i(i=1,2,3)$——三个坐标轴方向的弹性模量；

$G_{ij}(i,j=1,2,3)$——剪切模量；

$\nu_{ij}(i,j=1,2,3)$——泊松比。

对式(9－3)求逆，可以得出应力－应变关系：

$$\begin{Bmatrix}\sigma_1\\\sigma_2\\\sigma_3\\\tau_{23}\\\tau_{13}\\\tau_{12}\end{Bmatrix}=\begin{bmatrix}C_{11}&C_{12}&C_{13}&0&0&0\\C_{12}&C_{22}&C_{23}&0&0&0\\C_{13}&C_{23}&C_{33}&0&0&0\\0&0&0&C_{44}&0&0\\0&0&0&0&C_{55}&0\\0&0&0&0&0&C_{66}\end{bmatrix}\begin{Bmatrix}\varepsilon_1\\\varepsilon_2\\\varepsilon_3\\\gamma_{23}\\\gamma_{13}\\\gamma_{12}\end{Bmatrix}\tag{9-5}$$

刚度矩阵中的各个元素如下：

$$C_{11}=\frac{S_{22}S_{33}-S_{23}S_{23}}{S},\quad C_{12}=\frac{S_{13}S_{23}-S_{12}S_{33}}{S}$$

$$C_{22}=\frac{S_{33}S_{11}-S_{13}S_{13}}{S},\quad C_{13}=\frac{S_{12}S_{23}-S_{13}S_{22}}{S}$$

$$C_{33}=\frac{S_{11}S_{22}-S_{12}S_{12}}{S},\quad C_{23}=\frac{S_{12}S_{13}-S_{23}S_{11}}{S}$$

$$C_{44}=\frac{1}{S_{44}},\quad C_{55}=\frac{1}{S_{55}},\quad C_{66}=\frac{1}{S_{66}}$$

$$S=S_{11}S_{22}S_{33}-S_{11}S_{23}S_{23}-S_{22}S_{13}S_{13}-S_{33}S_{12}S_{12}+2S_{12}S_{23}S_{13}\tag{9-6}$$

对于以上所推导的公式，都针对的是在空间情况下的应力－应变关系，若在平面应力情况下，则 $\sigma_3$、$\tau_{23}$ 和 $\tau_{31}$ 都为0，因此式(9－3)可简化为

$$\begin{Bmatrix}\varepsilon_1\\\varepsilon_2\\\varepsilon_3\end{Bmatrix}=\begin{bmatrix}S_{11}&S_{12}&0\\S_{12}&S_{22}&0\\0&0&S_{66}\end{bmatrix}\begin{Bmatrix}\sigma_1\\\sigma_2\\\tau_{12}\end{Bmatrix}\tag{9-7}$$

式(9－5)可简化为

$$\begin{Bmatrix}\sigma_1\\\sigma_2\\\tau_{12}\end{Bmatrix}=\begin{bmatrix}Q_{11}&Q_{12}&0\\Q_{12}&Q_{22}&0\\0&0&Q_{66}\end{bmatrix}\begin{Bmatrix}\varepsilon_1\\\varepsilon_2\\\varepsilon_3\end{Bmatrix}\tag{9-8}$$

其中 $Q_{ij}(i,j=1,2,6)$ 称之为减缩刚度，通过式(9－6)可以得出

$$\begin{cases}Q_{11}=C_{11}-\dfrac{C_{13}^2}{C_{33}}\\Q_{12}=C_{12}-\dfrac{C_{13}C_{23}}{C_{33}}\\Q_{22}=C_{22}-\dfrac{C_{23}^2}{C_{33}}\\Q_{66}=Q_{66}\end{cases}\tag{9-9}$$

将各个弹性常数代入式(9－9)，得

$$\begin{cases} Q_{11} = \dfrac{E_1}{1 - \nu_{12}\nu_{21}} \\ Q_{12} = \dfrac{\nu_{12}E_2}{1 - \nu_{12}\nu_{21}} = \dfrac{\nu_{21}E_1}{1 - \nu_{12}\nu_{21}} \\ Q_{22} = \dfrac{E_2}{1 - \nu_{12}\nu_{21}} \\ Q_{66} = G_{12} \end{cases} \tag{9-10}$$

对于各向同性材料，上式还可以简化为

$$\begin{cases} Q_{11} = Q_{22} = \dfrac{E}{1 - \nu^2} \\ Q_{12} = \dfrac{\nu E}{1 - \nu^2} \\ Q_{66} = G = \dfrac{E}{2(1 + \nu)} \end{cases} \tag{9-11}$$

### 9.2.2 各层结构的本构模型

1. 各项同性层

这里我们假设内压护套、防摩擦层、外部护套均为平面应力的各向同性材料，并且假设沿着圆柱轴向的应变是均匀的，即不考虑端部效应。此时应变－位移的关系如下：

$$\varepsilon_1 = \frac{\Delta u_z}{L} + y\frac{\Delta\psi_x}{L} - x\frac{\Delta\psi_y}{L}$$

$$\varepsilon_2 = \frac{u_r}{R}$$

$$\gamma_{12} = R\frac{\Delta\varphi}{L} \tag{9-12}$$

式中 $L$——所分析的柔性管的长度；

$R$——圆柱壳的中线面半径；

1——管道的轴向；

2——管道的周向；

$x$、$y$、$z$——坐标轴，如图 9.6 所示；

$\Delta u_z$、$\Delta\psi_x$、$\Delta\psi_y$、$\Delta\varphi$——分别为位移量 $u_z$、$\psi_x$、$\psi_y$、$\varphi$ 在长度 $L$ 管道上的改变量。

根据内能公式(9－2)，可以求出内能为

$$U = \frac{E}{2(1-\nu^2)}\iiint\left(\varepsilon_1^2 + \varepsilon_2^2 + 2\nu\varepsilon_1\varepsilon_2 + \frac{1-\nu}{2}\gamma_{12}^2\right)\mathrm{d}V \tag{9-13}$$

令

$$k = \frac{E}{1-\nu^2} \tag{9-14}$$

则式(9－13)可简化为

$$U = \frac{1}{2}\iiint(k\varepsilon_1^2 + k\varepsilon_2^2 + 2\nu k\varepsilon_1\varepsilon_2 + G\gamma_{12}^2)\mathrm{d}V \tag{9-15}$$

而对于外力所做的功,可以表示为:

$$W = N\Delta u_z + T\Delta\varphi + M_x\Delta\psi_x + M_y\Delta\psi_y + \Delta p\left(2\frac{u_r}{R} + \frac{\Delta u_z}{L}\right)\pi R^2 L \tag{9-16}$$

其中,$N$、$T$、$M_x$、$M_y$ 分别代表轴向力、轴向扭矩、法线方向的弯矩和副法线方向的弯矩;$\Delta p$ 为所分析的圆柱壳内外侧的压力差,$\Delta p = p^{in} - p^{out}$,$p^{in}$、$p^{out}$ 分别为所在圆柱壳的内侧、外侧的压强。

根据虚功原理,可以得出外力做功与应变能的关系,如式(9-17)所示:

$$dU = dW \tag{9-17}$$

根据式(9-15)与式(9-16),分别对它们进行微分,得出:

$$dU = \frac{1}{2}\iiint\left[2k\left(\frac{\Delta u_z}{L} + y\frac{\Delta\psi_x}{L} - x\frac{\Delta\psi_y}{L}\right)\left(\frac{\delta\Delta u_z}{L} + y\frac{\delta\Delta\psi_x}{L} - x\frac{\delta\Delta\psi_y}{L}\right) + 2\frac{k}{R^2}\delta\Delta u_r \cdot u_r + 2\nu k\frac{u_r}{R}\left(\frac{\delta\Delta u_z}{L} + y\frac{\delta\Delta\psi_x}{L} - x\frac{\delta\Delta\psi_y}{L}\right) + 2k\left(\frac{\Delta u_z}{L} + y\frac{\Delta\psi_x}{L} - x\frac{\Delta\psi_y}{L}\right)\frac{\delta u_r}{R} + 2\frac{GR^2}{L^2}\Delta\varphi \cdot \delta\Delta\varphi\right]dV \tag{9-18}$$

$$dW = N\delta\Delta u_z + T\delta\Delta\varphi + M_x\delta\Delta\psi_x + M_y\delta\Delta\psi_y + \Delta p\left(2\frac{\delta u_r}{R} + \frac{\delta\Delta u_z}{L}\right)\pi R^2 L \tag{9-19}$$

再将式(9-18)与式(9-19)代入式(9-17),从而得出各向同性层的平衡方程为

$$\begin{bmatrix} AE & 0 & 0 & 0 & \nu AE \\ 0 & \frac{EI_z(1-\nu)}{2} & 0 & 0 & 0 \\ 0 & 0 & EI_x & 0 & 0 \\ 0 & 0 & 0 & EI_y & 0 \\ \nu AE & 0 & 0 & 0 & AE \end{bmatrix}\begin{Bmatrix} \frac{\Delta u_z}{L} \\ \frac{\Delta\varphi}{L} \\ \frac{\Delta\psi_x}{L} \\ \frac{\Delta\psi_y}{L} \\ \frac{u_r}{R} \end{Bmatrix} = (1-\nu^2)\begin{Bmatrix} N + \pi R^2\Delta p \\ T \\ M_x \\ M_y \\ 2\pi R^2\Delta p \end{Bmatrix} \tag{9-20}$$

式中 $I_x$、$I_y$——分别为圆柱壳关于 $x$、$y$ 轴的惯性矩;

$I_z$——极惯性矩;

$A$——圆柱壳的横截面积。

2. 正交异性层

柔性管作为一种水下结构,它需要具有一定的承受压强的能力,铠装层与自锁压力铠装层便起着这种作用。其中,铠装层主要用于承担管道的外部压强,若在没有这一层结构的情况下,由于聚合物层与拉伸铠装层只具有很小的径向刚度,管道将只能够承受很小的压力。即使管道不承受外部压力,柔性管在承受较大拉伸张力时,由于内部缺少起着支撑作用的铠装层,管道将产生无法接受的轴向伸长量。

但是,由于铠装层与自锁压力铠装层具有复杂的截面结构,使得其在轴向、周向、径向的弹性模量都不相同,因此,在分析时需要使用正交异性材料来进行计算。为了简化计算,将所分析的问题简化为平面应力问题,即只考虑轴向 $z$ 与周向 $\theta$ 的应力、应变,应力-应变

的本构关系如下：

$$\begin{Bmatrix}\varepsilon_1\\ \varepsilon_2\\ \varepsilon_3\end{Bmatrix}=\begin{bmatrix}\dfrac{1}{E_z} & \dfrac{-\nu_{\theta z}}{E_\theta} & 0\\ \dfrac{-\nu_{\theta z}}{E_z} & \dfrac{1}{E_\theta} & 0\\ 0 & 0 & \dfrac{1}{G_{z\theta}}\end{bmatrix}\begin{Bmatrix}\sigma_1\\ \sigma_2\\ \tau_{12}\end{Bmatrix} \tag{9-21}$$

根据式(9－8)可以得出减缩刚度矩阵，再代入内能公式(9－2)，从而得出：

$$U=\frac{1}{2}\int_V[Q_{11}\varepsilon_1^2+Q_{22}\varepsilon_2^2+2Q_{12}\varepsilon_1\varepsilon_2+Q_{66}\gamma_{12}^2]\mathrm{d}V \tag{9-22}$$

将式(9－22)进行微分，得

$$\mathrm{d}U=\frac{1}{2}\iiint\left[2Q_{11}\left(\frac{\Delta u_z}{L}+y\frac{\Delta\psi_x}{L}-x\frac{\Delta\psi_y}{L}\right)\left(\frac{\delta\Delta u_z}{L}+y\frac{\delta\Delta\psi_x}{L}-x\frac{\delta\Delta\psi_y}{L}\right)+2Q_{22}\frac{1}{R^2}\delta\Delta u_r\cdot u_r+2Q_{12}\cdot\right.$$
$$\left.\frac{u_r}{R}\left(\frac{\delta\Delta u_z}{L}+y\frac{\delta\Delta\psi_x}{L}-x\frac{\delta\Delta\psi_y}{L}\right)+2Q_{12}\left(\frac{\Delta u_z}{L}+y\frac{\Delta\psi_x}{L}-x\frac{\Delta\psi_y}{L}\right)\frac{\delta u_r}{R}+2Q_{66}\frac{R^2}{L^2}\Delta\varphi\cdot\delta\Delta\varphi\right]\mathrm{d}V \tag{9-23}$$

同理，再根据虚功原理，代入式(9－17)，即可得出正交异性材料情况下的平衡方程为

$$\begin{bmatrix}AQ_{11} & 0 & 0 & 0 & AQ_{12}\\ 0 & Q_{66}I_z & 0 & 0 & 0\\ 0 & 0 & Q_{11}I_x & 0 & 0\\ 0 & 0 & 0 & Q_{11}I_y & 0\\ AQ_{12} & 0 & 0 & 0 & AQ_{22}\end{bmatrix}\begin{Bmatrix}\dfrac{\Delta u_z}{L}\\ \dfrac{\Delta\varphi}{L}\\ \dfrac{\Delta\psi_x}{L}\\ \dfrac{\Delta\psi_y}{L}\\ \dfrac{u_r}{R}\end{Bmatrix}=\begin{Bmatrix}N+\pi R^2\Delta p\\ T\\ M_x\\ M_y\\ 2\pi R^2\Delta p\end{Bmatrix} \tag{9-24}$$

3. 拉伸铠装层

拉伸铠装层平衡方程的推导采用与各向同性层类似的方法来进行，但为了简化计算，除了拉伸铠装层各个腱轴向的刚度，其他方向的刚度都被忽略，即

$$\varepsilon=\frac{\Delta u_z}{L}\cos^2\alpha+\frac{\Delta u_r}{R}\sin^2\alpha+R\frac{\Delta\varphi}{L}\sin\alpha\cos\alpha+R\sin\theta\frac{\Delta\psi_x}{L}\cos^2\alpha+R\cos\theta\frac{\Delta\psi_y}{L}\cos^2\alpha \tag{9-25}$$

式中　$R$、$L$——几何参数，如图 9.7 所示；

　　$\alpha$——拉伸铠装层的缠绕角度；

　　$\theta$——腱在圆柱壳横截面上的角坐标。

根据式(9－2)与式(9－25)，可以得出拉伸铠装层整体的内能表达式：

$$U=\frac{1}{2}\sum_{i=1}^{n}EA^i\int_L(\varepsilon^i)^2\frac{\mathrm{d}z}{\cos\alpha} \tag{9-26}$$

式中　$n$——腱的支数；

　　$A^i$——第 $i$ 根腱的横截面积；

$z$——柔性管的轴向。

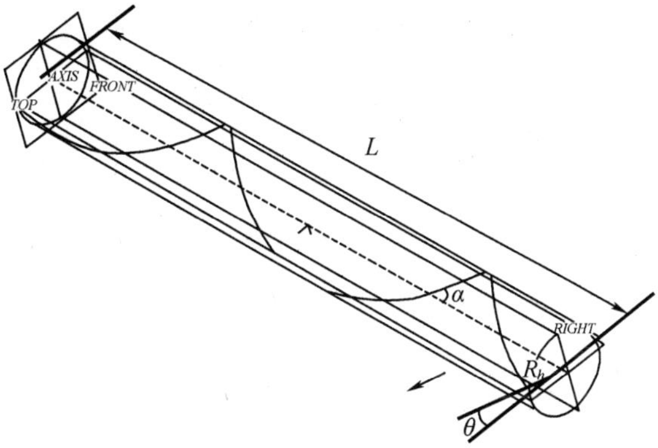


**图9.7　腱的几何示意图**

同理,再根据虚功原理,代入式(9-17),即可得出拉伸铠装层的平衡方程:

$$\begin{bmatrix} \kappa_{11} & \kappa_{12} & 0 & 0 & \kappa_{15} \\ \kappa_{21} & \kappa_{22} & 0 & 0 & \kappa_{25} \\ 0 & 0 & \kappa_{33} & 0 & 0 \\ 0 & 0 & 0 & \kappa_{44} & 0 \\ \kappa_{51} & \kappa_{52} & 0 & 0 & \kappa_{55} \end{bmatrix} \begin{Bmatrix} \dfrac{\Delta u_z}{L} \\ \dfrac{\Delta \varphi}{L} \\ \dfrac{\Delta \psi_x}{L} \\ \dfrac{\Delta \psi_y}{L} \\ \dfrac{u_r}{R} \end{Bmatrix} = \begin{Bmatrix} N + \pi R^2 \Delta p \\ T \\ M_x \\ M_y \\ 2\pi R^2 \Delta p \end{Bmatrix} \tag{9-27}$$

其中,对称阵 $\kappa_{ij}(i,j=1,\cdots,5)$ 如下所示:

$$\begin{gathered} \kappa_{11} = nEA^i \cos^3\alpha \\ \kappa_{12} = nEA^i R \sin\alpha \cos^2\alpha \\ \kappa_{33} = \frac{1}{L} nEA^i R^3 \cos^4\alpha \frac{\pi}{\tan\alpha} \\ \kappa_{15} = nEA^i \sin^2\alpha \cos\alpha \\ \kappa_{44} = \frac{1}{L} nEA^i R^3 \cos^4\alpha \frac{\pi}{\tan\alpha} \\ \kappa_{22} = nEA^i R^2 \sin^2\alpha \cos\alpha \\ \kappa_{55} = nEA^i \frac{\sin^4\alpha}{\cos\alpha} \\ \kappa_{25} = nEA^i R \sin^3\alpha \end{gathered} \tag{9-28}$$

### 9.2.3　柔性管的整体刚度

将各层的平衡方程综合起来,即可得出柔性管整体的平衡方程。为了保持一致,在推导各层的平衡方程时,各层都使用了相同的柔性管长度 $L$、轴向位移、轴向扭转和弯曲。而且,为了考虑层与层之间的分离,允许各层具有不同的径向位移。

以一个具有六层结构的柔性管为例，将给出整体的静平衡方程（此例未考虑自锁压力铠装层的作用）。根据式(9-20)、式(9-24)、式(9-27)，可以得出整个管道的平衡方程（矩阵形式）如下：

$$\begin{bmatrix} K_{11} & K_{12} & 0 & 0 & K_{15} & K_{16} & K_{17} & K_{18} & K_{19} & K_{110} \\ K_{21} & K_{22} & 0 & 0 & 0 & 0 & K_{27} & 0 & K_{29} & 0 \\ 0 & 0 & K_{33} & 0 & 0 & 0 & 0 & 0 & 0 & 0 \\ 0 & 0 & 0 & K_{44} & 0 & 0 & 0 & 0 & 0 & 0 \\ K_{51} & 0 & 0 & 0 & K_{55} & 0 & 0 & 0 & 0 & 0 \\ K_{61} & 0 & 0 & 0 & 0 & K_{66} & 0 & 0 & 0 & 0 \\ K_{71} & K_{72} & 0 & 0 & 0 & 0 & K_{77} & 0 & 0 & 0 \\ K_{81} & 0 & 0 & 0 & 0 & 0 & 0 & K_{88} & 0 & 0 \\ K_{91} & K_{92} & 0 & 0 & 0 & 0 & 0 & 0 & K_{99} & 0 \\ K_{101} & 0 & 0 & 0 & 0 & 0 & 0 & 0 & 0 & K_{1010} \end{bmatrix} \begin{bmatrix} \Delta u_z/L \\ \Delta\varphi/L \\ \Delta\psi_x/L \\ \Delta\psi_y/L \\ u_r|_1/R \\ u_r|_2/R \\ u_r|_3/R \\ u_r|_4/R \\ u_r|_5/R \\ u_r|_6/R \end{bmatrix} = \begin{bmatrix} N_T \\ T_T \\ M_{xT} \\ M_{yT} \\ 2\pi R_1^2\Delta p_1 \\ 2\pi R_2^2\Delta p_2 \\ 2\pi R_3^2\Delta p_3 \\ 2\pi R_4^2\Delta p_4 \\ 2\pi R_5^2\Delta p_5 \\ 2\pi R_6^2\Delta p_6 \end{bmatrix} \tag{9-29}$$

式中 $i(i=1,\cdots,5)$——下标，表示层数；

$K_{33}$、$K_{44}$——由临界弯曲曲线决定。

系数 $K_{ij}(i,j=1,\cdots,10)$ 以及 $N_T$、$T_T$、$M_{xT}$、$M_{yT}$ 的计算公式如下：

$$K_{11}=\frac{E_2A_2}{1-\nu_2^4}+\frac{E_4A_4}{1-\nu_4^4}+\frac{E_6A_6}{1-\nu_6^4}+n_3E_3A_3\cos^3\alpha_3+n_5E_5A_5\cos^3\alpha_5+A_1Q_{11}$$

$$K_{12}=n_3E_3A_3R_3\sin\alpha_3\cos^2\alpha_3+n_5E_5A_5R_5\sin\alpha_5\cos^2\alpha_5$$

$$K_{15}=\frac{\nu_2E_2A_2}{(1-\nu_2^2)R_2^2}$$

$$K_{16}=\frac{\nu_6E_6A_6}{(1-\nu_6^2)R_6^2}$$

$$K_{17}=n_3E_3\frac{A_3}{R_3^2}\cos\alpha_3\sin^2\alpha_3$$

$$K_{18}=\frac{\nu_4E_4A_4}{(1-\nu_4^2)R_4^2}$$

$$K_{19}=n_5E_5\frac{A_5}{R_5^2}\cos\alpha_5\sin^2\alpha_5$$

$$K_{110}=A_1Q_{12}$$

$$K_{22}=\frac{E_2I_{z2}}{2(1+\nu_2)}+\frac{E_4I_{z4}}{2(1+\nu_4)}+\frac{E_6I_{z6}}{2(1+\nu_6)}+n_3E_3A_3R_3^2\sin^2\alpha_3\cos\alpha_3+$$
$$n_5E_5A_5R_5^2\sin^2\alpha_5\cos\alpha_5+Q_{66}I_{z1}$$

$$K_{27}=n_3E_3\frac{A_3}{R_3}\sin^3\alpha_3$$

$$K_{29}=n_5E_5\frac{A_5}{R_5}\sin^3\alpha_5$$

$$K_{33}=\frac{E_2I_{x2}}{1-\nu_2^2}+\frac{E_4I_{x4}}{1-\nu_4^2}+\frac{E_6I_{x6}}{1-\nu_6^2}+\frac{1}{L}n_3E_3A_3R_3^3\pi\frac{\cos^5\alpha_3}{\sin\alpha_3}+\frac{1}{L}n_5E_5A_5R_5^3\pi\frac{\cos^5\alpha_5}{\sin\alpha_5}+Q_{11}I_{x1}$$

$$K_{44}=\frac{E_2I_{y2}}{1-\nu_2^2}+\frac{E_4I_{y4}}{1-\nu_4^2}+\frac{E_6I_{y6}}{1-\nu_6^2}+\frac{1}{L}n_3E_3A_3R_3^3\pi\frac{\cos^5\alpha_3}{\sin\alpha_3}+\frac{1}{L}n_5E_5A_5R_5^3\pi\frac{\cos^5\alpha_5}{\sin\alpha_5}+Q_{11}I_{y1}$$

$$K_{55}=\frac{E_2A_2}{(1-\nu_2^2)R_2^3}$$

$$K_{66}=\frac{E_6A_6}{(1-\nu_6^2)R_6^3}$$

$$K_{77}=n_3E_3A_3\frac{\sin^4\alpha_3}{R_3^3\cos\alpha_3}$$

$$K_{88}=\frac{E_4A_4}{(1-\nu_4^2)R_4^3}$$

$$K_{99}=n_5E_5A_5\frac{\sin^4\alpha_5}{R_5^3\cos\alpha_5}$$

$$K_{1010}=A_1Q_{22}$$

$$N_T=\sum_{i=1}^{5}N_i+\pi\sum_{i=1}^{5}p_iR_i^2=\sum_{i=1}^{5}N_i+\pi(R_2^2P_{\text{in}}-R_6^2P_{\text{out}})$$

$$T_T=\sum_{i=1}^{5}T_i$$

$$M_{xT}=\sum_{i=1}^{5}M_{xi}$$

$$M_{yT}=\sum_{i=1}^{5}M_{yi} \tag{9-30}$$

方程组(9 -29)含有 16 个未知数,而目前只有 10 个方程,为了求解这个方程组,就必须先得出内部的接触压力 $\Delta p_1,\cdots,\Delta p_6$ 6 个未知数,接触压力可以通过变形协调方程求出,可得出拉伸铠装层的压力差 $\Delta p_3$、$\Delta p_5$ 为

$$\Delta p=nA\varepsilon\frac{\sin^2\alpha}{2\pi R^2\cos\alpha} \tag{9-31}$$

对于铠装层的内部压力,所研究的工况中都为零,即 $\Delta p_1=0$。为了求解其他 3 个接触压力值 $\Delta p_2$、$\Delta p_4$、$\Delta p_6$,还需要额外的三个方程。

首先,根据压力平衡方程,得到:

$$\Delta p_i^{\text{out}}=\Delta p_{i+1}^{\text{in}},\quad i=1,\cdots,5 \tag{9-32}$$

$$\Delta p_i^{\text{out}}=\Delta p_i^{\text{in}}-\Delta p_i,\quad i=1,\cdots,6$$

从而得出

$$\Delta p_2+\Delta p_4+\Delta p_6=P_{in}-P_{\text{out}}-\Delta p_3-\Delta p_5 \tag{9-33}$$

式中 $P_{\text{in}}$、$P_{out}$——柔性管的内、外侧压强。

另外,再根据径向位移的连续性,可以得出各层需要满足等式(9 -34):

$$\Delta r_i^{\text{out}}=\Delta r_{i+1}^{\text{in}},\quad i=2,\cdots,5 \tag{9-34}$$

式中 $\Delta r_i^{\text{out}}$、$\Delta r_{i+1}^{\text{in}}$——各层结构内外侧半径 $R^{\text{out}}$、$R^{\text{in}}$的改变量(图 9.8)。

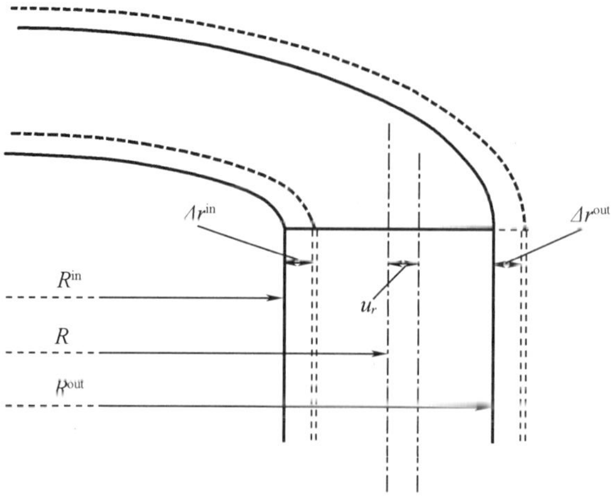


图 9.8　一层结构在变形前后的侧视图

当不考虑拉伸铠装层在径向的变形时，有 $\Delta r_3^{out}=\Delta r_3^{in}$、$\Delta r_5^{out}=\Delta r_5^{in}$，将其代入式(9－34)，则式(9－34)可简化为

$$\Delta r_i^{out}=\Delta r_{i+2}^{in},\quad i=2,4 \tag{9-35}$$

各向同性层厚度的改变量可以表示成：

$$\Delta t_i=\Delta r_i^{out}-\Delta r_i^{in},\quad i=2,4,6 \tag{9-36}$$

根据材料力学中，圆柱壳所受的压力差 $\Delta p_i$、轴向拉力 $N_i$ 与厚度改变量 $\Delta t_i$ 的关系为

$$\Delta t_i=\Delta p_i\frac{R_i^2}{t_i}\frac{2-\nu_i}{2E_i}-\frac{\nu_i N_i R_i}{A_i E_i},\quad i=2,4,6 \tag{9-37}$$

再根据图 9.8 所示，可以得出一层结构在变形前后半径变化量、径向位移等几何参数之间的关系：

$$R_i+u_r\big|_i=\frac{R^{in}+\Delta r^{in}+R^{out}+\Delta r^{out}}{2},\quad i=2,\cdots,6 \tag{9-38}$$

然后再将前面所推导的式(9－35)、(9－36)、(9－37)代入式(9－38)，则可得出五个方程：

$$2R_i+2u_r\big|_i=R_i^{in}+2\Delta r_i^{in}+R_i^{out}+\Delta p_i\frac{R_i^2}{t_i}\frac{2-\nu_i}{2E_i}-\frac{\nu_i N_i R_i}{A_i E_i},\quad i=2,4,6 \tag{9-39}$$

$$2R_i+2u_r\big|_i=R_i^{in}+2\Delta r_{i-1}^{in}+R_i^{out}+\Delta p_{i-1}\frac{R_{i-1}^2}{t_{i-1}}\frac{2-\nu_{i-1}}{2E_{i-1}}-\frac{\nu_{i-1}N_{i-1}R_{i-1}}{A_{i-1}E_{i-1}},\quad i=3,5$$

最终根据式(9－33)与式(9－39)6 个方程足够解出 $\Delta p_2$、$\Delta p_4$、$\Delta p_6$、$\Delta r_2^{in}$、$\Delta r_4^{in}$、$\Delta r_6^{in}$ 6 个量。由此，可以进一步解出非黏结柔性管整体平衡方程中的所有未知量。

# 9.3 铠装层等效弹性模量模型

## 9.3.1 铠装层等效弹性模量模型

铠装层是由 S 形截面的钢带螺旋缠绕而成(剖面图参见图 9.9),是一种自锁结构,缠绕角接近 90°,层间存在间隙,因而可以保证结构有足够的柔度。这一层主要承受外压,防止结构的压溃。

铠装层为正交各向异性材料,对于正交异性材料,需要给出 9 个独立的材料参数,分别为 3 个主轴的弹性模量 $E_R$、$E_T$、$E_Z$,3 个主轴的剪切弹性模量 $G_R$、$G_T$、$G_Z$,以及 3 个泊松比 $\nu'_{ZT}$、$\nu'_{RT}$、$\nu'_{ZR}$。下面,将讨论如何确定各个等效参数。

图 9.9 铠装层的剖面图

1. 周向 $T$ 等效弹性常数的确定

根据刚度等效思想,可以直接给出周向方向 $T$ 的弹性模量 $E_T$、切线模量 $G_T$ 以及等效厚度 $t_{equ}$。公式如下:

沿周向 $T$ 的拉伸刚度等效:

$$E_{mat} \cdot A_{strip} = E_T \cdot t_{equ}(B - l_{ping}) \tag{9-40}$$

沿周向 $T$ 的弯曲刚度等效:

$$E_{mat} \cdot I_{bend} = E_T \cdot \frac{t_{equ}^3}{12}(B - l_{ping}) \tag{9-41}$$

沿周向 $T$ 的扭转刚度等效:

$$G_{mat} \cdot I_{tor} = G_T \cdot \frac{t_{equ}^3}{3}(B - l_{ping}) \tag{9-42}$$

其中,$E_{mat}$、$G_{mat}$ 为铠装层材料的弹性模量,即 AISI304(奥氏体不锈钢)的弹性模量为 190 GPa,剪切弹性模量 $G_{mat}$ 由泊松比求得 $G_{mat} = \frac{E_{mat}}{2 \cdot (1 + \nu_{mat})}$,泊松比 $\nu_{mat}$ 为 0.3;$A_{strip}$、$I_{bend}$、$I_{tor}$ 分别对应于上节所给出的铠装层的参数:$A_{strip} = 19.6\ mm^2$、切向惯性矩 $I_{bend} = 6.5\ mm^4$、扭转惯性矩 $I_{tor} = 20\ mm^4$;参数 $B$、$l_{ping}$ 如图 9.10 所示。

求解以上方程(9-40)、(9-41)、(9-42)可得:

$$t_{equ} = \sqrt{\frac{12 I_{bend}}{A_{strip}}} \tag{9-43}$$

$$E_T = \frac{E_{mat} A_{strip}}{(B - l_{ping}) \cdot t_{equ}} \tag{9-44}$$

$$G_T = \frac{E_T G_{mat} \cdot I_{tor}}{4 E_{mat} \cdot I_{bend}} \tag{9-45}$$

另外，根据质量守恒，等效密度 $\rho_{\text{equ\_carcass}} = \dfrac{\rho_{\text{mat}} \cdot A_{\text{strip}}}{(B - l_{\text{ping}}) \cdot t_{\text{equ}}}$，$\rho_{\text{mat}}$ 为铠装层的材料密度。

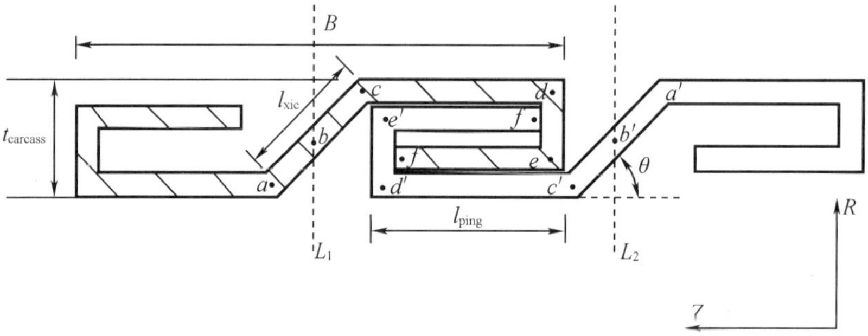


图 9.10　铠装层剖面几何参数示意图

2. 轴向 $Z$ 等效弹性常数的确定

对于铠装层轴向 $Z$ 方向的等效方法，采用蜂窝材料等效时所用的思想，使得等效的材料与被等效的材料在相同外载的情况下，具有相同的位移响应，如图 9.11 所示，具体的推导过程如下：

$$E_Z = \frac{\sigma_{\text{equ}}}{\varepsilon_Z} = \frac{\dfrac{P}{t_{\text{equ}}}}{\dfrac{\delta_{\text{b}}}{B - l_{\text{ping}}}} \tag{9-46}$$

$$\delta_{\text{b}} = 2 \cdot \delta_{\text{xie}} + \delta_{\text{ping}} \tag{9-47}$$

式中　$\delta_{\text{xie}}$——斜杆 $ac$ 中点 $b$ 在相对于点 $c$ 的水平位移；

$\delta_{\text{ping}}$——中部点 $c$ 相对于点 $c'$ 的水平位移。

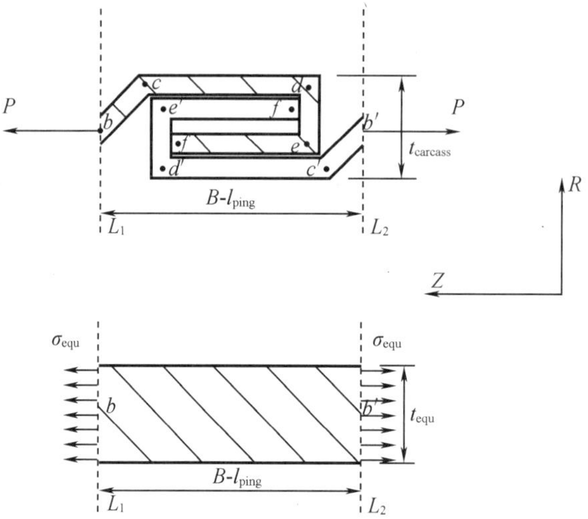


图 9.11　等效示意图

(1)$\delta_{\text{xie}}$的求解

首先，根据力平衡原理 $2M - P \cdot t_{\text{carcass}} = 0$，得出

$$M = \frac{1}{2} P \cdot t_{\text{carcass}} \tag{9-48}$$

如图9.12所示,假定 $b$ 点不动,则 $ab$ 杆为一根一端刚性固定、一端受到 $P$ 和 $M$ 载荷的悬臂梁。由于此时讨论的是铠装层的局部变形问题,属于线弹性与小变形情况,所以材料力学的应变叠加原理仍能适用,即所有应力分量引起的某一应变分量等于各个应力分量引起该应变分量的代数和。

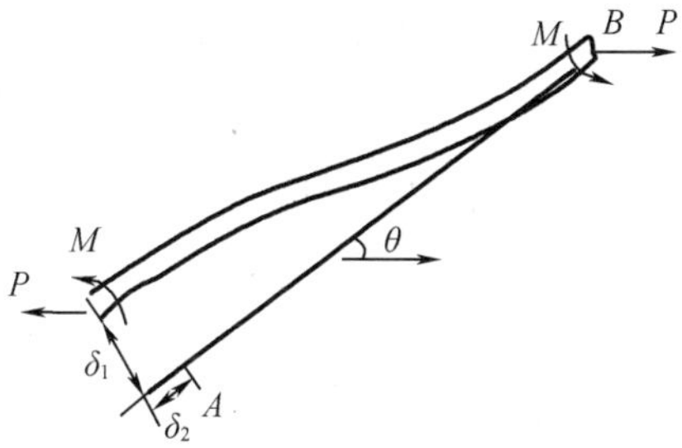


**图9.12 ac 杆元的位移示意图**

根据叠加原理,斜杆 $ac$ 中点 $b$(即 $x=\dfrac{l}{2}$)垂直于杆的位移 $\delta_1$ 为悬臂梁一端,分别受到 $P$ 和 $M$ 载荷时的位移之和。根据结构力学,一端受集中力的悬臂梁挠度公式为

$$\delta=\frac{Pl^3}{3EI}\left[\frac{x^2}{l^2}\cdot\left(\frac{3}{2}-\frac{x}{2l}\right)\right] \tag{9-49}$$

一端受集中弯矩的悬臂梁挠度公式为

$$\delta=\frac{Mx^2}{2EI} \tag{9-50}$$

将 $x=\dfrac{l}{2}$ 代入式(9-49)和式(9-50),再相加可得

$$\delta_1\left(\frac{l}{2}\right)=\frac{P\cdot\sin\theta\cdot l_{\mathrm{xie}}^3}{3E_{\mathrm{mat}}I}\left[\frac{x^2}{l_{\mathrm{xie}}^2}\cdot\left(\frac{3}{2}-\frac{x}{2l_{\mathrm{xie}}}\right)\right]-\frac{x^2}{2E_{\mathrm{mat}}I}\cdot\frac{P\cdot t_{\mathrm{carcass}}}{2} \tag{9-51}$$

即

$$\delta_1=\frac{P\cdot\sin\theta\cdot l_{\mathrm{xie}}^3}{24E_{\mathrm{mat}}I}=\frac{P\cdot\sin\theta\cdot l_{\mathrm{xie}}^3}{2E_{\mathrm{mat}}\cdot t_{\mathrm{strip}}^3} \tag{9-52}$$

其中,$I=\dfrac{bt_{\mathrm{strip}}^3}{12}$,$b$ 为切向的宽度,令 $b=1$。

同理,如图9.12所示,沿着杆的方向的位移 $\delta_2$ 为

$$\delta_2=\frac{P\cdot\cos\theta}{E_{\mathrm{mat}}\cdot t_{\mathrm{strip}}\cdot b}\frac{l_{\mathrm{xie}}}{2}=\frac{P\cdot\cos\theta\cdot l_{\mathrm{xie}}}{2E_{\mathrm{mat}}\cdot t_{\mathrm{strip}}} \tag{9-53}$$

从而,将式(9-52)与式(9-53)代入公式 $\delta_{\mathrm{xie}}=\delta_1\cdot\sin\theta+\delta_2\cdot\cos\theta$ 中,可得

$$\delta_{\mathrm{xie}}=\frac{P\cdot l_{\mathrm{xie}}}{2E_{\mathrm{mat}}\cdot t_{\mathrm{strip}}}\left(\frac{l_{\mathrm{xie}}^2}{t_{\mathrm{strip}}^2}\sin^2\theta+\cos^2\theta\right) \tag{9-54}$$

(2)$\delta_{\mathrm{ping}}$的求解

对于 $\delta_{\mathrm{ping}}$,可以看作两根杆($ef$、$e'f'$)受压、两根杆($cd$、$c'd'$)受拉,则

$$\delta_{\mathrm{ping}}=2\cdot\frac{P\cdot l_{\mathrm{ping}}}{E_{\mathrm{mat}}t_{\mathrm{strip}}\cdot b}+\frac{\frac{P}{2}\cdot l_{\mathrm{ping}}}{E_{\mathrm{mat}}t_{\mathrm{strip}}\cdot b} \tag{9-55}$$

将 $b=1$ 代入式(9－55),得

$$\delta_{\text{ping}}=\frac{5\cdot P\cdot l_{\text{ping}}}{2\cdot E_{\text{mat}}t_{\text{strip}}} \tag{9-56}$$

再将式(9－54)、式(9－55)代入式(9－56),即可求得轴向的等效弹性模量 $E_Z$。

对于轴向的等效剪切弹性模量 $G_Z$,也使用与求等效弹性模量 $E_Z$ 时相同的思想。并且由于结构的复杂性,并考虑到铠装层的结构之间不存在相对移动,将图 9.11 虚线 $L_1$、$L_2$ 之间的结构等效为图 9.13 的形式。

$$G_Z=\frac{M}{\dfrac{\varphi_{\text{niu}}}{B-l_{\text{ping}}}\cdot I_{\text{pequ}}} \tag{9-57}$$

其中,$I_{\text{pequ}}$ 为等效的铠装层的抗扭惯性矩,由于截面为圆形截面,$I_{\text{pequ}}$ 也就是截面的极惯性矩,则 $I_{\text{pequ}}=\dfrac{\pi(D_{\text{equ}}^4-d_{\text{equ}}^4)}{32}$,$D_{\text{equ}}=D_{\text{mid}}+t_{\text{equ}}$,$d_{\text{equ}}=D_{\text{mid}}-t_{\text{equ}}$,$D_{\text{mid}}$ 为铠装层的中线面直径。

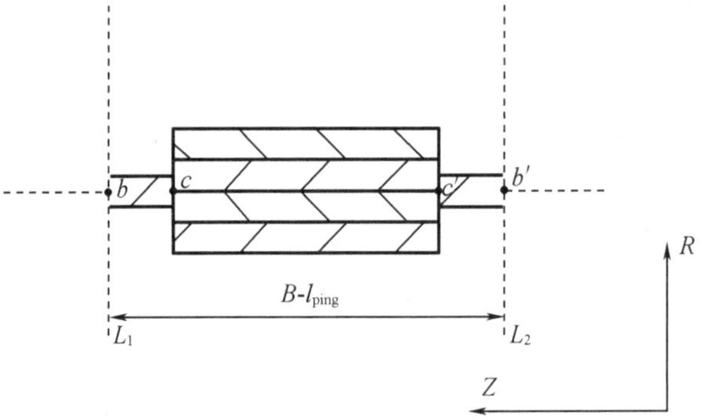


**图 9.13　求解等效剪切弹性模量 $G_Z$ 时的等效模型**

$\varphi_{\text{niu}}$ 为图 9.13 虚线 $L_1$、$L_2$ 之间的铠装层在扭矩 $M$ 下的扭转角度,它由两部分 $\varphi_1$、$\varphi_2$ 组成,分别为斜杆 $bc+b'c'$ 段和平杆 $cc'$ 段组成,因此:

$$\varphi_{\text{niu}}=\varphi_1+\varphi_2 \tag{9-58}$$

$$\varphi_1=\int_0^{\frac{t_{\text{carcass}}}{2\cdot\tan\theta}}\frac{M}{G_{\text{mat}}I_{pbc}}\mathrm{d}Z+\int_0^{\frac{t_{\text{carcass}}}{2\cdot\tan\theta}}\frac{M}{G_{\text{mat}}I_{pb'c'}}\mathrm{d}Z \tag{9-59}$$

$$\varphi_2=\int_0^{l_{\text{ping}}}\frac{M}{G_{\text{mat}}I_{pcc'}}\mathrm{d}Z \tag{9-60}$$

$$I_{pbc}=I_{pb'c'}=I_{\text{pstrip}}=\frac{\pi}{32}(D_{\text{strip}}^4-d_{\text{strip}}^4) \tag{9-61}$$

其中,$D_{\text{strip}}=D_{\text{mid}}+t_{\text{trip}}$,$d_{\text{strip}}=D_{\text{mid}}-t_{\text{trip}}$。由于 $cc'$ 段的厚度为 $bc+b'c'$ 段的 4 倍,且 $cc'$ 段本身的厚度相对于铠装层的直径很小,我们可以近似认为 $I_{pc'c'}=4\cdot I_{\text{pstrip}}$。

将式(9－58)至式(9－61)代入式(9－57)中,即可求得

$$G_Z=\frac{B-l_{\text{ping}}}{\dfrac{t_{\text{carcass}}}{\tan\theta}+\dfrac{l_{\text{ping}}}{4}}\cdot\frac{G_{\text{mat}}I_{\text{pstrip}}}{I_{\text{pequ}}} \tag{9-62}$$

3. 径向 $R$ 等效弹性常数的确定

对于径向的弹性模量 $E_R$，它在受压和受拉的情况下是不一样的，但所研究的情况中铠装层只存在受压的情况，因此，只需求出其在受压情况下的径向等效弹性模量 $E_R$。

对于径向受压的情况，在所研究的等效区域，可以看作 $de$ 和 $d'e'$ 两杆承受载荷，其他部分不提供支撑，因此，其径向等效弹性模量 $E_R$ 为

$$E_R = \frac{\sigma_{\text{equ}}}{\varepsilon_R} = \frac{\dfrac{F}{B - l_{\text{ping}}}}{\dfrac{F}{2 \cdot E_{\text{mat}} t_{\text{strip}}}} = \frac{2 \cdot E_{\text{mat}} t_{\text{strip}}}{B - l_{\text{ping}}} \tag{9-63}$$

对于在求解径向 $R$ 的等效剪切弹性模量时，采用剪应变等效的方法，即：

$$\gamma = \frac{\tau}{G_{\text{mat}}} = \frac{T}{A \cdot G_{\text{mat}}} = \frac{T}{2t_{\text{strip}} b \cdot G_{\text{mat}}} \tag{9-64}$$

$$\gamma' = \frac{\tau'}{G_R} = \frac{T}{A' \cdot G_R} = \frac{T}{(B - l_{\text{ping}}) b \cdot G_R} \tag{9-65}$$

因为 $\gamma = \gamma'$，联立方程(9－64)与(9－65)，得

$$G_R = \frac{2t_{\text{strip}} \cdot G_{\text{mat}}}{B - l_{\text{ping}}} \tag{9-66}$$

4. 等效泊松比的确定

对于 $\gamma_{ZT}$，其物理含义为：截面在切向 $T$ 受拉或受压时，轴向 $Z$ 的应变与切向 $T$ 的应变的比值。

等效前：

$$\varepsilon_Z = -\varepsilon_T \gamma_{ZT} = -\frac{F}{A_{\text{strip}} E_{\text{mat}}} \gamma_{\text{mat}} \tag{9-67}$$

等效后：

$$\varepsilon'_Z = -\varepsilon'_T \gamma'_{ZT} = -\frac{F}{(B - l_{\text{ping}}) \cdot t_{\text{equ}} \cdot E_T} \gamma'_{ZT} \tag{9-68}$$

$$\varepsilon_Z = \varepsilon'_Z \tag{9-69}$$

将式(9－67)、式(9－68)代入式(9－69)，即可求得

$$\gamma'_{ZT} = -\frac{(B - l_{\text{ping}}) \cdot t_{\text{equ}} \cdot E_T}{A_{\text{strip}} E_{\text{mat}}} \gamma_{\text{mat}} \tag{9-70}$$

同理，可分别求得 $\gamma'_{RT}$、$\gamma'_{ZR}$：

$$\gamma'_{RT} = -\frac{(B - l_{\text{ping}}) \cdot t_{\text{equ}} \cdot E_T}{A_{\text{strip}} E_{\text{mat}}} \gamma_{\text{mat}} \tag{9-71}$$

$$\gamma'_{ZR} = -\frac{(B - l_{\text{ping}}) \cdot E_R}{2t_{\text{strip}} E_{\text{mat}}} \gamma_{\text{mat}} \tag{9-72}$$

### 9.3.2 自锁压力铠装层的模拟

与铠装层一样，自锁压力铠装层(Interlocked Pressure Armor)也具有复杂的剖面形状(见图9.14)，如果通过直接模拟的方法也将较为困难。因此，也将通过等效的正交异性材料来模拟自锁压力铠装层。

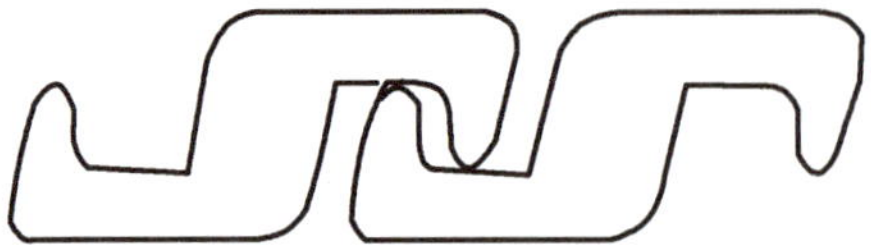

图 9.14 自锁压力铠装层的剖面示意图

也建立与铠装相同的柱坐标系,参见图 9.6,以下将分别讨论如何确定 9 个等效弹性常数参数。

1. 周向 $T$ 等效弹性常数的确定

对于周向 $T$ 弹性常数的确定,使用与铠装层相同的推导方法,即周向的拉伸刚度、弯曲刚度、扭转刚度等效,同理得出:

$$t_{equ} = \sqrt{\frac{12I_{bend}}{A_{strip}}} \tag{9-73}$$

$$E_T = \frac{E_{mat} \cdot A_{strip}}{t_{equ} \cdot B} \tag{9-74}$$

$$G_T = \frac{E_T \cdot G_{mat} \cdot I_{tor}}{4 \cdot E_{mat} \cdot I_{bend}} \tag{9-75}$$

2. 轴向 $Z$ 等效弹性常数的确定

对于自锁压力铠装层在轴向的整体刚度是很小的,各个腱之间的相互作用很小,因此它对柔性管的轴向强度贡献很小,在局部分析中就未考虑此层的作用。因此,假定自锁压力铠装层在轴向 $Z$ 的弹性模量 $E_Z$ 及剪切弹性模量 $G_Z$ 与防摩擦层的相同。

3. 径向 $R$ 等效弹性常数的确定

自锁压力铠装层径向弹性常数的确定与铠装层的方法相同,即可以看成是单杆压缩,如图 9.12 所示,则径向的等效弹性模量 $E_R$ 与等效剪切模量 $G_R$ 分别为

$$E_R = \frac{\sigma_{equ}}{\varepsilon_R} = \frac{\dfrac{F}{B}}{\dfrac{F}{E_{mat} \cdot t_{strip}}} = \frac{E_{mat} \cdot t_{strip}}{B} \tag{9-76}$$

$$G_R = \frac{t_{strip} \cdot G_{mat}}{B} \tag{9-77}$$

4. 等效泊松比的确定

自锁压力铠装层泊松比的确定原理与铠装层的方法相同,因此,同理计算可得自锁压力铠装层 3 个泊松比为:

$$\gamma'_{ZT} = \gamma'_{RT} = \gamma'_{ZR} = 0.3 \tag{9-78}$$

## 9.4 非黏结柔性管的有限元模拟

对于柔性管的有限元模拟,主要分为两种方式:传统的简化模拟方式(Classical Approach)与多层的详细模拟方式(Multi - layer Approach)。

传统的简化模拟方式使用的是一个等效梁模型,将所有各层对结构的贡献都叠加起

来,然后等效为一个具有简单截面的梁模型。这种方法具有较高的计算效率,但主要用于管道的总体响应分析中。但是,由于非黏结柔性管各层间复杂接触的问题,传统的简化模拟方式无法捕捉到实际详细的局部非线性响应,这时就需要用到多层的详细模拟方式。

多层的详细模拟方式可以模拟出各层结构之间的摩擦作用,当各层之间的切向力小于静摩擦力时,各层之间则无相对运动,此时管道的整体响应为线性的,而当切向力大于最大静摩擦力时,层与层之间就会出现相对滑移,此时管道的整体响应将会转变为非线性的状态。在多层的详细模拟方式中,尽管每一层都考虑了拉伸、剪切和弯曲载荷的作用,也考虑了层间的相互作用,但是其缺点是建模过程复杂和计算效率低。

高性能计算机的普及,使得大规模的有限元分析成为了可能,使用有限元方法解决复杂工程难题在工程界得到了越来越多的运用,就目前看来使用有限元方法分析柔性管的局部性能具有较高的研究价值。对于非黏结柔性管这种层合结构,由于各层的材料、结构以及对整管强度贡献程度的不同,将分别对各层的有限元建模进行详细叙述。由于模型在计算过程中,需要根据结果的情况进行多次改动(比如网格的质量、模型的尺寸)。

下面以商业软件为例,详细介绍有限元模拟过程。为了提高工作效率,可使用通用有限元软件 ANSYS 的 APDL 语言进行建模,再通过 Hypermesh 软件导入 ABAQUS 中进行计算,以提高工作的效率。

### 9.4.1 有限元模型

根据柔性管局部结构特点,建立总体坐标系——柱坐标系,该坐标沿着管道的轴向为 $Z$ 轴,沿着管道的径向为 $R$ 轴,沿着管道的周向为 $T$ 轴。

1. 铠装层

铠装层是由 S 形截面的钢带螺旋缠绕而成(剖面图参见图 9.9),是一种自锁结构,缠绕角接近 90°,层间存在间隙,因而可以保证结构有足够的柔度。这一层主要承受外压,防止结构的压溃。由于柔性管本身结构的复杂性,若将铠装层直接在有限元模型中建立出来,模型将会更加复杂,使得计算难以进行。所以,建模过程中通常将铠装层等效成正交异性材料的实体单元(C3D8R)。

2. 拉伸铠装层

对于螺旋缠绕的拉伸铠装层,直接使用各向同性的实体单元(C3D8R)来模拟,建模时为了保证螺旋线的准确度,可使用绘图软件(如 Unigraphics NX)绘出螺旋线,再导入 ABAQUS,铠装层有限元模型参见图 9.15。

3. 内压护套、外部护套以及防摩擦层

在非黏结柔性管中,内压护套、外部护套以及防摩擦层对于柔性管的强度贡献很小,只是起着密闭、防摩擦的作用。因此,尽管其在不同方向上的弹性常数存在着一定的差异,仍使用各向同性材料对其进行模拟。在有限元模型中,对于较厚的内压护套、外部护套,使用各向同性实体单元模拟;对于较薄的防摩擦层,使用壳单元(S4R)来模拟防摩擦层。

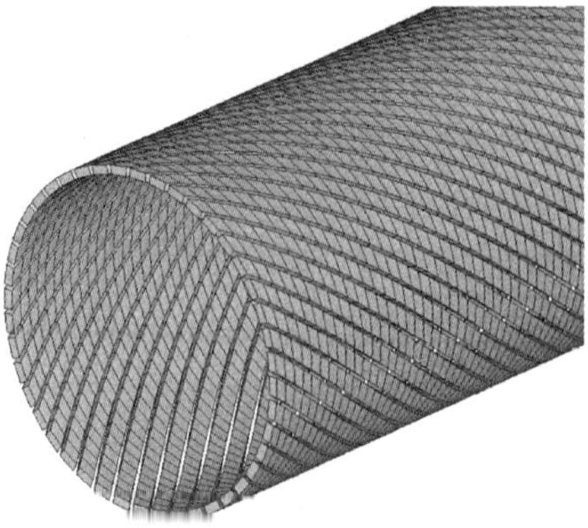

图 9.15　拉伸铠装层的有限元模型

### 9.4.2　分析设置

1. 接触设置

在分析中，对于接触切向行为，可选用库伦摩擦模型，设置摩擦系数（假定为 0.1）；对于接触法向行为（即接触压力和间隙的关系），可选用“硬接触”。

2. 单元的选择与沙漏

实体单元 C3D8R 和壳单元 S4R 都为线性减缩积分单元。虽然减缩积分单元存在沙漏能的问题，但它在网格扭曲变形时分析精度不会受到大的影响，且在弯曲载荷下不容易发生剪切自锁，因此选用减缩积分单元。

对于沙漏能的控制，选用 Enhance 控制方法，并且通过在结果中输出能量曲线来监测沙漏能，保证其数值在分析中不超过模型总内能的 10%。

3. 端面载荷与边界

端面载荷与边界可以通过在管道一端的圆心处创建一个几何参考点，然后将这个参考点与管道端部的节点耦合起来，如图 9.16 所示，耦合类型选用 Kinematic，载荷和边界约束直接施加在这个几何参考点上。载荷幅值曲线可使用 Smooth Step 设置。图 9.17 所示为管道一端设为刚性固定边界模型图。

图 9.16　加载点耦合示意图

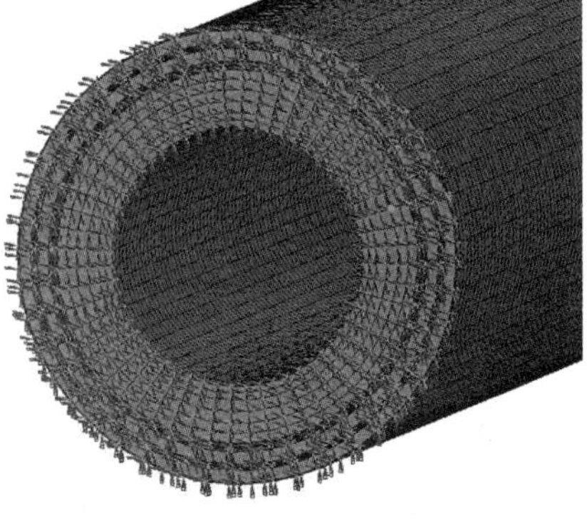

图 9.17　固定边界条件

4. 加载时间

对于载荷的加载时间，即载荷的加载时间至少为模型最小自然周期的10倍，然而，由于分析模型是一个装配体，各层之间存在接触，若采用接触模态分析的方法求出其最小自然周期，对于目前的主流有限元软件都存在一定的困难。因此，采用的简化方法是：建立一个实心圆管，具有与所分析的柔性管相同的内外径、相同的长度，密度、弹性模量分别采用所给出的平均值与试验值，再求出这个等效模型的10倍最小自然周期，然后在分析中使用这个加载时间，通过几次试算，再监测、观察动能与内能比值的基础上确定最终所需的加载时间。

### 9.4.3　算例分析

算例中柔性管的内直径为63.2 mm，外直径为111.5 mm，管道整体的密度为30.43 kg/m$^3$。具体的各层几何、材料参数自内而外如下：

(1)第一层：不锈钢自锁Carcass层。材料：AISI304(奥氏体不锈钢)，内直径 $D_{in}$ = 63.2 mm，厚度 $t_{carcass}$ = 3.5 mm。缠绕角：87.5°。截面尺寸：宽28 mm，厚 $t_{strip}$ = 0.7 mm。截面面积 $A_{strip}$ = 19.6 mm$^2$，扭转惯性矩 $I_{tor}$ = 20 mm$^4$，径向惯性矩 $I_{rr}$ = 556 mm$^4$，切向惯性矩 $I_{bend}$ = 6.5 mm$^4$。

(2)第二层：内压护套层。材料：尼龙 - 12(nylon 12)，内直径 = 70.2 mm，厚度 = 4.9 mm。

(3)第三层：Zeta型压力铠装层。材料：碳素钢(FI15)，内直径 $D_{in}$ = 80.1 mm，厚度 $t_{zeta}$ = 6.2 mm。截面尺寸：宽9.25 mm，厚 $t_{strip}$ = 6.2 mm，缠绕角 = 85.5°(LH)。截面面积 $A_{strip}$ = 51.5 mm$^2$，扭转惯性矩 $I_{tor}$ = 100 mm$^4$，径向惯性矩 $I_{rr}$ = 771 mm$^4$，切向惯性矩 $I_{bend}$ = 204.6 mm$^4$。

(4)第四层：防摩擦层。材料：尼龙 - 11(nylon 11)，内直径 = 92.5 mm，厚度 = 1.5 mm。截面尺寸：宽30 mm，厚1.5 mm，缠绕角 = 84.2°(LH)。

(5)第五层：拉伸铠装层。材料：碳素钢(FI41)，内直径 = 95.5 mm，厚度 = 3.0 mm。截面尺寸：宽6 mm，厚3 mm，缠绕角 = 35°顺时针(LH)。支数 = 40。

(6)第六层：防摩擦层。材料：尼龙 - 11(nylon 11)，内直径 = 101.5 mm，厚度 = 1.5 mm。截面尺寸：宽30 mm，厚31.5 mm，缠绕角 = 84.7°(LH)。

(7)第七层：拉伸铠装层。材料：碳素钢(FI41)，内直径 = 104.5 mm，厚度 = 3.0 mm。截面尺寸：宽6 mm，厚3 mm，缠绕角 = 35°逆时针(RH)。支数 = 44。

(8)第八层：外部护套，材料：尼龙 - 12(nylon 12)，内直径 = 110.5 mm，厚度 = 0.5 mm，截面尺寸：宽75 mm，厚0.06 mm，缠绕角 = 84°(LH)。

各个材料的密度、弹性模量以及泊松比如表9.2所示。

**表9.2　相关的材料参数**

| 材料 | 密度(×10$^3$ kg/m$^3$) | 弹性模量/MPa | 泊松比 |
|---|---|---|---|
| 奥氏体不锈钢(AISI304) | 8.64 | 1.9×10$^5$ | 0.3 |
| 尼龙 - 12(nylon 12) | 1.03 | 2.84×10$^2$ | 0.3 |

表 9.2(续)

| 材料 | 密度($\times10^3$ kg/m$^3$) | 弹性模量/MPa | 泊松比 |
|---|---|---|---|
| 尼龙-11(nylon 11) | 1.03 | $3.01\times10^2$ | 0.3 |
| 碳素钢 FI15 与 FI14 | 7.86 | $2.07\times10^5$ | 0.3 |

选取四个工况进行有限元计算,如表 9.3 所示。

表 9.3 计算工况

| | |
|---|---|
| 拉伸工况 | 轴向拉伸,拉力:500 kN。<br>边界条件:端部刚性固定并限制管道的扭转 |
| 扭转工况一 | 绕轴心扭转,扭矩:4 000 N·m。方向:顺时针方向。<br>边界条件:限制管道的轴向伸缩 |
| 扭转工况二 | 绕轴心扭转,扭矩:4 000 N·m。方向:逆时针方向。<br>边界条件:限制管道的轴向伸缩 |
| 弯曲工况 | 端部弯矩:2 000 N·m。边界条件:端部刚性固定 |

1. 轴向拉伸

通过有限元计算,得出了柔性管在受到大小为 500 kN 的轴向拉力、端部限制扭转情况下的位移响应。根据输出的参考点的时间-位移曲线,加以处理可以得出相应的载荷-应变图,如图 9.18 所示。

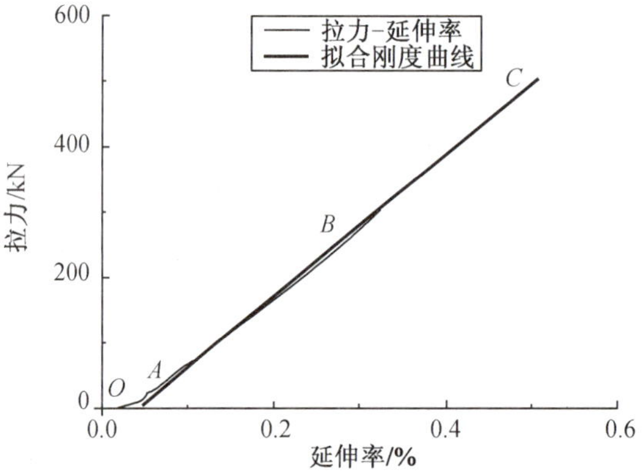


图 9.18 拉伸工况下,柔性管有限元求解的拉力-延伸率曲线

由图中可以看出,在拉伸工况下,非黏结柔性管所受拉力与轴向拉伸变形之间存在明显的非线性特征。在 *OA* 段,由于初始时刻模型层间存在间隙,刚开始受拉时,各层之间的接触还不紧密,所以受到很小的拉力便产生了较大的变形,此时的拉伸刚度较小,并随着间隙的消失,拉伸刚度逐渐变大。在 *AB* 段,层与层之间接触并产生摩擦,从不出现滑移到开始出现部分滑移,并最终过渡到完全滑移阶段,管道结构的拉伸刚度也由趋于稳定到略微减小过渡到略微增大,并在完全滑移段达成稳定。到 *BC* 段,随着拉伸载荷的加大,非黏结

柔性管道的变形更加明显,由于拉伸产生的颈缩效应带来的影响也越来越显著,压力的变化同时也带来摩擦力的变化,导致结构轴向拉伸刚度进一步加大并继续变化。

应用线性曲线拟合非黏结柔性管的拉伸刚度,忽略初始结构间隙阶段的拉伸情况,在完全接触阶段结构的拉伸刚度拟合值为 108 MN,整体拉伸刚度值为 99 MN。

图 9.19、图 9.20 为管道的等效应力分布图,从中可以看出,在拉伸工况时承担载荷的主要构件为两层拉伸铠装层以及铠装层,其他各层的强度贡献较小。为了监测准静态模拟结果的可靠性,输出了整个模型的能量时历曲线。从图 9.21 中,可以看出在整个加载过程中,动能相对于内能一直几乎为零,所以可视为准静态模拟,并且虚应变能(即沙漏能)较小,其与内能的比值未超过 10%。

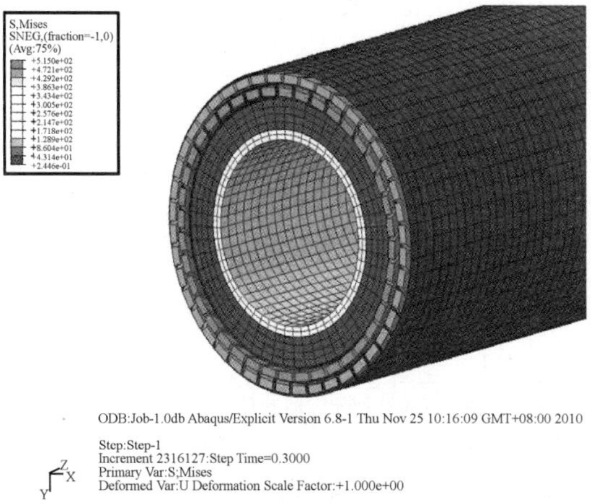


**图 9.19　整体有限元模型的等效应力分布图**

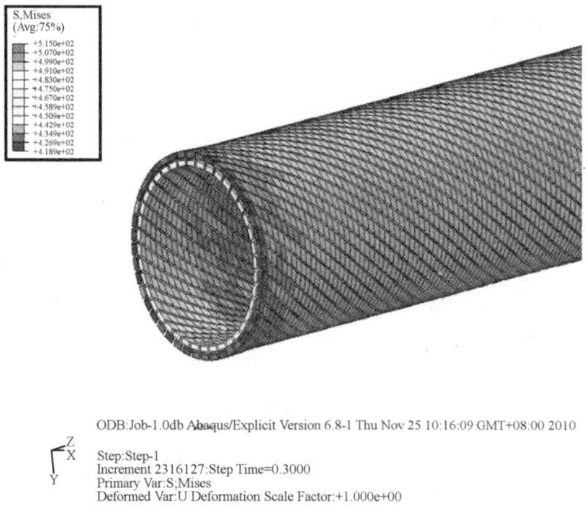


**图 9.20　拉伸铠装层的等效应力分布图**

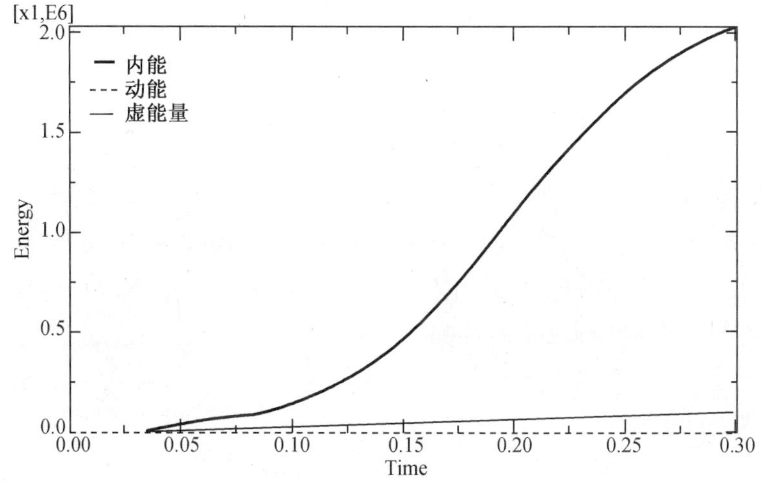


**图 9.21　模型整体的内能、动能、虚应变能时间历程曲线**

2. 扭转工况一

通过有限元计算,得出了柔性管在端部受到顺时针方向、大小为 4 000 N · m 的轴向扭矩,并且限制管道轴向伸缩情况下的位移响应。通过软件输出的几何参考点的时间 – 位移曲线，处理之后可以得出相应的载荷－角应变曲线，如图 9.22 所示。在扭矩比较小的情况下，由于结构间存在初始缝隙，初始的接触不够，很小的扭矩会引起较大的转角，表现为图中 *OA* 段的线性阶段。开始接触后，层与层之间的接触导致的摩擦力形式为静摩擦力，并随着扭矩的增大逐渐过渡到部分滑移阶段，在扭矩扭转角度曲线上，即表现为 *OA* 段的非线性扭转刚度上升和 *AB* 段缓慢的扭转刚度非线性的增加，并随着最终过渡到 *BC* 段的完全的滑移阶段。

忽略结构初始缝隙对扭转载荷刚度的影响，逆时针扭转载荷下，在结构完全接触时的线性拟合刚度值为 151 kN · $m^2$/rad，而整体的逆时针扭转刚度为 147 kN · $m^2$/rad。

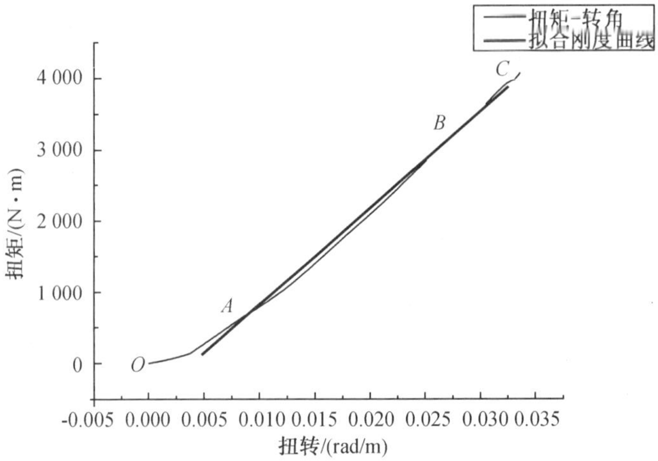


**图 9.22　顺时针扭转工况下，柔性管有限元求解的扭矩－转动弧度曲线**

通过图 9.23 与图 9.24，可以看出在顺时针扭转工况下，承担扭矩的主要构件为铠装层，其次为拉伸铠装层。观察图 9.25，模型整体的动能、虚应变能(沙漏能)在加载过程中与内能相比一直很小，从而保证了准静态模拟的可信度。

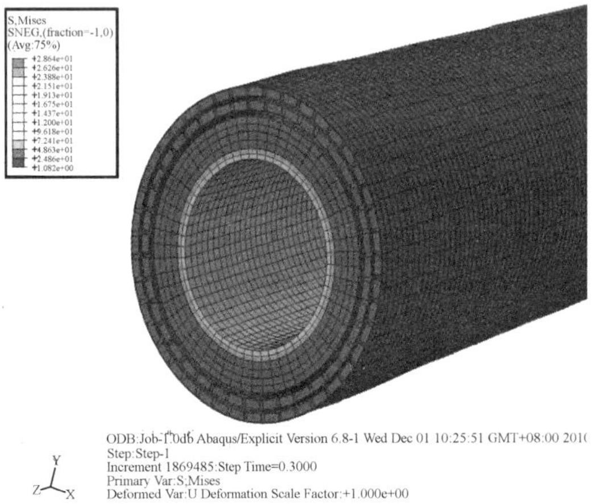


**图 9.23　整体模型的等效应力分布图**

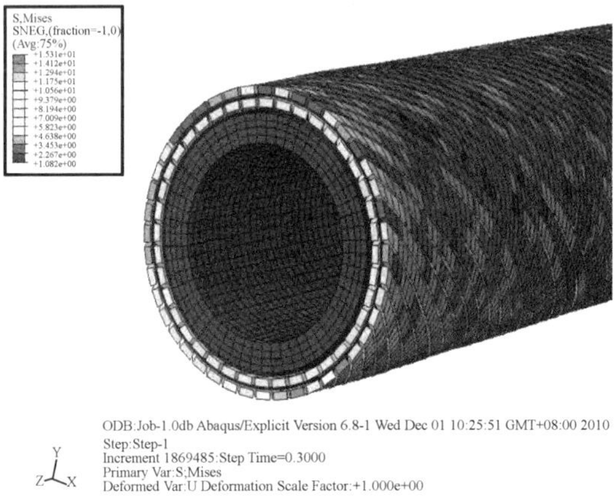


**图 9.24　拉伸铠装层与聚合物层的等效应力分布图**

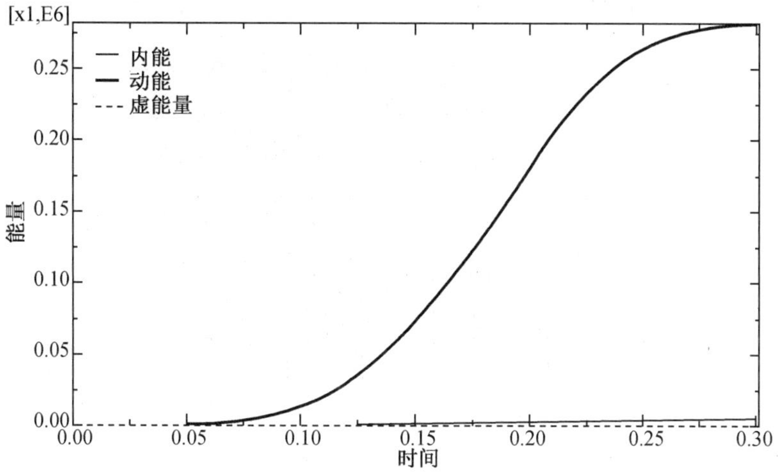


**图 9.25 模型整体的内能、动能、虚应变能时间历程曲线**

3. 扭转工况二

通过有限元计算，得出了柔性管在端部受到逆时针方向、大小为 4 000 N · m 的轴向扭矩，并且限制管道轴向伸缩情况下的位移响应。载荷 - 角应变曲线如图 9.26 所示。

忽略结构初始缝隙对扭转载荷刚度的影响，逆时针扭转载荷下，其扭转刚度为 184.92 kN · $m^2$/rad。

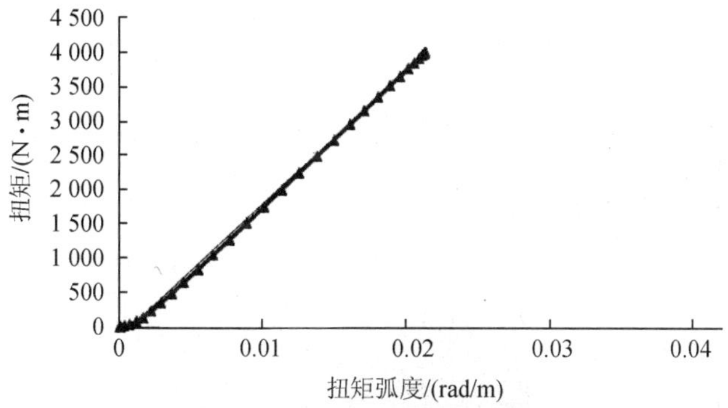


**图 9.26 逆时针扭转工况下，柔性管有限元求解的扭矩 - 转动弧度曲线**

通过图 9.27 至图 9.29 的比较可以发现，在逆时针轴向扭转工况下，承担扭矩的主要构件为拉伸铠装层，其次为铠装层，这与顺时针扭转工况有些许不同，而且此时第二层拉伸铠装层处于张紧的状态。并且在此工况中，模型的虚应变能(沙漏能)、动能也都得到了很好的控制，如图 9.30 所示。

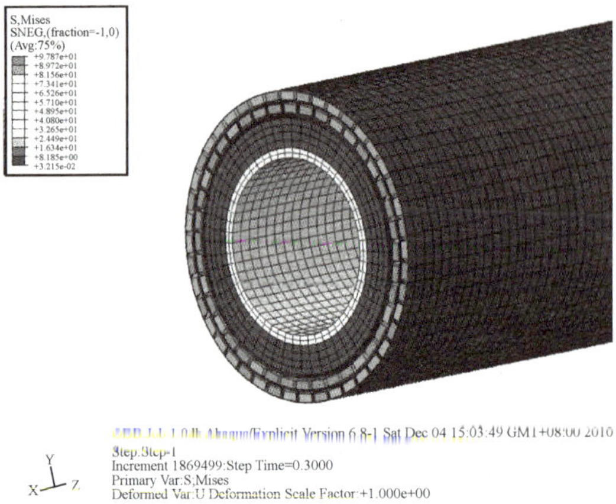


图 9.27　整体模型的等效应力分布图

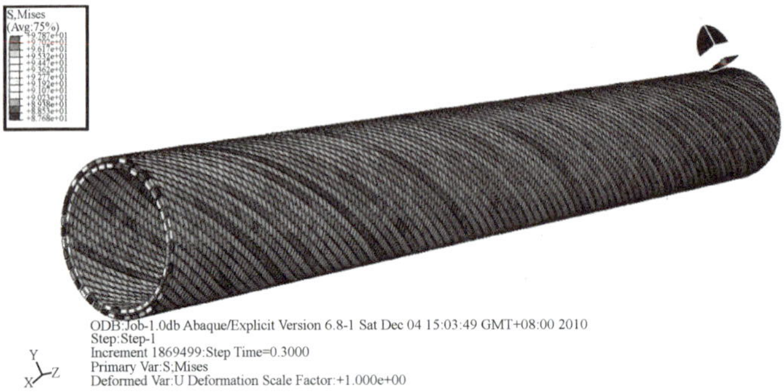


图 9.28　拉伸铠装层与聚合物层的等效应力分布图

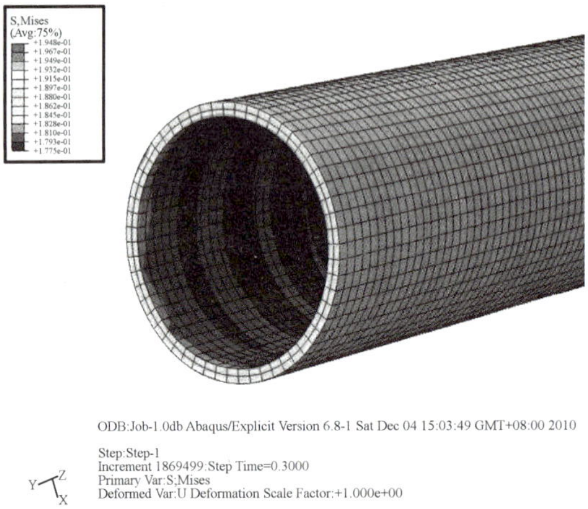


图 9.29　铠装层的等效应力分布图

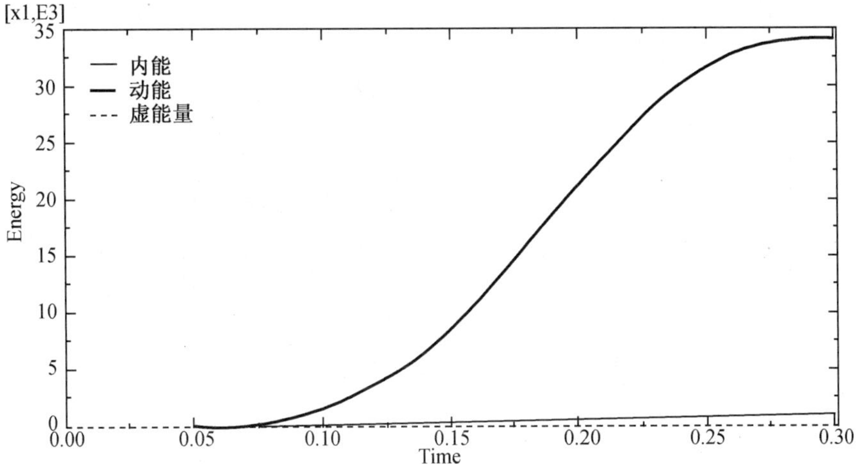


**图 9.30 模型整体的内能、动能、虚应变能时间历程曲线**

4. 纯弯曲

通过有限元计算,得出了柔性管在一端刚性固定,另一端受到大小为 2 000 N · m 弯矩情况下的位移响应。根据有限元软件输出的各个时刻的节点位移数据,加以处理便可以得到有限元法求解的弯矩 - 曲率曲线,如图 9.31 所示。

由于非黏结柔性管道层与层之间的摩擦和滑移,导致结构的弯矩 - 曲率曲线如图 9.32 所示呈现明显的非线性特征。*OA* 阶段,由于层与层之间的静摩擦力的存在,阻碍结构的变形,使得这一阶段的弯曲刚度较大。*AB* 阶段,层与层之间开始出现滑动摩擦,结构的弯曲刚度开始减小并由部分滑移逐步过渡到全滑移阶段。*BC* 阶段,由于结构的大变形,且管道出现径向收缩,层与层之间的接触压力变大,从而导致结构的弯矩刚度开始变大。采用线性拟合的方式计算非黏结柔性管的弯曲刚度,整体拟合刚度为 1 524 N · $m^2$,线性拟合段的拟合弯曲刚度为 1 365 N · $m^2$。

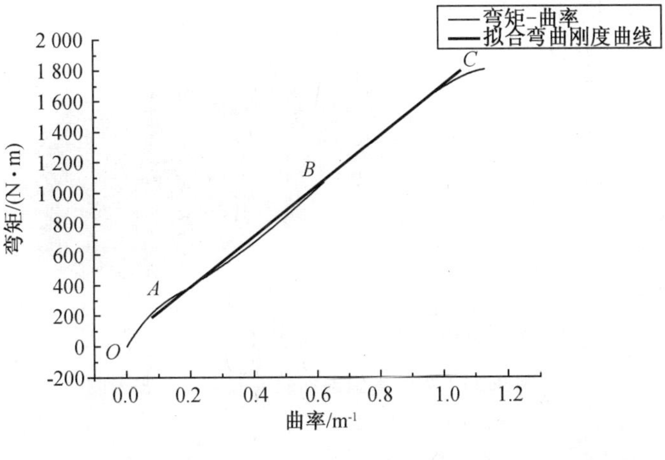


**图 9.31 弯曲工况下,柔性管试验与有限元求解的弯矩 - 曲率曲线**

通过图 9.32 至图 9.34,可以看出在弯曲工况下,承担载荷的主要构件为铠装层和拉伸铠装层,其中拉伸铠装层的应力分布呈周期性变化。并且如图 9.35 所示,在此工况中,模型的虚应变能(沙漏能)、动能也都得到了很好的控制。

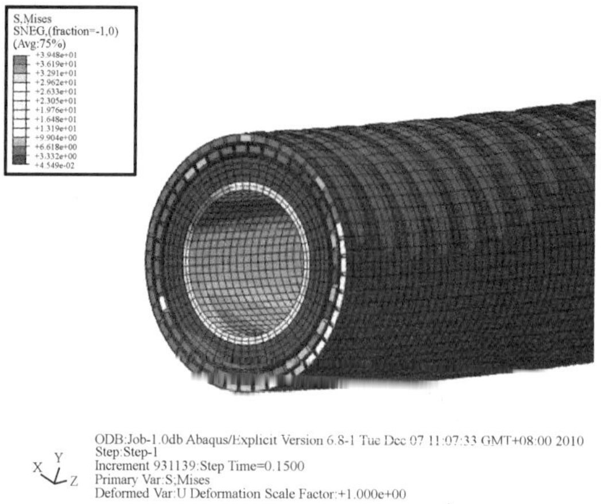


图 9.32　整体模型的等效应力分布图

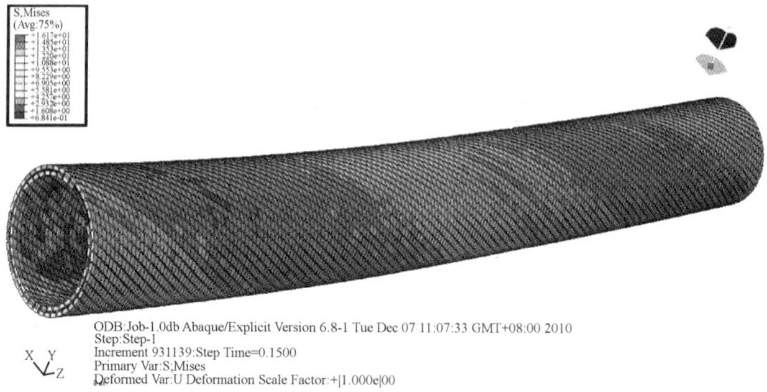


图 9.33　拉伸铠装层与聚合物层的等效应力分布图

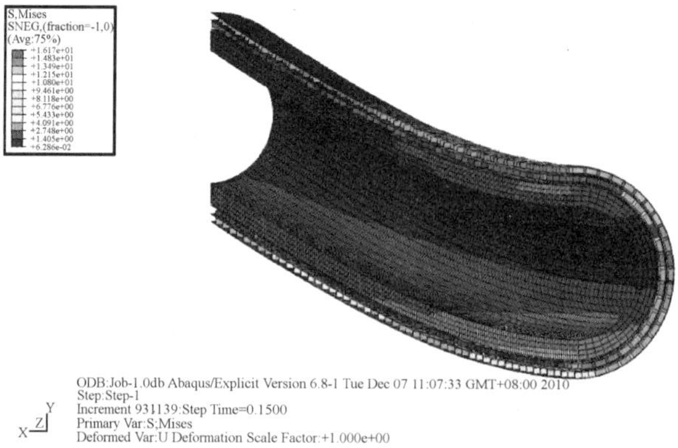


图 9.34　柔性管纵剖面的等效应力分布云图

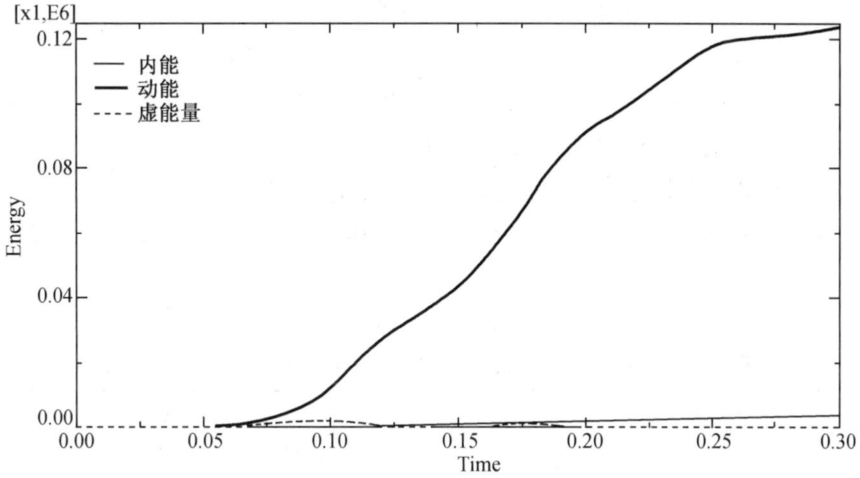


**图 9.35　模型整体的内能、动能、虚应变能时间历程曲线**

5. 计算总结

对有限元计算结果的处理总结：

(1)在轴向拉伸工况下，柔性管中主要承担载荷的部件为螺旋缠绕的拉伸铠装层，其次为铠装层，而其他结构对于轴向张力承受得较少。并且通过对有限元结果的观察发现，有限元结果在载荷加载初期表现出来的轴向拉伸刚度较试验值小得多，经分析发现，这是由于模型存在初始间隙以及拉伸铠装层在载荷作用下从松弛状态逐渐达到张紧、从发生滑移到无相对移动的过程所造成的。

(2)在轴向扭转工况下，对于顺时针扭矩和逆时针扭矩，柔性管所呈现出的扭转刚度是不一样的，这也与试验值所吻合。有限元结果表明，在顺时针扭转工况下，内侧拉伸铠装层将逐渐张紧，而外侧拉伸铠装层则逐渐松弛，并发生了局部屈曲现象，此时结构中承担载荷的主要构件为铠装层；在逆时针扭转工况下，外侧拉伸铠装层逐步张紧，而内侧拉伸铠装层则未发生松弛现象，此时结构中承担载荷的主要构件为两层拉伸铠装层。

(3)在弯曲工况下，结构中承担载荷的主要构件为铠装层与拉伸铠装层，拉伸铠装层的应力沿周向成周期性变化。

由于众多不确定的因素(比如，管道材料几何参数还存在一定的不完整性、弹性常数的等效方法还存在一定的误差、有限元计算的精确度难以把握等)都将很大地影响有限元结果的准确性，因此，对于柔性管局部力学性能分析，还需要更多更细致的研究。

## 9.5　柔性管缆安装

由于柔性管内部结构的特点，要求施工方在准备安装工作时需考虑以下问题：(1)柔性管内部为中空，需要严格控制张紧器作用于柔性管的夹持力，防止将其压溃；(2)柔性管分为多层，张紧器夹持柔性管只将摩擦力作用于表层，需要防止表层与内部各层出现滑动；(3)应避免外包覆层损伤，海水进入柔性管内部后会造成铠装层或其他层腐蚀，严重影响柔性管寿命。

国际上的大型海洋工程公司 SUBSEA7、TECHNIP、SAIPEM，这些公司在柔性管缆方面的先进之处主要体现在以下方面：

(1)拥有大量的柔性管缆施工专业船舶和设备。以 SUBSEA7 公司为例，其 16 条具备柔性管缆施工能力的动力定位船舶，如表 9.4 所示。

(2)掌握深水和超深水柔性管缆安装的垂直铺设技术，并拥有专业垂直铺设设备。

(3)已有丰富的深水施工经验和业绩，TECHNIP 公司最近的深水项目业绩如表 9.5 所示。

表 9.4 SUBSEA 7 公司进行柔性管安装的主要船舶能力统计

| 序号 | 船名 | 型长 /m | 型宽 /m | DP 等级 | 甲板面积 /$m^2$ | 垂直铺设系统 | 旋转式储缆舱 | 月池 /m |
|---|---|---|---|---|---|---|---|---|
| 1 | Kommandor3000 | 118 | 21 | DP-2 | 170 | \ | 1 * (14.78m) | \ |
| 2 | Normand Seven | 130 | 28 | DP-3 | 2 000 | \ | OD19 m | \ |
| 3 | Seven Condor | 145 | 22 | DP-2 | 1 100 | \ | OD16 m | \ |
| 4 | Simar Esperanca | 103 | 19 | DP-2 | 1 150 | \ | \ | \ |
| 5 | Subsea Viking | 103 | 22 | DP-3 | 1 100 | \ | OD15.5 m | 6 * 6.6 |
| 6 | Normand Oceanic | 156 | 27 | DP-3 | 2 100 | \ | \ | 7.2 * 7.2 |
| 7 | Seven Arctic | 162 | 32 | DP-3 | 2 600 | 325 t | \ | 7.7 * 7.2 |
| 8 | Seven Eagle | 138 | 19 | DP-2 | 1 773 | 90 t | 1 * 1 200 t | \ |
| 9 | Seven Mar | 144 | 27 | DP-2 | 1 660 | 340 t | 2 * 1 600 t | \ |
| 10 | Seven Pacific | 133 | 24 | DP-2 | 1 700 | 260 t | 2 * 1250t | 7.5 * 7.05 |
| 11 | Seven Phoenix | 129 | 27.8 | DP-2 | 1 200 | 340 t | 1 * 1 000 t<br>1 * 1 400 t | \ |
| 12 | Seven Seas | 153 | 28.4 | DP-2 | 1 750 | 260 t | 2 * 1250t | 有 |
| 13 | Seven Waves | 145 | 29.9 | DP-2 | 1 200 | 550 t | 1 * 2 500 t<br>1 * 1 500 t | 有 |
| 14 | Skandi Acergy | 157 | 27 | DP-3 | 2 100 | 125 t | OD23.6 m,3000 t | 7.2 * 7.2 |
| 15 | Skandi Neptune | 104 | 24 | DP-2 | 1 180 | 100 t | 有 | 7.2 * 7.2 |
| 16 | Skandi Seven | 120 | 23 | DP-3 | 1 300 | 110 t | 18 m | 7.2 * 7.2 |

表 9.5 TECHNIP 公司深水油气田柔性管安装项目

| 序号 | 项目名称 | 地点 | 业主 | 水深/m | 柔性管 | 脐带缆 |
|---|---|---|---|---|---|---|
| 1 | Cascade &Chinook | 墨西哥湾 | Petrobras | 2 700 ~ 2 900 | 是 | |
| 2 | Pazflor | 安哥拉 | TOTAL | 1 200 | | 是 |
| 3 | Dalia | 安哥拉 | TOTAL | 1 250 ~ 1 500 | 是 | 是 |
| 4 | Azurite | 刚果 | Murphy 西非公司 | 1 550 | 是 | 是 |

表9.5(续)

| 序号 | 项目名称 | 地点 | 业主 | 水深/m | 柔性管 | 脐带缆 |
|---|---|---|---|---|---|---|
| 5 | Greater Plutonio | 安哥拉 | BP | 1 400 | 是 | 是 |
| 6 | Roncador/P-52/PDET | 巴西 | Petrobras | 1 200 | 是 | |
| 7 | Roncador/P-54 | 巴西 | Petrobras | 1 500 | 是 | |
| 8 | Alvheim | 挪威 | Marathon | 1 700 | 是 | 是 |

国内完成过柔性软管安装的公司有海工安装公司、海工深圳公司、上海打捞局、海王星等,这些公司安装的软管作业水深都在100~150 m。上海打捞局曾完成番禺4-2/5-1油田柔性软管安装,采用的方式为底辊式滚筒驱动装置与吊机配合的方式完成,海工安装公司曾使用的安装方式也与此类似。这种方式设备简单,费用相对较低,但这样也增加了施工风险。首先是底辊式驱动装置对滚筒的固定作用小,这就对海况和船舶性能提出了更高的要求。另外,软管下放过程中的张力主要由甲板摩擦力和滚筒承受,而底辊式驱动装置难以提供足够的张力以拖拉住软管,只能使用吊机慢慢下放软管。这是一种非常规的、未配备专业设备的施工方法,在以后施工中应尽量避免。

海王星公司完成的软管安装是在2014年的文昌油田,其采用了驳船+旋转式储缆舱+张紧器+入水桥的施工方式,完成了长约20 km的10 in软管安装。该施工方法相对比较专业,但由于其采用驳船作为施工船舶导致工期延长、风险加大,采用的设备为国产并初次使用,设备可靠性差,并且软管完成铺设后即发现软管受损,经过一次维修后才投入使用。

海工深圳公司最近几年完成的惠州油田复产项目、番禺4-2/5-1调整项目、南海开拓移位及临时复产项目、恩平油田群开发项目涉及多条软管的安装,主要的作业方式为动力定位船+中轴式滚筒驱动装置+张紧器+入水桥的水平式铺设技术,这是国际上比较成熟的较深水软管安装方法,安装工作均一次性成功,效率较高。

### 9.5.1 施工前期准备工作

施工前准备工作主要包括对柔性管技术文件的研究、施工船舶和设备的选型、甲板布置设计、安装路由设计、预调查等工作内容。

1. 柔性管技术文件

在柔性管完成建造之前,生产厂家会提供很多技术文件,通常会专门提供一份为安装分包商编制的指导文件。基本设计和详细设计也会提供一些设计文件。进行安装施工设计需要获取柔性管的以下信息:

(1)外径及内部组成;

(2)单位长度重力,包括空气中、水中的单位长度重力;

(3)柔性管整体组成及附件;

(4)最小弯曲半径,一般分为最小存储弯曲半径、最小操作弯曲半径;

(5)可承受轴向拉力;

(6)可承受侧压力;

(7)可承受轴向挤压力;

(8)拖拉头安全载荷；

(9)到货形式；

(10)可承受扭转；

(11)柔性管刚度；

(12)外表皮和内层之间的摩擦系数；

(13)安装后稳定性；

(14)安装海域水深，风、浪、流；

(15)路由及安装精度要求；

(16)有无埋设要求等。

以上信息包括了柔性管安装设计所需要的绝大部分信息，是进行安装设计和计算的重要基础。根据3个依托项目中获得的实际经验，基础数据的错误会为海上施工带来严重后果，所以一定要保证这些数据的准确性。

2. 船舶和设备的选型

进行较深水柔性管的安装工作，动力定位船相对于抛锚定位船舶有明显优势，有利于提高工作效率和降低安装风险。另外，需要对船舶可居住人数、甲板面积、吊机能力、续航能力等方面的参数进行校核，确保其满足海上施工需要。

柔性管缆的到货形式一般有两种。长度较短的管缆一般使用滚筒运输，需要专用设备将滚筒旋转以放出管缆，比较可靠和常用的设备为中轴式滚筒驱动装置；长度过长、重力过大的柔性管缆需要使用大型旋转式储缆盘运输和海上安装。

进行柔性管缆铺设，需要控制其下放速度并测量铺设长度，常用的专业设备为张紧器。张紧器规格应根据水深及柔性管缆参数选取。

进行较深水柔性管缆安装还需要使用入水桥、导向装置、绞车、吊机等装备。

3. 甲板布置设计

在完成施工船舶和设备的选型后，需要将这些设备在施工作业船上合理地布置，即进行甲板布置设计。进行甲板布置设计的出发点是如何使管缆安装作业操作起来更加方便。从实际工程项目得出经验如下：

(1)由于柔性管缆项目经常存在有多条管缆要安装的情况，甲板上应尽可能多地布置滚筒，以减少需要从现场往返陆地的次数。这对施工船舶甲板空间提出了更高要求，也要求滚筒和滚筒驱动装置的滑道需沿船首至船尾的方向。

(2)甲板布置方案一般包括两种：第一种是甲板上柔性管缆为一条直线；第二种方法为柔性管缆经导向弧板转向后从船侧下水。

(3)第一种方案的优点是柔性管缆成一条直线，便于海上施工操作。

(4)第一种方案缺点为，很多施工船舶的吊机无法从船尾伸出足够长度。这意味着柔性管缆的起始端和末端的下水无法获得吊机协助，会给海上工作带来很大不便。

(5)第二种方案的优点是柔性管缆下水位置位于吊机附近，吊机可以提供所需支持；缺点是从张紧器到入水桥之间柔性管缆经过了一个导向装置，操作过程中有一些不便。

4. 柔性管缆安装路由的设计

根据从实际项目中获得的经验，基本设计、详细设计中的柔性管缆路由通常无法直接用于施工。有的项目中没有详细设计,只有基本设计。基本设计中柔性管缆的路由仅是一条直线,不能拿来施工。

详细设计的图纸中一般会有建议的路由,但一般会标明安装分包商可以根据需要调整。根据实际项目经验,可以进行的优化主要有:

(1)路由弯段的数量　安装过程中,弯段相较于直线段更难铺设,应尽可能减少弯段数量;

(2)弯段半径　弯段半径过小将给管缆铺设带来困难;

(3)管缆余量的处理　详设阶段未考虑管缆余量的处理,也未对管缆实际长度和路由实际距离进行校核;

(4)经过初步的预调查后,可能需要调整路由以绕开存在的障碍物。

安装分包商应尽可能在这些设计的基础上,根据施工的便利重新进行路由设计,主要是完成以下工作:

(1)获得油田生产设施的实际位置坐标,替换原设计文件中的设计坐标;

(2)为提高施工效率,调整弯段数量和半径;

(3)对管缆长度和路由长度进行认真校核,根据管缆余量设计弯段将其消耗掉;

(4)通过旁扫声呐、多波束、ROV 调查获得柔性管缆路由所在区域海底状况,根据海床及障碍物情况对路由进行调整;

(5)考虑钻井平台和其他海底设施的影响,对路由进行调整以进行避让。

5. 施工前预调查

施工前预调查的目的是对海底情况有深入的了解,并对铺设路由进行障碍物清理,以保证柔性管缆的安全,提高施工效率。

预调查的范围应围绕铺设路由进行。对于路由上已经确定的位置,一般情况下调查范围仅需包括路由两侧各 10 m;对于铺设路由上待定的位置,比如消耗多余管缆长度的位置,其最终路由需要等待铺设到该处时根据剩余管缆情况确定,那么路由可能经过的位置都要进行调查。

施工前调查工作一般分为两种:

(1)采用小型拖轮或渔船携带旁扫声呐、多波束、浅剖设备、磁力探测仪等设备,对柔性管缆安装区域进行调查。这种调查一般在海上施工开始前几个月做,主要是为了对海底地形、水深变化、大型障碍物、潜在金属障碍物、泥面以下浅层地质等进行调查,以便施工人员提前掌握海底情况,并对一些异常情况的处理早做准备。

(2)施工作业船到达现场后,由 ROV 采用摄像头目视的方法完成对柔性管缆路由的调查,发现障碍物如需移除,则由 ROV 和吊机(如需要)一同完成。

### 9.5.2 静态段柔性管缆

1. 起始铺设

起始铺设分为两种:一种为抽拉上平台的起始铺设;一种为管缆末端固定在海底的起始铺设。

(1)起始铺设方案一(抽拉上平台)

进行柔性管抽拉上平台作业,首先要在平台上布置抽拉设备。

进行柔性管缆抽拉上平台作业，如图 9.36 所示。首先需要在平台上合理布置抽拉设备。进行抽拉设备布置需要考虑以下因素：

①抽拉设备是否满足平台要求，如是否对绞车防爆等级提出要求。

②抽拉设备的布置位置。

③抽拉钢丝绳的走线方案。

④考虑抽拉设备布置位置结构强度是否足以进行设备固定。

⑤抽拉设备如何就位。平台吊机一般无法将设备直接吊装到位，需要使用人力或其他辅助设备将抽拉设备移动到设计位置。

⑥护管顶部上方空间高度，是否便于进行管缆抽拉。

⑦护管上部结构是否足够强，以安装吊点、承载抽拉所需张力。

⑧绞车动力源是否可从平台获得。

⑨绞车钢丝绳长度是否足够。

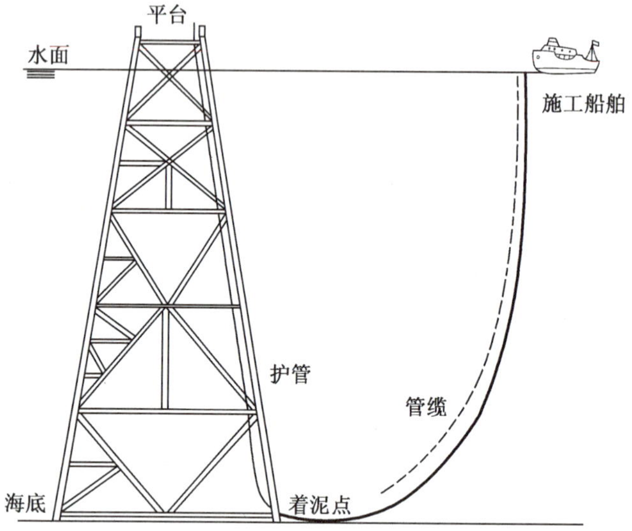


图 9.36　管缆抽拉上平台

进行平台施工准备的大致步骤如下：

①抽拉设备陆地调试、装箱；

②设备动员出海；

③设备就位及固定；

④吊点安装；

⑤钢丝绳布线；

⑥抽拉设备拉力试验。

拉力试验是非常重要的一项工作，首先验证绞车及各吊点的强度是否足够，其次也验证平台原来的结构强度是否足够。

以上准备工作非常重要，一定要在施工船舶到达之前完成所有准备工作，并通过拉力试验验证已安装设备的可用性，避免在施工过程中因为平台上的问题导致船舶待机。

柔性管缆抽拉上平台施工步骤如下：

①通过信号缆将平台绞车钢丝绳回收至管缆铺设船甲板；

②平台抽拉绞车钢丝绳连接至柔性管缆末端；

③平台绞车回收钢丝绳，施工船以同样的速度下放柔性管缆；

④在水下机器人协助下，柔性管缆进入护管口；

⑤平台绞车继续抽拉，施工船以适当的速度下放柔性管缆，保持柔性管缆处于一定的安全状态，且以顺畅的角度进入护管；

⑥持续抽拉直到柔性管缆从护管顶部抽出足够的长度；

⑦安装悬挂卡具，实现柔性管缆的安全悬挂；

⑧拆除抽拉绞车索具，抽拉工作结束。

(2)起始铺设方案二(管缆末端位于海底)

进行柔性管缆末端位于海底的起始铺设，主要步骤如下：

①起始索具的安装。常用方法有两种：一种方案是在海底已有设施上安装起始索具；另一方案是下放一个带有起始索具的配重块至海底，如图9.37所示。

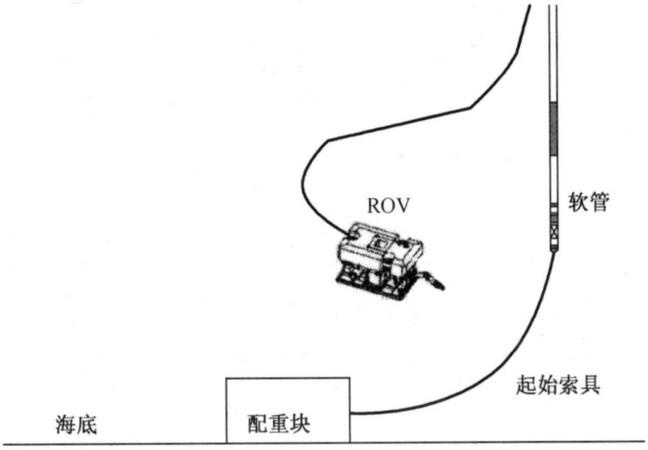


图9.37　配重块起始铺设

对于脐带缆，有些情况下先将防沉板安装至海底，之后将水下终端安装并固定在防沉板上，由防沉板提供起始铺设所需张力。

②下放管缆末端入水，使用ROV连接至起始索具。柔性管缆末端索具应有足够的长度，以免ROV在索具末端操作时与柔性管缆末端相撞。

③移船并控制柔性管缆下放，形成正常的柔性管缆铺设姿态，并获得安全施工所需要的悬链线状态。

本步骤操作的难点是，开始时着泥点到船尾的距离为零，需要逐步将该距离增加到适当数值。这个过程中一步一步移船的同时控制管缆的下放长度，以防止柔性管缆过度弯曲、过度拉伸、局部过度压缩，需要通过计算分析得出结论。

如图9.38所示，在到达第4步时，柔性管缆已经形成了进行直线段铺设的正常悬链线姿态，起始铺设工作结束。

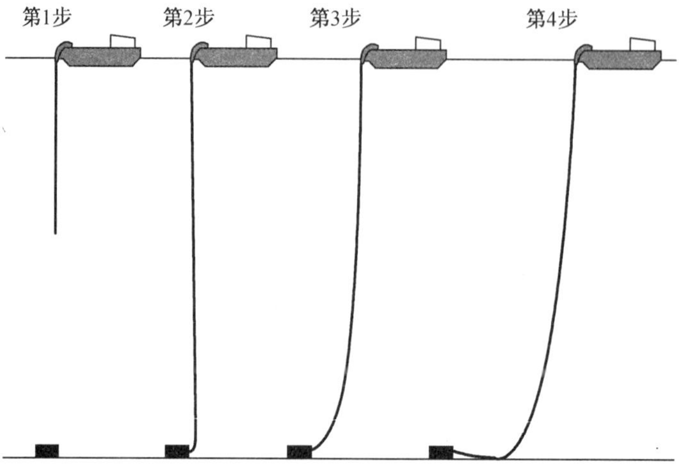


**图 9.38　柔性管起始铺设过程示意图**

2. 直线段铺设

一般情况下,柔性管缆路由的主要组成部分为直线段。相对于柔性管缆其他部分的安装,直线段铺设相对要容易控制一些。主要考虑以下几点:

(1)铺设过程中应保持着泥点到船尾距离即 layback 位于合理的区间,即 $L_{min}$ < layback < $L_{max}$。对于 $L_{min}$ 和 $L_{max}$ 的确定主要靠以下因素:

①从入水点到着泥点之间的柔性管缆弯曲半径必须满足其参数要求;

②柔性管缆承受的张力不可超过其参数要求;

③确定的 layback 值控制范围要便于操作;

④确定的 layback 值控制范围应有一定的安全余量,即使在施工过程中有一定的控制失误,仍不伤及柔性管缆;

⑤柔性管缆轴向抗挤压力。

(2)为实现正常铺设,并保持 $D$ 位于合理范围内,需要施工船舶的移船速度和柔性管缆下放速度保持一致。

移船速度和精度的控制由船舶动力定位系统控制,可根据指挥人员指令进行调整。

对于柔性管缆铺设速度和长度计量,可以通过张紧器来进行控制。实际施工过程显示,有些情况下柔性管缆在张紧器履带之间会有相对滑动的情况,张紧器显示的铺设长度和速度会有一定的误差,对于这一点可以采用额外的长度和速度计量装置作为对照,以便及时发现问题。

(3)柔性管缆铺设精度的控制。柔性管缆应按业主方批准的路由以及设计精度要求进行铺设。从三个依托项目中获得经验来看,虽然铺设过程中能够将柔性管缆入水点准确地就位于路由上方,但是由于水流影响,柔性管缆着泥点很可能无法就位于目标路由上,此时的应对方式是通过向一侧适当调整船位,多次尝试最终将柔性管缆按要求铺设在路由许可范围内,如图 9.39、图 9.40 所示。

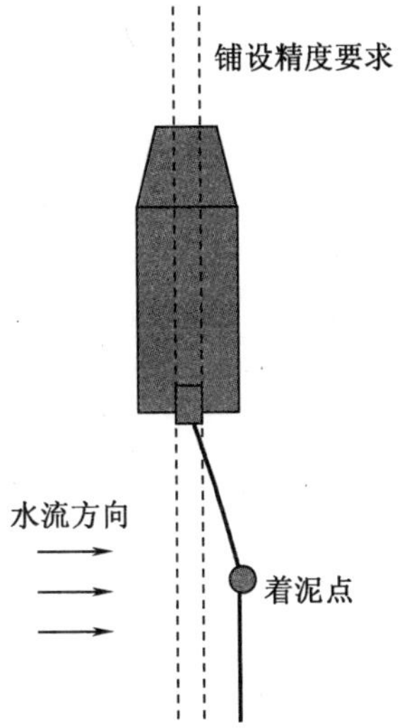


图 9.39　方法受水流影响铺设失败

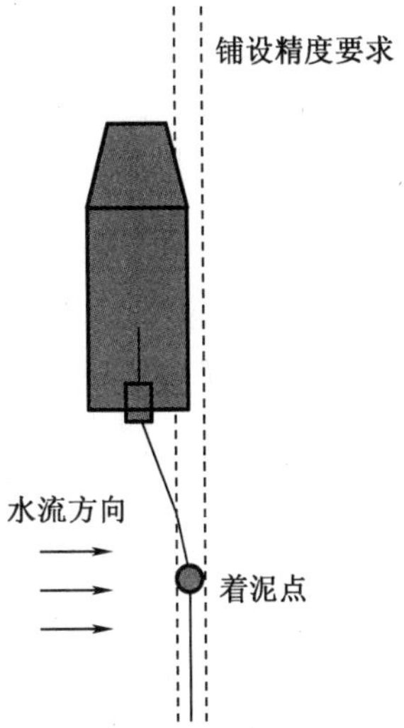


图 9.40　调整船位成功铺设

3. 弯段铺设

对于弯段铺设，通常分为两种情况处理，区分的标准是弧段半径的大小。原理在于，进行弧段铺设时，着泥点处存在对已铺设弧段拉扯的水平张力，当张力大到一定程度时，会将已经完成铺设的弧段拖拉变形。

(1) 对于弧段弯曲半径较大的情况，可以直接进行弧段的铺设；

(2) 对于弧段弯曲半径较小的情况，在弧段铺设过程中很可能出现弧段铺设失败，这时通常会安装限位装置协助弧段的铺设工作。

对柔性管缆弯段铺设所需的弯段半径大小，可以根据 DNV - RP - F109 中的公式进行计算：

$$H \leqslant R_c(\mu \cdot W_s + F_R) \tag{9-79}$$

式中　$R_c$——弯段半径；

$H$——水平张力；

$W_s$——管缆单位重力；

$\mu$——管缆与海床的摩擦系数；

$F_R$——被动土壤阻力。

根据《海底电力电缆——设计、安装、修复和环境影响》中的内容，其对上述公式进行了简化，得出下面的公式：

$$R_c \geqslant \frac{FH}{W_s\mu} \tag{9-80}$$

式中　$F$——安全系数，一般取 2。

(1) 典型的无限位装置的弯段铺设控制方法

典型的无限制装置的弯段铺设方法如图 9.41 所示，将一个 90°弯段分为 3 个小弯段铺设，每一步需要作出的移船方向、移船距离、铺缆长度均需要根据实际情况计算获得。对于更大角度的弧段，可将其分解为多个 90°弯段，采用同样的方法设计铺设方案。

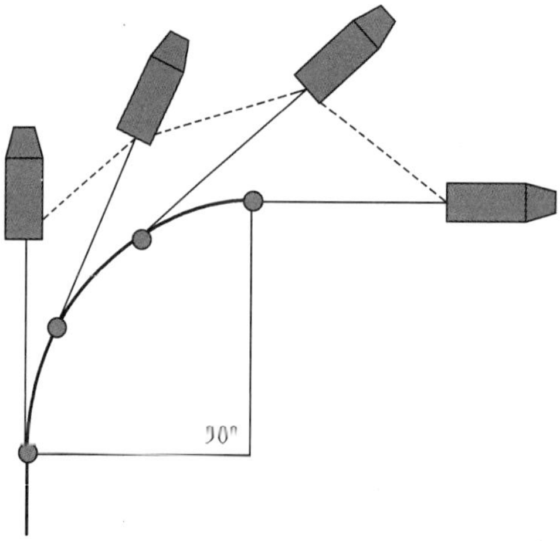


图 9.41　分布式弯段铺设方法

基于上述弯段铺设的理念，真正进行弯段铺设工作还应做到以下几点：

a）弯段铺设应将 Layback 调整为较小的合理数值，减小着泥点处的水平张力，从而减小弧段铺设失败的可能性；

b）弯段铺设过程中应安排 ROV 连续水下监控，确定阶段性成果；

c）如水流情况影响船舶位置对着泥点的控制，应通过适当调整船位应对；

d）如果铺设失败，可将弯段上的管缆回收，重新进行铺设；

e）多次铺设失败的，应安排限位沙包辅助铺设工作。

（2）使用限位装置进行弧段铺设的情况

如计算结果认为要铺设的弯段半径过小并无法调整，通常采用安装限位装置的方法实现。经实践经验证明，至少每 30°的弯段应安装一个限位装置。

为提高施工效率，对于确定需要安装限位装置的位置，应提前完成安装。如果在铺设过程中才发现需要安装，则效率较低，也增加了铺设风险。

常用的限位装置是沙包。在脐带缆安装项目中，为顺利完成较小半径弯段的铺设，在 180°弧段上安装了 7 个限位沙包（见图 9.42），最终铺设工作一次顺利完成。

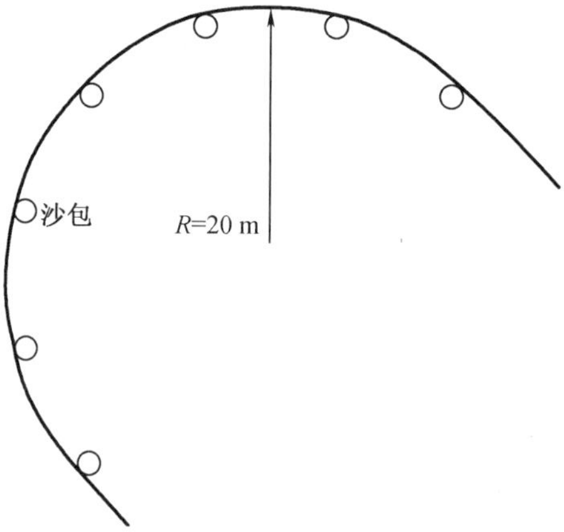


图 9.42　沙包辅助式弯段铺设方法

4. 柔性管多余长度的处理

对于柔性管缆，为保证一次安装成功，一般都会采办适当的余量。

由于柔性管缆接头制作难度较大、耗时较长，一般不在海上施工期间将多余余量切除并安装新的接头，而是将多余的长度通过增加弯段路由的方式铺设至海底，如图 9.43 所示。

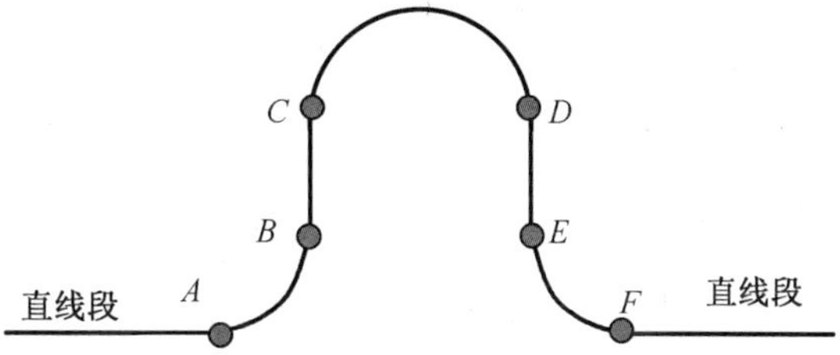


**图 9.43　弧段铺设以消耗管缆余量**

进行余量处理需要实现两个目标：第一个目标为安全地将多余的长度安装于正确位置；第二个目标为余量长度处理准确，柔性管缆末端准确就位于设计目标位置。

要实现安全地将多余长度安装于设计位置，需要做到以下三点：(1)前期预调查时，应大概确认柔性管缆多余长度的铺设位置，在预调查时对该位置完成调查，确认此处区域无杂物和剧烈地形变化。(2)对于安装前的预调查，需要采用 ROV 对可能的铺设路由位置进行调查，移除存在的障碍物。(3)铺设过程中采用 ROV 确认柔性管缆实际铺设路由的准确性。柔性管缆长度余量处理准确，管缆末端的最终下放位置才能准确。为实现余量长度准确处理，首先要对柔性管缆实际长度和海底路由实际长度进行准确掌握。

柔性管缆在完成建造后，厂家会提供其长度数据，安装分包商应认真阅读相关文件，并与厂家就相关细节进行澄清以明确厂家给出标称长度所对应的实际起始点和终止点。另外，柔性管缆的表皮上会有长度标记，可以作为参考，但不可完全依赖。必须指出的是，最终对安装结果负责的是安装承包商，以前项目出现过长度标记不准确的情况，安装承包商应注意防范此风险。可以通过两个渠道海底路由的大概长度，一是自行设计柔性管缆安装路由图，二是通过多波束获得的海底地形起伏图。通过这些数据可以得出实际路由比较准确的长度，必须要明确的是，有很多原因可能导致该数值与实际铺设到海底的柔性管缆长度有差别，如：(1)海底起伏的真实情况与多波束结果的误差；(2)铺设过程张力导致其管缆长度变化；(3)管缆实际路由与设计路由的误差等。

可见，为实现最终柔性管缆实际长度按目标铺设于海底，需要在掌握管缆真实长度的基础上，通过安装路由和海底起伏情况获得预计的实际路由长度，最后在铺设过程中不断监控两者实际差值，根据现场弯段起始点时的实际情况调整消耗多余长度弯段的大小，以实现设计目标。实际操作过程中，主要是调整图 9.43 中 *BC*、*DE* 的长度。

5. 终止铺设

柔性管缆的终止铺设指的是其柔性管缆末端拖带剩余长度管缆的下放。

软管和脐带缆的末端有不同之处。软管的末端仅为一个接头，脐带缆有 SUTU 和 UTH，对于小型的 UTH，有些情况下与软管接头类似。大多数情况下，脐带缆末端结构要大得多，有时还需要与防沉板一同下放。

柔性管缆末端的安全下放需要比较精确地控制，以满足路由精度要求。

管缆末端的下放相对于正常铺设，难点在于当末端处于不同的水深时对铺设有不同的要求。

具体实施时，需要通过对船位的控制和管缆的下放实现，ROV 在水底观察实施情况，指挥人员根据 ROV 反馈信息进行控制。

对于管缆末端最终接触海底时的操作，需要考虑两个因素：

(1)船舶随风浪升沉造成的上下晃动

管缆末端触底时，如果其顶部索具依然张紧，当船舶摇晃向上时，有可能将其再次从海底提起，这将造成不良后果。

水下终端着泥后再次被提起时，由于海床的吸附作用，所需要的拉力可能大大增加，这有可能损坏吊装索具，甚至损坏吊机系统。所以在操作时，应采取两项措施：在吊机有升沉补偿功能时，需要将此功能打开；如果水下终端快接触海底时上下起伏严重，应在 ROV 观察下，正确选择下放时机，并一次下放足够的长度，实现水下终端触底之后吊装索具松弛，即使在船舶上下起伏影响下也不再张紧受力。

(2)水下终端本身承受的下放过程中受到的冲击性能

为避免船舶升沉运动造成的上下晃动，最终的触底下放需达到一定的速度。这会使水下终端着泥时受到一定的冲击力。如控制不好，水下终端就像从一定高度坠落一样摔到海床上。所以应根据水下终端上下起伏的幅度，尽可能将其下放贴近海床但又不接触海床，最后以合理的速度下放水下终端至海床直到索具处于松弛状态。

### 9.5.3 动态段柔性管缆

进行动态柔性管缆的安装与静态管缆的安装有着很大的相似性。本节对 lazy - S 和 Steep wave 两种动态柔性管缆的安装进行介绍。

1. lazy - S 形式动态柔性管缆安装

对于 lazy - S 这种形式，柔性管缆通过一个中水浮筒形成 S 形。中水浮筒两侧的柔性管缆长度是已经设计好的，需在柔性管缆设定位置上安装一个卡具，并将此卡具嵌入和固定在中水浮筒上的特定位置上。

施工简单步骤如下：

(1)持续铺设动态软管至水中，在设计位置安装卡具，继续移船和铺设直到其侧面贴近中水浮筒导向槽。

(2)柔性管缆与中水浮筒接触时，首先接触到其侧面，如果继续向前铺设并下放软管，中水浮筒会被推开或发生旋转，而无法实现将管缆铺设到中水浮筒上方。正确的做法是采用吊机及索具提拉靠近中水浮筒处的软管，使其形成一条拱形从上向下压到中水浮筒上，将卡具嵌入中水浮筒的卡槽中。

(3)由水下机器人或潜水员完成卡具在中水浮筒上的固定。

(4)继续铺设柔性管缆至浮式生产设施附近，将柔性管缆末端下放入水，传递给浮式生产设施的悬挂索具，摘除施工船吊机或绞车索具，后续工作由浮式生产设施上的设备和人员完成安装工作。

2. 陡波(steep wave)形式动态柔性管缆安装

陡波形式的柔性管缆的S形曲线由浮力模块形成。故在安装过程中只需要在设计位置上安装一个个的浮力模块即可。浮力模块安装过程中,同样需要对柔性管缆的形状进行控制,主要通过控制施工船舶位置和已放出的柔性管缆的长度进行控制。需要通过计算分析获得一个两者相对应的表格,并在施工过程中按照表格要求进行施工控制。最终采用同样的方式将柔性管缆传递给浮式生产设施。

# 参考文献


[1] 王引真,熊伟,王彦芳,等. 油气管道选材[M]. 北京:中国石化出版社,2010

[2] 方华灿. 海洋石油工程[M]. 北京:石油工业出版社,2010.

[3] 帅健. 管线力学[M]. 北京:科学出版社,2010.

[4] 孙丽萍,艾尚茂. 海洋工程概论[M]. 哈尔滨:哈尔滨工程大学出版社,2017.

[5] 马延德. 海洋工程装备[M]. 北京:清华大学出版社,2013.

[6] 王涛,尹宝树,陈兆林. 海洋工程[M]. 济南:山东教育出版社,2004.

[7] 白勇,戴伟,孙丽萍,等. 海洋立管设计[M]. 哈尔滨:哈尔滨工程大学出版社,2014.

[7] 孙政策,林钟明,姚艳萍. 海底管道抗震设计方法研究[J]. 中国造船,2004,45(S):217 -225.

[8] 余志兵,陈海龙. 海底管道在位强度分析[J]. 中国造船,2007(b11):591 -598.

[9] 钟仕荣. 海底输油管道的稳定性分析[J]. 北京石油化工学院学报,2004,12(3):16 -19.

[10] 倪平凡,钟仕荣. 海底输油管道的稳定性评价方法及算例[J]. 海洋石油,2005,25(2):76 -79.

[11] 沈达怡. 东海平湖油气田海底管线保护施工[J]. 水运工程,2000(12):73 -77.

[12] 李士清,拾兵,初新杰. 海底石油管线防护技术研究[J]. 中国海洋平台,2005,20(3):49 -52.

[13] 孙洪生. 利用自埋技术铺设海底管道[J]. 石油工程建设,2005, 31(1):12 -13.

[14] 周守为. 海洋石油工程深水油气田开发技术[M]. 北京:石油工业出版社,2011.

[15] 周守为. 中国海洋工程与科技发展战略研究:海洋能源卷[M]. 北京:海洋出版社,2014.

[16] GAO F P,GU X Y, JENG D S, et al. An experimental study forwave -induced instability of pipelines:The break out of pipelines[J]. Applied Ocean Research, 2002, 24(2): 83 - 90.

[17] ANTAKI G A, HART J D. Guidelines for the Design of Buried steel pipe[S/OL]. ALA (American Lifelines Alliance),2001. http:// www. americanlifelinesalliance. org.

[18] VENUGOPAL M. Damping and Response of a Flexible Cylinder in a Current[D]. Cambridge: MIT, Department of Ocean Engineering,1996.

[19] HOBBS R E. In -service buckling of heated pipeline[J]. J. Transport Eng, 1984, 110 (2):175 -189.

[20] TURA F, DUMITRESCU A, BRYNDUM M B et al. Guidelines for Free Spanning Pipelines: The GUDESP Project. OMAE'94. Houston, 1994:247 -256.

[21] WANG Wei, CHEN Geng. Analytical and numerical modeling for flexible pipes[J]. China Ocean Engineering,2011, 25 (4): 737 -746.

[22] WANG Wei, CHEN Geng, LIU Yang. Equivalent Moduli of Carcass Layer in Flexible Pipes[J]. Asian Journal of Chemistry,2014, 26(17): 5673 –5676.

[23] WANG Wei, SUN Lei, LIU Yang. Properties of unbonded flexible pipe under axial force [J]. Applied Mechanics and Materials,2014, 651 –653:1004 –1008.

[24] WITZ J A. A case study in the cross – section analysis of flexible risers[J]. Marine Structures, 1996, 9: 885 –904.

[25] OUT J M M, Morgen B J V. Slippage of helical reinforcing on a bent cylinder[J]. Engineering Structures, 1997, 19 (6): 507 –515.

[26] TAN Z, CASE M, SHELDRAKE T. Higher order effects on bending of helical armour wire inside an unbonded flexible pipe[C]//Proceedings of 24th International Conference on Offshore Mechanics and Arctic Engineering, OMAE, 2005, Halkidiki, Greece, June 12 –17.

[27] WITZ J A, TAN Z. On the axial – torsional structural behaviour of flexible pipes, umbilicals and marine cables[J]. Marine Structures, 1992, 5: 205 –227.

[28] SÆVIK S. Theoretical and experimental studies of stresses in flexible pipes[J]. Computers and Structures,2011, 89: 2273 –2291.

[29] KIM J G, LEE J K. A modified beam modeling method considering dynamic characteristics for curved flexible pipes[J]. International Journal of Pressure Vessels and Piping,2011, 88: 262 –267.

[30] VAZ M A, RIZZO N A S. A finite element model for flexible pipe armor wire instability [J]. Marine Structures, 2011, 24: 275 –291.

[31] 钱孟祥,王志国,韩清国,等.埕岛油田海底管线拖管技术[J].海岸工程.2000, 19 (2):29 –35.

[32] BAHTUI A, ALFANO G, BAHAI H. On the multi-scale computation of un-bonded flexible risers[J]. Engineering Structures,2010, 32(8):2287 –2299.

[33] JIM W. RILEY. Troika towed bundle flowlines[C]//Offshore Technology Conference (OTC),Houston,Texas,1998.

[34] 倪小方,王龙文.近底拖铺管法的主要作业环节及施工工艺[J].中国海洋平台, 1996,7(1):19 –23.

[35] GOPALKRISHNAN R. Vortex induced forces on oscillating bluff cylinders[D]. Cambridge: MIT, Department of Ocean Engineering, 1993.

[36] FYRILEIV O, M∅RK K, CHEN Z M,et al. Updated design procedure for free spanning pipelines DNV – RP – F105 multi – mode response[C]//25nd International conference on Offshore Mechanics and Artic Engineering, Hamburg, Germany, 2006: OMAE2006 – 92098.

[37] Free Spanning Pipelines. DNV Recommended Practice RP—F105[S], 2006.

[38] VANDIVER J K, LI L. SHEAR7 program theory manual[D]. Cambridge: MIT, Department of Ocean Engineering, 1999.

[39] 余建星,俞永清,李红涛,等. 海底管跨涡激振动疲劳可靠性研究[J]. 船舶力学. 2005, 9(2):109 - 114.

[40] Fatigue Strength Analysis of Offshore Steel Structures:DNV Recommended Practice RP - C203[S], 2007.

[41] SU Y Y, HAN S C, LEE S K, et al. An optimum design of on - bottom stability of offshore pipelines on soft clay[J]. International Journal of Naval Architecture and Ocean Engineering, 2013, 5(4): 598 -613.

[42] 刘名名. 波浪作用下海底管道振动与局部冲刷耦合作用数值研究[D] . 大连:大连理工大学, 2016.

[43] 刘小丽, 贾永刚, 邢英. 埕岛油田海底管线在位稳定性的计算分析[J]. 中国海洋大学学报(自然科学版), 2010(1): 59 -62,68.

[44] 刘羽霄. 高温/高压海底管道横向热屈曲机理及控制措施研究[D]. 大连:大连理工大学, 2010.

[45] 赵天奉, 高温海底管道温度应力计算与屈曲模拟研究[D]. 大连:大连理工大学, 2008.

[46] 丁新龙,韩雪艳,张长民,等, 海底管道混凝土加重技术现状分析[J]. 石油工程建设, 2007(4): 8 -12,3.

[47] 叶皓, 金志江, 梁勇. 海底管道局部屈曲研究进展[J]. 船舶工程, 2014(03): 1 -5.

[48] 刘英宝, 王德禹, 冯春健. 海底管道设计壁厚和计算壁厚的选取[J]. 中国海洋平台, 2003(4): 39 -41.

[49] 余志兵,陈海龙. 海底管道在位强度分析[C]//中国造船工程学会近海工程学术委员会 2007 年度海洋工程学术会议论文集. 贵州,2007: 591 -598.

[50] 周磊. 海底管线在偶然性载荷下的可靠性分析[D]. 天津:天津大学,2008.

[51] 袁峰. 深海管道铺设及在位稳定性分析[D]. 杭州:浙江大学, 2013.

[52] 周正峰, 凌建明, 梁斌. 输油管道土压力分析[J]. 重庆交通大学学报(自然科学版), 2011(04): 794 -797.

[53] 徐继尚. 黏性海床管道冲刷、自埋和安全评估[D]. 青岛:中国海洋大学,2009.

[54] SARPKAYA T. A critical review of the intrinsic nature of vortex - induced vibrations[J]. Journal of Fluids and Structures, 2004,19:389 -447.

[55] KATHERINE LAVER, ED CLUKEY, TREVOR EVANS B P. Steel Catenary Riser Touchdown Point Vertical Interaction Models:OTC -1662[C]//Offshore Technology Conference, 2004.